计算机应用基础实训教程

主 编 张懿爵 严 伟 刘 毅 刘慧玲
副主编 李梦泓 皮小军 何 睿

重庆大学出版社

内容提要

本书以 Windows 10 操作系统及 WPS 办公软件为编写基础,内容主要包括了解计算机、管理个人计算机资源、论文设计与制作、学生信息管理系统、户外采风演示文稿设计与制作、利用网络求职等 6 个项目。课程主要涵盖计算机基础知识、Windows 10 操作系统、WPS Office、计算机网络应用等。

本书可作为高等职业院校、应用型本科高校公共信息技术基础课程教材,也可作为计算机等级考试及各种培训教材及参考书。

图书在版编目(CIP)数据

计算机应用基础实训教程/张懿爵等主编. --重庆:
重庆大学出版社,2023.9
ISBN 978-7-5689-4167-9

Ⅰ.①计… Ⅱ.①张… Ⅲ.①电子计算机—教材
Ⅳ.①TP3
中国国家版本馆 CIP 数据核字(2023)第 174016 号

计算机应用基础实训教程
JISUANJI YINGYONG JICHU SHIXUN JIAOCHENG
主 编 张懿爵 严 伟 刘 毅 刘慧玲
副主编 李梦泓 皮小军 何 睿
策划编辑:杨粮菊
特约编辑:郑 昱
责任编辑:秦旖旎 版式设计:杨粮菊
责任校对:刘志刚 责任印制:张 策
＊
重庆大学出版社出版发行
出版人:陈晓阳
社址:重庆市沙坪坝区大学城西路 21 号
邮编:401331
电话:(023)88617190 88617185(中小学)
传真:(023)88617186 88617166
网址:http://www.cqup.com.cn
邮箱:fxk@ cqup.com.cn(营销中心)
全国新华书店经销
重庆华林天美印务有限公司印刷
＊
开本:787mm×1092mm 1/16 印张:22.5 字数:564 千
2023 年 9 月第 1 版 2023 年 9 月第 1 次印刷
印数:1—5 000
ISBN 978-7-5689-4167-9 定价:69.00 元

前　言

　　本书围绕信息技术发展及软件国产化趋势,将计算机应用基础内容与大数据、物联网、人工智能等前沿技术进行了有机结合,同时使用 WPS 等国产软件进行内容组织,形成了计算机课程"通识"教育基线;结合应用型高校实际情况并基于工作过程,以项目(任务)为导向,实现理论与实践相结合、内容更新与信息时代要求相结合,使培养学生计算思维、互联网思维、学习能力、实践能力和创新能力成为可能。

　　本书内容分为 6 个项目,主要包括了解计算机、管理个人计算机资源、论文设计与制作、学生信息管理系统、户外采风演示文稿设计与制作、利用网络求职。课程主要涵盖计算机基础知识、Windows 10 操作系统、WPS Office、计算机网络应用等,在各项目实施前均设计了知识准备环节并在操作中穿插知识小贴士的提示,着重引导学生进行模仿实践及创新实践,以更好地完成工作任务。

　　本书可作为高等职业院校、应用型本科高校公共信息技术基础课程教材,也可作为计算机等级考试及各种培训教材及参考书。

　　本书由重庆工程学院张懿爵、严伟、刘毅、刘慧玲担任主编,李梦泓、皮小军、何睿担任副主编。项目 1 由刘毅、严伟编写,项目 2 由何睿、张懿爵编写,项目 3 由李梦泓编写,项目 4 由张懿爵、皮小军编写,项目 5 由刘慧玲编写,项目 6 由刘毅编写。张懿爵负责全书整体结构设计与统稿工作,严伟负责内容审阅及校对工作。在编写过程中,编者参考、引用和改编了国内外出版物中相关资料及网络资源,在此表示深深的谢意!

　　鉴于我们的经验和水平有限,书中难免存在不足之处,恳请读者和专家批评指正,以便我们进一步修改完善。

编　者
2023 年 4 月

目录

项目 **1**
了解计算机

项目分析

现在,计算机已成为人们生活、工作和学习不可或缺的工具。作为大学一年级新生的小张同学,为了更好地学习专业知识和丰富自己的生活,打算为自己配置一台计算机。为了配置选购一台适合自己的计算机,小张同学开始着手学习有关计算机的理论常识。按以上要求,小张同学必须掌握如下技能:

- 了解计算机打字技术,掌握正确的打字指法。
- 了解计算机的概念、发展历程和发展趋势及其应用领域。
- 掌握几种常用数制之间的转换方法、数据的存储单位及十进制数、西文字符、汉字在计算机中的表示方法。
- 掌握计算机系统的概念。
- 掌握计算机硬件系统的组成及 CPU、存储器、常用的输入/输出设备的功能。
- 了解计算机新技术。

预备知识

现在市面的计算机主流类型有:台式计算机、笔记本电脑、一体式台式计算机、平板电脑等,如图 1-1 所示。

(a)台式计算机

(b)笔记本电脑

（c）一体式台式计算机 （d）平板电脑

图 1-1 主流计算机类型

台式计算机是一种各设备独立相分离的计算机，主机、显示器、键盘、鼠标等设备一般都是相对独立的，与笔记本电脑和平板电脑相比体积较大。

笔记本电脑又称为"便携式计算机"，其最大的特点就是机身小、质量轻，相比台式计算机携带更方便。

一体式台式计算机是将主机部分、显示器部分，甚至键盘鼠标整合到一起的新形态计算机。

平板电脑是一种小型、方便携带的个人计算机，以触摸屏作为基本的输入设备。用户可以通过内置的手写识别、屏幕上的软键盘、语音识别等方式实现输入。

任务 1-1 计算机打字基础

计算机打字技术是计算机操作的一项基本技术，主要包括英文输入技术和中文输入技术。掌握计算机打字技术已经成为新时代人才必备的一项工作能力，也是信息化社会的需求。

1.熟悉键盘

计算机键盘一般可分为功能键区、主键盘区、编辑键区和小键盘区。各区的划分如图 1-2 所示。

功能键区

主键盘区 编辑键区 小键盘区

图 1-2 键盘分区

（1）功能键区

功能键区由 Esc 键与 F1～F12 键组成，共 13 个键，可以单独进行快捷操作，也可以与其他键组合起来使用。

Esc:取消键或退出键。在应用程序中,该键一般用来退出某一操作或取消正在执行的命令。

F1:在一个选定的程序中按下 F1 键,会弹出帮助对话框。如果不是处在某一程序中,而是处在资源管理器或桌面,那么按下 F1 键就会出现 Windows 的帮助程序。

F2:按下 F2 键会对所选定的文件或文件夹进行重命名。

F4:可以用 Alt+F4 组合键关闭当前窗口。

(2)主键盘区

主键盘区由数字键、符号键、字母键和控制键组成。

①数字键与符号键。数字键与符号键共有 21 个,由于每个键上都有上档符和下档符,因此属于双字符键。在按下数字键或符号键的同时按住 Shift 键,会在电脑中输入上档符号。例如,输入符号"?"时,需同时按下 Shift 键和? 键。

②字母键。字母键共有 26 个,键盘上标有 A ~ Z 大写字母,使用这些按键也可输入小写字母。大小写字母的切换可通过 CapsLock 键来完成。

【知识小贴士】

输入汉字时,须切换成小写状态,如果在输入中文时想快速切换成英文字母的输入状态,可按 Shift 键。

③控制键。

- Tab 键是跳格键或制表键,可以向右跳动 8 个字符。
- CapsLock 键是大小写字母的转换键,该键所对应的指示灯亮为大写,灯灭是小写。
- Backspace 键是退格键,可以删除光标前边的内容。
- Shift 键也称上档键,要输入一个键上面的符号时,必须按此键。
- Ctrl 键和 Alt 键不单独使用。
- 键盘上最长的键称为空格键,按此键一次,光标向右移动一个空格。
- 像田字格的键称为微软徽标键,功能相当于电脑左下角的开始按钮。

(3)编辑键区

编辑键区常用的有上、下、左、右 4 个方向键,可使光标或选中的图形向 4 个方向移动。Home 键和 End 键分别是起始键和终点键,可使光标移至行首和行尾。

编辑键区最常用的是 Delete 键,主要用于删除光标后面的内容。

(4)小键盘区

小键盘区一个重要的键是 NumLock 键,即数字锁定键,键盘右上角灯亮时,数字键才可以正常使用。小键盘区主要由 0 ~ 9 这 10 个数字键和+、-、*、/这 4 个运算符键组成。如果想在电脑中快速录入数字且没有字母和符号的干扰,可右手控制该键盘区来实现快速输入。图 1-3 所示为小键盘区。

图 1-3　小键盘区

2. 文字录入软件介绍及安装

要练好文字录入速度和准确性,离不开打字软件的支持。

实训:安装金山打字通 2016

实训目标:

★能够安装打字练习软件

★掌握打字练习软件安装的要点

★学会更改软件安装的路径

工具原料:金山打字通 2016 安装包。

实施步骤:

步骤 1　选择安装程序图标。

双击"typeeasy(2016)"可执行程序图标,如图 1-4 所示。

步骤 2　开始安装。

开始安装后,会出现"欢迎使用'金山打字通 2016'安装向导"界面,单击"下一步"按钮,如图 1-5 所示。

图 1-4　金山打字通　　　　　　　　　　图 1-5　安装向导

　安装程序图标

步骤 3　进入"许可证协议"界面。

在阅读完协议之后单击"我接受"按钮,如图 1-6 所示。

步骤 4　修改安装路径。

进入"选择安装位置"界面,此时软件默认安装的位置是在 C 盘。由于 C 盘通常是安装操作系统程序的地方,一般所分的存储空间比较小,因此经常会将一些应用程序安装在别的磁盘里。

单击"浏览"按钮即可打开"浏览文件夹"对话框,可选择相应的磁盘来安装该软件,选择相应磁盘路径,再单击"确定"按钮,如图 1-7 所示。

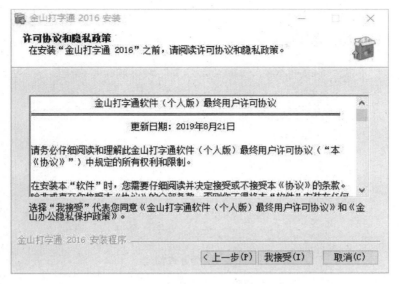

图 1-6　"许可证协议"界面

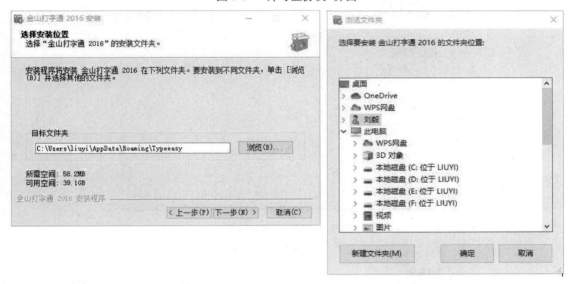

（a）"选择安装位置"界面　　　　　　　（b）"浏览文件夹"对话框

图 1-7　更改路径

　　步骤 5　单击"安装"，如图 1-8 所示。

　　此时程序会自动开始安装，安装进程对话框如图 1-9 所示。进程结束后，系统会打开"软件精选"对话框，如果不想安装别的软件，须将这些软件前面框内的钩去掉，如图 1-10 所示。

　　步骤 6　安装完成，如图 1-11 所示。

　　最后单击"完成"按钮即可进入"金山打字通 2016"界面，如图 1-12 所示。

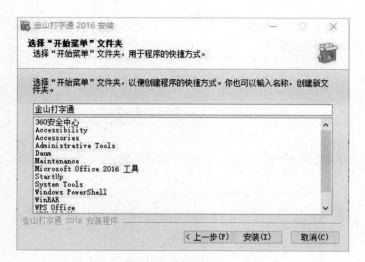

图 1-8　快捷方式创建

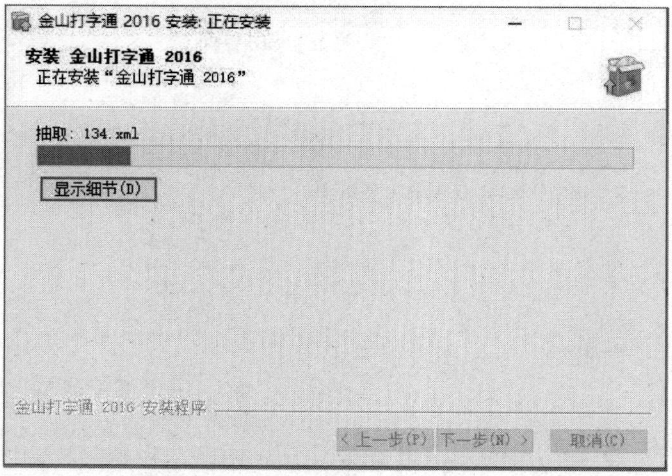

图 1-9　安装进程对话框

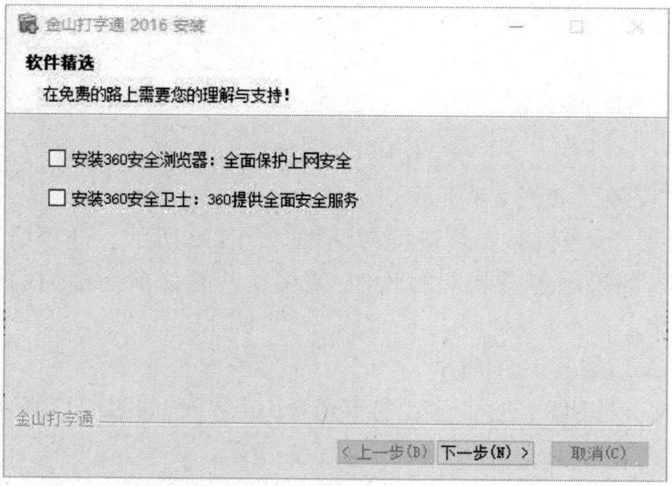

图 1-10　去掉"软件精选"中所有复选框内的钩

图 1-11　"安装完成"界面

图 1-12　"金山打字通 2016"界面

3. 指法练习

（1）正确的打字姿势

标准正确的打字姿势对身体各部位的健康有着重要的保护作用。

正确的打字姿势应做到以下几点：

①将显示屏和键盘放在正前方，保持上身正直，弯腰驼背易造成腰酸背痛。

②手肘应有支撑，不悬于空中。小臂伸出时与上臂约呈 90°，必要时调整座椅高度及身体与键盘的距离。

③脚应平放在地板或脚垫上。

④手指自然弯曲，放松，切勿紧绷。

⑤打字时轻击键盘，不要用力过度，以免损坏按键。

（2）手指位置分配

①主键盘区指位分配。有效的打字方法需要十指并用，其中拇指只负责空格键，其他八

指则依次轻轻落在 A、S、D、F 和 J、K、L、;这 8 个基准键上,如图 1-13 所示。

图 1-13 基准键

打字时双手手指都有明确的分工,如图 1-14 所示,只有按照正确的手指分工打字,才能实现盲打和提高打字速度。

图 1-14 十指分工

②小键盘区指法。如果所从事的工作需要经常输入大量的数字,则熟练使用小键盘可以大大提高工作效率。小键盘区只用到 4 个手指,指位分配如图 1-15 所示。

小键盘一般用于输入大量数字和运算符。在小键盘区,NumLock 键用于控制 NumLock 指示灯的转换,当 NumLock 指示灯亮起时,小键盘可以输入数字,当 NumlLock 指示灯熄灭时,小键盘数字录入不起作用,如图 1-16 所示。

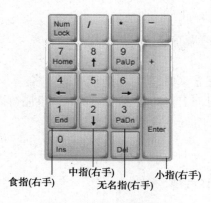

图 1-15 小键盘指位分配

图 1-16 小键盘指示灯

如果说英文打字练习在于锻炼对键盘键位的记忆,那么中文打字的难度会稍微高一些,因为汉字的输入一般有两种方式:音码和形码。音码输入要求打字人员掌握拼音的拼写规则、汉字的读音及一些同音字,而形码输入要求掌握汉字的书写笔画。

【知识小贴士】

中文打字时,常用的输入法有搜狗输入法、百度输入法、QQ 输入法、讯飞输入法、五笔输入法等。

切换输入法的方法:

①使用 Ctrl+Shift 组合键切换各种输入法,当然,前提是电脑已经安装了多种输入法。

②单击任务栏上的语言布局指示器 En 图标,在弹出的所有已安装的输入法中选择需要的输入法即可。

除了上面提到的快捷键切换输入法的方法外,使用 Ctrl+Space 组合键可对中英文输入法进行切换(开启或关闭当前输入法);使用 Shift+Space 组合键可对半角、全角进行切换;在中文输入法状态下,使用 Shift 键可在中英文状态切换。

任务 1-2　计算机的发展及其应用

1.计算机的产生和发展

计算机(Computer)是一种由电子元器件构成的,具有计算能力和逻辑判断能力,以及拥有自动控制和记忆功能的信息处理机器。现在世界上公认的第一台电子计算机是在 1946 年由美国宾夕法尼亚大学研制成功的 ENIAC(Electronic Numerical Integrator and Computer),即电子数字积分计算机。它使用了 18 800 只电子管,耗电 200 kW,占地面积约 170 m^2,质量达 30 t,每秒钟能完成 5 000 次加减法运算。ENIAC 的问世是人类科学技术发展史的重要里程碑,它标志着电子计算机时代的到来。

自第一台计算机诞生以来,该领域的技术便获得了突飞猛进的发展。通常根据计算机所采用的电子元器件的不同,可将计算机的发展分为以下 4 个时代,见表 1-1。

表 1-1　计算机发展的 4 个时代

阶段	第一代	第二代	第三代	第四代
年份	1946—1957 年	1958—1964 年	1965—1970 年	1971 年至今
电子元器件	电子管	晶体管	中小规模集成电路	大规模、超大规模集成电路
存储器	内存:磁芯 外存:纸带、卡片、磁带、磁鼓	内存:晶体管双稳态电路 外存:磁盘	内存为性能更好的半导体存储器	内存广泛采用半导体集成电路,外存除了大容量的软硬盘外,还引入了光盘

续表

阶段	第一代	第二代	第三代	第四代
运算速度	每秒几千次	每秒几十万次	每秒几十万到几百万次	每秒几千万次甚至上百亿次
软件	尚未使用系统软件,程序设计语言为机器语言和汇编语言	开始提出操作系统概念,程序设计语言出现了 FORTRAN、COBOL、ALGOL 60 等高级语言	操作系统形成并普及,高级语言种类更多	操作系统不断完善发展,数据库进一步发展,软件行业已成为一种新兴的现代化工业,各种应用软件层出不穷
用途	科学计算	科学计算、数据处理	科学计算、数据处理、工业控制	应用遍及社会生活中的各个领域

【知识小贴士】

目前计算机正朝着智能化方向发展,计算机每一个发展阶段在技术与性能上都是一次新的突破。

2.计算机的发展趋势

随着微电子技术、光学技术、超导技术和电子仿生技术的发展,计算机的发展呈多元化发展的态势。总体上来讲,计算机正向巨型化、微型化、网络化、智能化方向发展。

巨型化是指发展运算速度快、存储容量大和功能强的巨型计算机。巨型计算机主要用于尖端科学技术和国防军事系统的研究开发。巨型计算机的发展集中体现了一个国家的科学技术和工业发展的程度。

微型化是指发展体积小、质量轻、性价比高的微型计算机。微型计算机的发展扩大了计算机的应用领域,推动了计算机的普及。例如,微型计算机主要在仪表、家电、导弹弹头等领域中应用,这些应用是中、小型计算机无法进入的领域。

网络化是指利用通信技术和计算机技术,把分布在不同地点的计算机连接起来,按照网络协议相互通信,以达到所有用户都可共享资源的目的。未来的计算机网络必将给人们的工作和生活提供极大的方便。

智能化是第五代计算机要实现的目标,是指计算机具有"听觉""思维""语言"等功能,能模拟人的行为动作。

目前,第一台超高速全光数字计算机已研制成功,光子计算机的运算速度比电子计算机快 1 000 倍。在不久的将来,超导计算机、神经网络计算机等全新的计算机也会诞生。未来的计算机将是微电子技术、光学技术、超导技术和电子仿生技术相互结合的产物。

3.计算机的特点、分类与应用领域

1)计算机的特点

计算机作为一种通用的信息处理工具,具有极高的处理速度、很强的存储能力、精确的计算和逻辑判断能力,其主要特点有:运算速度快、"记忆"能力强、计算机精度高、能进行逻辑判断、可靠性高、通用性强等。

2)计算机的分类

随着计算机技术的发展和应用场景的增多,尤其是微处理器的发展,计算机的类型越来越多样化,分类的标准也很多。

根据计算机的运算速度等性能指标来划分,计算机主要可分为巨型机、大中型机、小型机、微型机、工作站、服务器等。

3)计算机的应用领域

现在,计算机应用几乎渗透到人类生产和生活的各个领域,按计算机的应用领域可分为科学计算、数据处理、过程控制、计算机辅助工程、人工智能、网络通信、数字娱乐等。

任务 1-3　了解信息在计算机中的表示

数据是计算机处理的对象,计算机内部所能处理的数据是"0"和"1",即二进制编码,这是因为二进制数具有便于物理实现、运算简单、工作可靠、逻辑性强等特点;人们在日常生活中常采用十进制来表示事物的量,即逢 10 进 1,不论是哪一种数制,其计数和运算都有共同的规律和特点。

1.进位计数制

数制(计数制)是指用一组固定的数字和统一的规则来表示数值的方法。进位计数制是按进位的方法进行计数的,它包含 3 个要素:数位、位权、基数。

1)十进制

①每个数位上能使用的数码符号是 0、1、2、3、4、5、6、7、8、9,共 10 个。基数是 10。

②每一个数码符号根据它在这个数中所处的位置(数位),按"逢十进一"来决定其实际数值,即各数位的位权是以 10 为底的幂次方。

2)二进制

①每个数位上能使用的数码符号是 0、1,共 2 个。基数是 2。

②每一个数码符号根据它在这个数中所处的位置(数位),按"逢二进一"来决定其实际数值,即各数位的位权是以 2 为底的幂次方。

3)八进制

①每个数位上能使用的数码符号是 0、1、2、3、4、5、6、7,共 8 个。基数是 8。

②每一个数码符号根据它在这个数中所处的位置(数位),按"逢八进一"来决定其实际数值,即各数位的位权是以 8 为底的幂次方。

4)十六进制

十六进制数的特点是"逢十六进一",因此其基数为 16,位权则变为 16 的幂次方。十六进制数用 0~9 这 10 个数码加上 A、B、C、D、E、F 这 6 个字母码来表示,A~F 分别对应 10~15 这几个数,这是国际上通用的表示法。

2．进位计数制的特点

综上所述,计数制的特点可归纳如下:

①计数制都有一个固定的基数 $P(P\geq 1)$,每个数位可取 P 个不同的数值。

②计数制都有自己的位权,按"逢 P 进一"决定其实际数值。

3．不同进位计数制间的转换

1)十进制数转换成非十进制数

(1)十进制数转换成二进制数

十进制数转换成二进制数,可以将其整数部分和小数部分分别转换后再组合到一起。

整数部分转换,"除 2 取余法,直到商为 0,倒着写"。即将十进制数整数部分一直除以 2,取余数,直到商为 0,第一次得到的余数是二进制数的最低位,最后一次得到的余数是二进制数的最高位。

小数部分转换,"乘 2 取整法,顺着写"。即将十进制数小数部分不断乘以 2,取整数,直到小数为 0 或到达有效精度为止,最先得到的整数为最高位(小数点后第一位),最后一次得到的整数为最低位。

例:把十进制数 195.3125 转换成二进制数。

解:

整数部分转换过程如下:

```
2 | 195        余数
  2 | 97      ……1   ←—— 最低位
    2 | 48    ……0
      2 | 24  ……0
        2 | 12 ……0
          2 | 6 ……0
            2 | 3 ……0
              2 | 1 ……1
                0 ……1   ←—— 最高位
```

即 $(195)_{10} = (11000011)_2$

小数部分转换过程如下:

```
      0.3125        取整
   ×      2
      0.6250    …… 0   ←—— 最高位
   ×      2
      1.2500    …… 1
      0.2500
   ×      2
      0.5000    …… 0
   ×      2                ←—— 最低位
      1.0000    …… 1
```

即$(0.312\,5)_{10}=(0.010\,1)_2$

所以,组合结果:$(195.3125)_{10}=(11000011.0101)_2$

【知识小贴士】

一个十进制小数不能完全准确地转换成二进制小数时,可以根据精度要求,只转换到小数点后某一位即可。

(2)十进制数转换成八进制数

整数部分的转换:除 8 取余,直到商为 0;小数部分的转换:乘 8 取整。

例:把十进制数 445.312 5 转换成八进制数。

解:

整数部分转换过程如下:

```
8 | 445        余数
    8 | 55   …… 5   ←—— 最低位 ↑
        8 | 6  …… 7
            0  …… 6   ←—— 最高位
```

小数部分转换过程如下:

```
      0.3125       取整
    ×      8
      2.5000   …… 2   ←—— 最高位
      0.5000
    ×      8
      4.0000   …… 4   ←—— 最低位
```

所以,组合结果:$(445.3125)_{10}=(675.24)_8$

【知识小贴士】

对小数的转换如出现转换无限进行的情况,处理方法同十进制小数到二进制小数的转换。

(3)十进制数转换成十六进制数

整数部分的转换:除 16 取余,直到商为 0;小数部分的转换:乘 16 取整。

例:把十进制数 1990.0123 转换成十六进制数,要求精确到小数点后 4 位。

解:

整数部分转换过程如下:

```
16 | 1990          余数
   16 | 124   …… 6      ←—— 最低位 ↑
       16 | 7  …… 12(C)
            0  …… 7      ←—— 最高位
```

小数部分转换过程如下:

```
        0.0123        取整
      ×      16
      ─────────────
        0.1968   ……  0   ←—— 高低位  ⎫
      ×      16                        │
      ─────────────                    │
        3.1488   ……  3                │
        0.1488                         │
      ×      16                        ⎬
      ─────────────                    │
        2.3808   ……  2                │
        0.3808                         │
      ×      16                        │
      ─────────────                    │
        6.0928   ……  6   ←—— 最低位  ⎭
```

所以,组合结果:$(1990.0123)_{10} = (7C6.0326)_{16}$

2)非十进制数转换成十进制数

非十进制数转换成十进制数的方法,是先写出非十进制数的按权展开表达式,然后求按权展开式的值,此值就是与非十进制数等值的十进制数。非十进制数转换成十进制数关系见表1-2。

表1-2　非十进制数转换成十进制数关系

进制	原始数	按位权展开	对应的十进制数
二进制	1001.1	$1\times2^3+0\times2^2+0\times2^1+1\times2^0+1\times2^{-1}$	9.5
八进制	673.7	$6\times8^2+7\times8^1+3\times8^0+7\times8^{-1}$	443.875
十六进制	5F2.A3	$5\times16^2+15\times16^1+2\times16^0+10\times16^{-1}+3\times16^{-2}$	1522.63671875

3)二进制数、八进制数、十六进制数间的相互转换

(1)二进制数与八进制数之间的相互转换

由于 $2^3=8,8^1=8$,因此1位八进制数可用3位二进制数表示,或者3位二进制数可用1位八进制数表示。二进制数转换为八进制数,可概括为"三位并一位",即以小数点为基准,整数部分从右到左,每3位一组,最高位不足3位时,添0补足3位;小数点部分从左到右,每3位一组,最低有效位不足3位时,添0补足3位。然后,将各组的3位二进制数按权展开后相加,得到1位八进制数。同理,八进制数转换为二进制数,可概括为"一位拆三位"。

例:把二进制数10011101111001.1001转换成八进制数。

解:

分组:10 011 101 111 001 . 1001

补0:010 011 101 111 001 . 100 100

转换:2　3　5　7　1. 4　4

所以,$(10011101111001.1001)_2 = (23571.44)_8$

(2)二进制数与十六进制数之间的相互转换

由于 $2^4=16,16^1=16$,因此1位十六进制数可用4位二进制数表示,或者4位二进制数可用1位十六进制数表示。二进制数转换为十六进制数,可概括为"四位并一位",即:以小数点为基准,整数部分从右到左,每4位一组,最高位不足4位时,添0补足4位;小数点部分从左到右,每4位一组,最低有效位不足四位时,添0补足4位。然后,将各组的4位二进制数按权展开后相加,得到1位十六进制数。同理,十六进制数转换为二进制数,可概括为"一位拆四位"。

例:把二进制数10010100111101.1011转换成十六进制数。

解：

分组：10010100111101 . 1011

补 0：0010010100111101 . 1011

转换：2　　5　　3　　D. B

所以，(10010100111101. 1011)$_2$ = (253D. B)$_{16}$

数据的表示：

一串数符，如果不加以说明，很难知道它表示的是哪种进制的数。例如："10"这两个数符在一起组成数，既可以把它看成是二进制数，也可以把它看成是十进制数，还可以把它看成是八进制数或者是十六进制数。当把它看成不同进制数时，它的值是不同的。为了避免混淆，在书写进制数时需采用一定的约定，在计算机应用中的约定如下：

二进制数(Binary)：在数符的末尾加上字母 B 或 b，如 1011B、1001. 11B。

十进制数(Decimal)：在数符的末尾加上字母 D 或 d，或者不带任何字符，如 18D、3. 14。

八进制数(Octal)：在数符的末尾加上字母 O 或 o，如 36O、27. 5O。

十六进制数(Hexadecimal)：在数符的末尾加上字母 H 或 h，如 59H、78. 5H。

另外，各种进制数还可以用以下书写方式表示：用圆括号括住数，在圆括号外用下标表示数的进制，如(1001. 11)$_2$ 表示 1001. 11B，(52. 7)$_{16}$ 表示 52. 7H。

【知识小贴士】

不同进制的数进行转换时，如果待转换的数为整数，可以使用 Windows 10 中的计算器进行转换。利用计算器进行进制转换的操作步骤如下：

步骤 1　启动计算器。在 Windows 10 桌面上单击左下角按钮"▦"，打开如图 1-17 所示

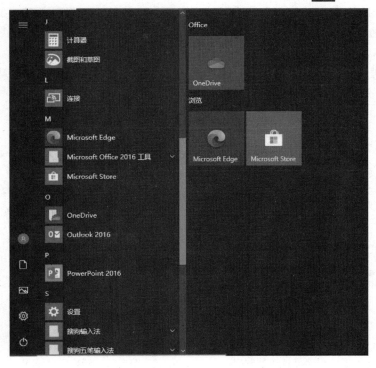

图 1-17　"开始"菜单

的"开始"菜单。然后在"开始"菜单中滚动到 J 字母开头的程序单击"计算器"菜单命令。
Windows 10 的桌面会出现如图 1-18 所示的"计算器"窗口。

步骤2 切换计算器至程序员模式。初次使用计算器时,计算器是标准型的,需要切换至
程序员模式并在程序员模式下进行操作才能进行数据的进制转换。切换计算器至程序员模
式的操作方法是,在图 1-18 所示的标准型计算器窗口中单击菜单栏符号打开"程序员"菜单
命令,如图 1-19 所示。这时计算器窗口会展开为程序员计算器窗口,如图 1-20 所示。如果启
动计算器时,计算器已经处于程序员模式,则跳过步骤2 直接进入步骤3。

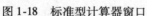

图 1-18　标准型计算器窗口

图 1-19　切换计算器至程序员模式

步骤3 选择待转换数据的进制并输入数据。在图 1-20 所示的计算器窗口中单击"十进
制"单选按钮,选择输入数据的进制。然后按键盘上的数字键或者用鼠标单击计算器窗口中
的数字按钮输入待转换数据,如图 1-20 所示。

本书以十进制数据 2025 为例,这时 HEX、OCT、BIN 会显示转换后的结果,如图 1-21
所示。

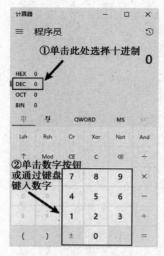

图 1-20　程序员计算器窗口

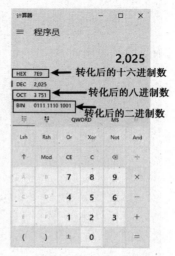

图 1-21　转换后的结果

4.机器数

在计算机中所能表示的数或其他信息都是数码化的,正、负号分别用一位数码"0"和"1"来表示。把连同符号一起数码化的数,称为机器数。在计算机中根据实际需要,机器数的表示方法往往会不同,通常有原码、反码和补码3种表示法。

1)原码

原码表示法是一种比较直观的机器数表示法。数 X 的原码标记为[X]原,正数的符号位用"0"表示,负数的符号位用"1"表示,数值部分用二进制形式表示。

例如,使用8位二进制数描述为[+66]原=01000110,[-66]原=11000110。

2)反码

数 X 的反码标记为[X]反,对于正数来说,反码与原码相同。对于负数来说,符号位与原码相同,只是将原码的数值位"按位变反"。

例如,使用8位二进制数描述为[+66]反=01000110,[-66]反=10111001。

3)补码

由于补码在做二进制加、减运算时比较方便,所以在计算机中广泛采用补码来表示二进制数,数 X 的补码标记为[X]补。正数的补码与原码相同,负数的补码由该数的原码除符号位外其余位"按位取反",然后在最后一位加1而得到。

例如,使用8位二进制数描述为[+66]补=01000110,[-66]补=10111010。

5.定点数与浮点数

计算机处理的数据多带有小数点,小数点在计算机中可以有两种方法表示:一种小数点固定在某一位置,称为定点表示法,简称为定点数;另一种小数点可以任意浮动,称为浮点表示法,简称为浮点数。

1)定点数

所谓定点数,就是约定计算机中数据的小数点的位置固定不变,如图1-22所示。定点数分为定点小数(纯小数,小数点在符号位之后)和定点整数(纯整数,小数点在数的最右方)。

图 1-22 定点数

定点数的小数点在机器中是不表示出来的,一旦确定了小数点的位置,就不再改变。定点小数是把小数点固定在数值部分最高位的左边,每个数都是绝对值小于1的纯小数。定点整数是把小数点固定在数值部分最低位的右边,每个数都是绝对值在一定范围内的整数。

2)浮点数

使用定点数表示小数时,存在数值范围、精度范围有限的缺点,所以在计算机中,一般使用"浮点数"来表示小数。之前学习了定点数,其中"定点"指的是约定小数点位置固定不变。那浮点数的"浮点"就是指其小数点的位置是可以是漂浮不定的。

(1)理解浮点数的小数点是漂浮不定的

浮点数是采用科学计数法的方式来表示的,如十进制小数8.345,用科学计数法表示,可以有多种方式：

$$8.345 = 8.345 \times 10^0$$

$$8.345 = 83.45 \times 10^{-1}$$

$$8.345 = 834.5 \times 10^{-2}$$

看到了吗？用这种科学计数法的方式表示小数时，小数点的位置就变得"漂浮不定"了，这就是相对于定点数，浮点数名字的由来。

使用同样的规则，对于二进制数，也可以用科学计数法表示，也就是说把基数 10 换成 2 即可。

（2）浮点数如何表示数字

已知，浮点数是采用科学计数法来表示一个数字的，其格式可以写成这样：

$$V = (-1)^S \times M \times R^E$$

式中　S——符号位，取值 0 或 1，决定一个数字的符号，0 表示正，1 表示负；

　　　M——尾数，用小数表示，如前面所看到的 8.345×10^0，8.345 就是尾数；

　　　R——基数，表示十进制数 R 就是 10，表示二进制数 R 就是 2；

　　　E——指数，用整数表示，如前面看到的 10^{-1}，-1 即是指数。

如果要在计算机中用浮点数表示一个数字，只需要确认这几个变量即可。

假设现在用 32bit 表示一个浮点数，把以上变量按照一定规则，填充到这些 bit 上就可以了，如图 1-23 所示。

图 1-23　浮点数

假设定义如下规则来填充这些 bit：

符号位 S 占 1bit；

指数 E 占 10bit；

尾数 M 占 21bit。

按照这个规则，将十进制数 25.125 转换为浮点数，转换过程就是这样的（D 为十进制，B 为二进制）。

整数部分：25（D）= 11001（B）；

小数部分：0.125（D）= 0.001（B）。

用二进制科学计数法表示：25.125（D）= 11001.001（B）= 1.1001001×2^4（B）；

因此符号位 S=0，尾数 M=1.001001（B），指数 E=4（D）= 100（B）。

按照上面定义的规则，填充到 32bit 上，如图 1-24 所示。

6. 信息编码

数据是信息的载体，计算机所处理的数据除了数学中的数值外，还包括字符、声音、图形、图像等。由于计算机只能识别二进制，因此计算机处理信息时，先要对信息进行二进制编码。常用的编码方式有 ASCII 编码、GB2312 编码（简体中文）、BCD 编码等。

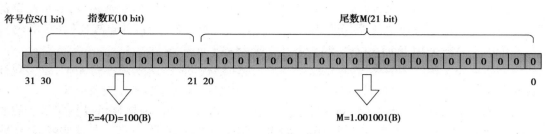

25.125(D)=11001.001(B)=1.1001001*2^4(B)

E=4(D)=100(B)　　　　M=1.001001(B)

图 1-24　浮点数实例

1) ASCII 码

在计算机中,所有的数据在存储和运算时都要使用二进制数来表示,英文字母和一些常用的符号也要使用二进制来表示。ASCII(American Standard Code for Information Interchange,美国标准信息交换码)是使用最广泛的字符编码方案,它用指定的 7 位或 8 位二进制数组合来表示 128 或 256 种可能的字符。附录 ASCII 码表采用的是 7 位二进制编码,最高位为 0,低 7 位用 0 或 1 的组合来表示不同的字符或控制码。例如,字符 A 的 ASCII 码为 01000001,字符 a 的 ASCII 码为 01100001。

初期,ASCII 码主要用于远距离的有线或无线电通信,为了及时发现在传输过程中因电磁干扰引起的代码出错,人们设计了各种校验方法,其中奇偶校验是采用得最多的一种方法,即在 7 位 ASCII 码之前再增加一位用作校验位,形成 8 位编码。若采用偶校验,即校验位要使包括校验位在内的所有为"1"的位数之和为偶数。例如,大写字母"C"的 7 位编码是 1000011,共有 3 个"1",则使校验位置为"1",即得到字母"C"的带校验位的 8 位编码 11000011;若原 7 位编码中已有偶数位"1",则校验位置为"0"。数据接收端对接收到的每一个 8 位编码进行奇偶性检验,若不符合偶数个(或奇数个)"1"的约定就认为是一个错码,并通知对方重复发送一次。

2) GB2312 编码(简体中文)

汉字是世界上使用最多的文字,是联合国的工作语言之一,汉字处理的研究对计算机在我国的推广应用和国际交流的加强都是十分重要的。但汉字属于图形符号,结构复杂,多音字和多义字比例较大,数量太多(据统计字形各异的汉字约有 50 000 个,常用的汉字也约有 7 000 个)。依据汉字处理过程,汉字编码可分为输入码、字形码、处理码和国标码(交换码),如图 1-25 所示。

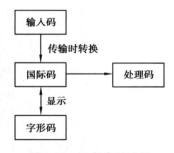

图 1-25　汉字编码过程

输入码也称外码,是用来将汉字输入到计算机中的一组键盘符号。目前常用的输入码有拼音码(全拼)、五笔字型码、音形码等。一种好的编码应有编码规则简单、易学好记、操作方便、重码率低、输入速度快等优点。

我国国家标准总局 1980 年发布了《信息交换用汉字编码字符集基本集》(GB 2312—80),即国标码,共对 6763 个汉字和 682 个图形字符进行了编码,其编码原则为汉字用 2 个字节表示,每字节用 7 位码(高位为 0)。

把国标码每字节最高位的 0 改成 1,或者把每字节都再加上 128,就可得到"机内码",也就是"处理码"。

　　字形码是汉字的输出码,输出汉字时都采用图形方式,无论汉字的笔画多少,每个汉字都可以写在同样大小的方块中,按图形符号设计成点阵图,就得到了相应的点阵代码(字形码)。显示一个汉字一般采用 16×16 点阵、24×24 点阵或 48×48 点阵。

　　汉字字形码又称汉字字模,是表示汉字字形信息(结构、形状、笔画等)的编码,以实现计算机对汉字的输出(显示、打印),字形码最常用的表示方式是点阵形式和矢量形式。

　　用点阵表示汉字字形时,字形码就是这个汉字字形的点阵代码根据显示或打印质量的要求,汉字字形编码有 16×16、24×24、32×32、48×48 等不同密度的点阵编码。点数越多,显示或打印的字体就越美观,但编码占用的存储空间也越大。图 1-26 给出了一个 16×16 的汉字点阵字形和字形编码,该汉字字形编码需占用 16×2 = 32 个字节。如果是 32×32 的字形编码则占用 32×4 = 128 个字节。

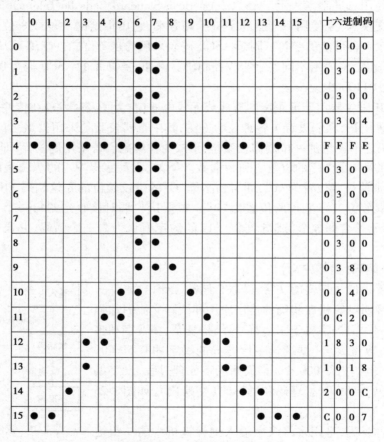

图 1-26　汉字点阵字形和字形编码

　　3)BCD 码

　　当十进制小数转换为二进制数时会产生误差,为了精确地存储和运算十进制数,可用若干位二进制数码来表示 1 位十进制数,称为二进制编码的十进制数,简称二-十进制编码(Binary Code Decimal,BCD 码)。它用 4 位二进制数来表示 1 位十进制数中 0~9 这 10 个数码。BCD 码可分为 8421 码(从高位到低位的权值分别为 8、4、2、1)、2421 码(从高位到低位的权值分别为 2、4、2、1)、5421 码(从高位到低位的权值分别为 5、4、2、1)等。8421 码是最基本的、最常用的 BCD 码,常用 BCD 码与十进制数的对应关系见表 1-3。

表 1-3 常用 BCD 码与十进制数对应表

十进制数	8421 码	5421 码	2421 码	余 3 码	余 3 循环码
0	0000	0000	0000	0011	0010
1	0001	0001	0001	0100	0110
2	0010	0010	0010	0101	0111
3	0011	0011	0011	0110	0101
4	0100	0100	0100	0111	0100
5	0101	1000	1011	1000	1100
6	0110	1001	1100	1001	1101
7	0111	1010	1101	1010	1111
8	1000	1011	1110	1011	1110
9	1001	1100	1111	1100	1010

5421 码和 2421 码的编码方案都不是唯一的,表 1-3 只列出了一种编码方案。例如,5421 码中的数码 5,既可以用 1000 表示,也可以用 0101 表示;2421 码中的数码 6,既可以用 1100 表示,也可以用 0110 表示。

例:求十进制数 541 的 8421 码。

解:$(541)_{10} = (0101\ 0100\ 0001)_{BCD} = (010101000001)_{BCD}$

4)多媒体信息编码

在计算机中,各种多媒体信息也是基于二进制来表示的,只是形式更复杂。

声音是由物体振动产生的声波,是通过介质(空气或固体、液体)传播并能被人或动物的听觉器官所感知的波动现象。声音是一种模拟信号,可以通过采样和量化将其转换为数字信号,然后再对数字信号进行二进制编码,如图 1-27 所示。

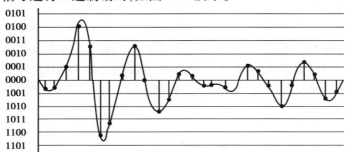

图 1-27 声音采样和量化

图像编码,是将图像分解为许多的点,每个点称为"像素",再将像素对应的信号转换成二进制编码信息,如图 1-28 所示。图像信号也是经过采样、量化、编码过程转换成数字信号的。

图 1-28 位图示例

7. 数据的存储单位

目前计算机中常用的数据存储单位有：

位(bit)：计算机中最小的存储单位，只能存储 0 或 1 两种状态；

字节(Byte)：计算机中常用的存储单位，一个字节等于 8 位；

千字节(KB)：一千字节等于 1024 个字节；

兆字节(MB)：一兆字节等于 1024 个千字节，即 1048576 字节；

吉字节(GB)：一吉字节等于 1024 个兆字节，即 1073741824 字节；

太字节(TB)：一太字节等于 1024 个吉字节，即 1099511627776 字节；

拍字节(PB)：一拍字节等于 1024 个太字节，即 1125899906842624 字节；

艾字节(EB)：一艾字节等于 1024 个拍字节，即 1152921504606846976 字节。

常用的数据存储单位之间的换算关系为

1 KB = 1024 Byte；

1 MB = 1024 KB；

1 GB = 1024 MB；

1 TB = 1024 GB；

1 PB = 1024 TB；

1 EB = 1024 PB。

注意，这里的"1024"是指 2^{10}。但是在计算机存储容量的表示中，常常使用的是 1 000 的幂次方，例如硬盘容量的表示，这是因为硬盘制造商使用的是 1 000 的幂次方，而不是 1 024 的幂次方。因此，在实际应用中，需要根据不同的场景和目的来选择合适的单位和换算关系。

【知识小贴士】

目前，比艾字节(EB)更大的存储单位有：

赛字节(ZB)：一赛字节等于 1024 个艾字节，即 1180591620717411303424 字节；

然字节(YB)：一然字节等于 1024 个赛字节，即 1208925819614629174706176 字节；

泽字节(ZiB)：一泽字节等于 1024 个吉字节的平方，即 1180591620717411303424313344

字节；

尧字节(YiB)：一尧字节等于1024个兆字节的平方，即120892581961462917470617670912字节。

需要注意的是，赛字节、然字节、泽字节、尧字节等更大的存储单位，目前在实际应用中还比较少见，通常只会在特定领域、极端场景或科学计算中用到。在大多数情况下，艾字节已经足够大，能够满足大部分应用需求。

任务1-4 计算机系统的基本组成与性能指标

1.计算机系统

一台完整的计算机系统由硬件(Hardware)系统和软件(Software)系统两大部分组成，如图1-29所示。

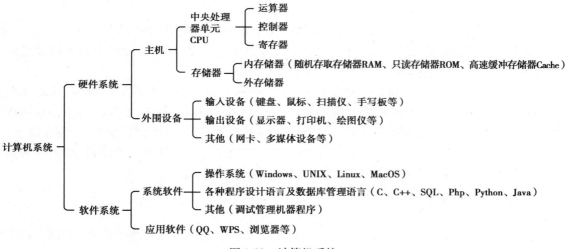

图1-29 计算机系统

2.计算机硬件系统

计算机硬件是构成计算机系统的物理实体或物理装置。

按照冯·诺依曼计算机体系结构，计算机硬件包括输入设备、运算器、控制器、存储器、输出设备5个部分，其工作原理如图1-30所示。

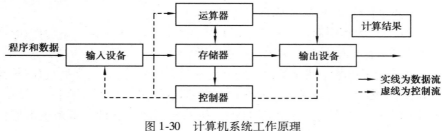

图1-30 计算机系统工作原理

23

①CPU(Central Process Unit,中央处理器)是计算机的心脏,也称为微处理器,主要由运算器和控制器组成。

②控制器是从内存储器中读取指令,并控制计算机的各部分,完成指令所指定的工作。指令是指能被计算机识别并执行的二进制代码,用于完成某一特定的操作。计算机指令通常用二进制代码形式表示。

③运算器是在控制器的指挥下,按指令的要求从内存储器中读取数据,完成运算,运算的结果再保存到内存储器中的指定地址。

④主板(Main Board)是安装在微型计算机主机箱中的印刷电路板,这是连接 CPU、内存储器、外存储器、各种适配卡、外部设备的中心枢纽。

⑤总线(Bus)是连接计算机中 CPU、内存储器、外存储器、输入/输出设备的一组信号线及相关的控制电路,是计算机中用于在各个部件之间传输信息的公共通道。

根据传送信号不同,总线又分为数据总线(Data Bus,用于数据信号的传送)、地址总线(Address Bus,用于地址信号的传送)和控制总线(Control Bus,用于控制信号的传送)。

在微型计算机中常用的总线标准有 ISA 总线、EISA 总线、PCI 总线、USB 通用串行总线等。

⑥存储器是用来存放数据的设备。存储器又分为内存储器、外存储器。

内存储器也称内存或主存,是计算机的数据存储中心,主要用来存储程序及等待处理的数据,可与 CPU 直接交换数据。

在计算机中,内存由 RAM(Random Access Memory,随机存取存储器)、ROM(Read-only Memory,只读存储器)和 Cache(高速缓冲存储器)3 个部分组成。其中 RAM 的容量占总内存容量的绝大部分,而 ROM 和 Cache 的容量只占很小的一部分,因此人们常把 RAM 称为内存。

⑦输入设备、输出设备。输入设备是指把数据和程序输入计算机中的设备;输出设备是将计算机处理结果或处理过程中的有关信息交付给用户的设备。

3. 计算机软件系统

所谓计算机软件,是指支持计算机运行或解决某些特定问题而需要的程序、数据及相关的文档。

系统软件是指维持计算机系统正常运行和支持用户运行应用软件的基础软件,包括操作系统、程序设计语言、数据库管理系统等。

操作系统(Operating System,OS)既是管理计算机硬件与软件资源的程序,同时也是计算机系统的内核与基石。其功能是控制其他程序运行,管理系统资源并为用户提供操作界面。

程序设计语言按照其发展过程可分为机器语言、汇编语言、高级语言(面向过程)和第四代语言(即 4GL 非过程化、面向对象语言)。

程序(Program)是为实现特定目标或解决特定问题而用计算机语言编写的命令序列的集合。一般分为系统程序(软件)和应用程序(软件)两大类。

应用程序是指为解决某个或某类给定的问题而设计的软件,如文字处理软件、绘图软件、数值计算软件,以及用户针对各种应用而自行开发的软件等。

一个完整的计算机系统,是硬件和软件的有机结合。硬件是计算机系统的躯体,软件则是其灵魂。没有配备软件的计算机称为"裸机"。

【知识小贴士】

操作系统是电子计算机系统中负责支撑应用程序运行环境,以及用户操作环境的系统软件,同时也是计算机系统的核心与基石。其职责通常包括对硬件的直接监管、对各种计算资源(如内存、处理器时间等)的管理及提供如作业管理之类的面向应用程序的服务等。

1)操作系统的分类

根据操作系统在用户界面的使用环境和功能特征的不同,操作系统一般可分为3种基本类型,即批处理系统、分时系统和实时系统。随着计算机体系结构的发展,又出现了许多种操作系统,如嵌入式操作系统、个人操作系统、网络操作系统和分布式操作系统。

2)计算机操作系统

常见的计算机操作系统有:

①Windows 系列操作系统,由微软公司生产;

②UNIX 类操作系统,如 SOLARIS、BSD 系列;

③Linux 类操作系统,如 UBUNTU、SUSE、Fedora 等;

④Mac 操作系统,由苹果公司生产,一般安装于苹果计算机。

3)手机操作系统

目前应用在手机上的操作系统主要有:

①iOS;

②Android(安卓)系统;

③HarmonyOs(华为鸿蒙)系统;

④Windows Phone 7、Windows Phone 8 系统;

⑤Symbian(塞班)系统;

⑥Bada;

⑦BlackBerry OS(黑莓);

⑧Windows mobile(微软)。

4. 计算机的性能指标

衡量计算机的性能指标很多,最主要指标有字长、主频、运算速度、内存容量等。

1)字长

字长是指处理器一次能处理的二进制数的位数,也就是处理器的数据宽度。字长越长,处理器能够处理的数据范围和计算能力也就越大。随着科技的不断发展,处理器的字长也在逐渐增加。目前主流的个人电脑、服务器和移动设备都使用 64 位处理器,而一些嵌入式设备或低功耗设备可使用 32 位处理器。目前通用微型计算机的字长通常是 32 位或 64 位。

2)主频

主频是指 CPU 的时钟频率。主频的常用单位为 MHz、GHz,它们之间的关系是,$1\ GHz = 10^3\ MHz$。主频越高,CPU 执行指令的速度越快,计算机运行的速度也越快。因此,主频的高低在很大程度上决定了计算机的运行速度。

3）运算速度

运算速度是指计算机每秒钟所能执行指令的条数,常用的单位为百万条指令/秒(MIPS),它是衡量计算机运算速度快慢的指标。

4）内存容量

内存容量是指计算机内存储器中所能存储信息的最大字节数。常用的单位有 MB、GB。保存在外存储器中的程序需要调入内存中才能执行,内存容量的大小直接影响着程序的运行,内存容量越大,所能存储的数据和运行的程序越多,程序运行的速度越快。通常情况下,程序的运行都有内存容量要求,如 Windows 10 操作系统要求最小内存在 1GB 以上才能运行。现在的微型计算机中一般配有 4 ~ 16 GB 的内存。

【知识小贴士】

摩尔定律是由英特尔创始人之一戈登·摩尔提出来的。当价格不变时,集成电路上可容纳的晶体管数目,约每隔 18 个月便会增加一倍,性能也将提升一倍。换言之,处理器的性能大约每 2 年翻一倍,同时价格下降为之前的一半。这一定律揭示了信息技术进步的速度。虽然如今的 PC 生产厂商并非严格遵循摩尔定律,但已经成为他们追求的一个目标。

任务 1-5　了解计算机新技术

1. 人工智能

人工智能(Artificial Intelligence,AI)是一种通过模拟人类智能和学习能力的技术,包括机器学习、深度学习、自然语言处理和计算机视觉等方面,可以实现自动化、数据挖掘、图像识别、语音识别等功能。AI 的核心问题包括建构能够与人类相似甚至超越人类的推理、知识、计划、学习、交流、感知、移动、移物、使用工具和操控机械的能力等。目前实际应用领域有机器视觉、指纹识别、人脸识别、视网膜识别、虹膜识别、掌纹识别、专家系统、自动规划、无人载具等。

1）Chat GPT

Chat GPT 全称为 Chat Generative Pre-trained Transformer,是美国 OpenAI 公司研发的聊天机器人程序,于 2022 年 11 月 30 日发布。Chat GPT 是人工智能技术驱动的自然语言处理工具,它能够通过理解和学习人类的语言来进行对话,还能根据聊天的上下文进行互动,真正像人类一样来聊天交流,甚至能完成撰写邮件、视频脚本、文案、翻译、代码、论文等任务。

2）自动驾驶汽车

自动驾驶汽车以雷达、GPS 及电脑视觉等技术感测其环境。先进的控制系统能将感测资料转换成适当的导航道路,以及障碍与相关标志。自动驾驶汽车能通过感测输入的资料,更新其地图资讯,让交通工具可以持续追踪其位置。通过多辆自动驾驶车构成的无人车队可以有效减轻交通压力,并因此提高交通系统的运输效率。

如百度无人驾驶汽车,2013 年研究起步,到 2023 年已经小部分实际应用,其技术核心是"百度汽车大脑",包括高精度地图、定位、感知、智能决策与控制四大模块。

2. 区块链

区块链(Blockchain)是借由密码学与共识机制等技术创建与存储庞大交易资料的点对点网络系统。

区块链的主要特点是去中心化、不可篡改、匿名性和可追溯性等,因此在金融、医疗、物流等领域具有广泛的应用前景。目前区块链技术最大的应用是数字货币,因为支付的本质是"将账户 A 中减少的金额增加到账户 B 中"。如果人们有一本公共账簿,记录了所有的账户至今为止的所有交易,那么对于任何一个账户,人们都可以计算出它当前拥有的金额数量。而公共区块链(公有链)恰恰是用于实现这个目的的公共账簿。

区块链的核心技术如下所述。

1) 分布式账本

分布式账本指的是交易记账由分布在不同地方的多个节点共同完成,而且每一个节点记录的是完整的账目,因此它们都可以参与监督交易合法性,同时也可以共同为其作证。

2) 非对称加密

存储在区块链上的交易信息是公开的,但是账户身份信息是高度加密的,只有在数据拥有者授权的情况下才能访问到,从而保证数据的安全和个人的隐私。

3) 共识机制

共识机制就是所有记账节点之间怎样达成共识,去认定一个记录的有效性,这既是认定的手段,也是防止篡改的手段。

区块链的共识机制具备"少数服从多数"及"人人平等"的特点,其中"少数服从多数"并不完全指节点个数,也可以是计算能力、股权数或者其他的计算机可以比较的特征量。"人人平等"是当节点满足条件时,所有节点都有权优先提出共识结果、直接被其他节点认同后并最后有可能成为最终共识结果。以比特币为例,采用的是工作量证明,只有在控制了全网超过51%的记账节点的情况下,才有可能伪造出一条不存在的记录。当加入区块链的节点足够多时,这基本上不可能,从而杜绝了造假的可能。

4) 智能合约

智能合约是基于这些可信的不可篡改的数据,可以自动化地执行一些预先定义好的规则和条款。以保险为例,如果说每个人的信息(包括医疗信息和风险发生的信息)都是真实可信的,那就很容易在一些标准化的保险产品中去进行自动化的理赔。在保险公司的日常业务中,虽然交易不像银行和证券行业那样频繁,但是对可信数据的依赖是有增无减的。因此,笔者认为利用区块链技术,从数据管理的角度切入,能够有效地帮助保险公司提高风险管理能力。具体来讲主要分投保人风险管理和保险公司的风险监督。

3. 云计算

云计算(Cloud Computing)是分布式计算的一种,指的是通过网络"云"将巨大的数据计算处理程序分解成无数个小程序,通过多部服务器组成的系统进行处理和分析这些小程序得到结果并返回给用户。云计算早期就是简单的分布式计算,解决任务分发,并进行计算结果的合并。因而,云计算又称为网格计算。通过这项技术,可以在很短的时间内(几秒钟)完成对数以万计的数据的处理。

现阶段所说的云计算服务已经不单单是一种分布式计算,而是分布式计算、效用计算、负载均衡、并行计算、网络存储、热备份冗杂和虚拟化等计算机技术混合演进并跃升的结果。

云计算服务应该具备以下几个特征:

- 随需应变自助服务;
- 随时随地用任何网络设备存取;
- 多人共享资源池;
- 快速重新部署灵活度;
- 可被监控与量测的服务;
- 基于虚拟化技术快速部署资源或获得服务;
- 减少用户终端的处理负担;
- 降低用户对于 IT 专业知识的依赖。

4. 边缘计算

边缘计算(Edge Computing)是指一种分布式运算的架构,将应用程序、数据资料与服务的运算,由网络中心节点移往网络逻辑上的边缘节点来处理。边缘运算将原本完全由中心节点处理的大型服务加以分解,切割成更小与更容易管理的部分,分散到边缘节点去处理。边缘节点更接近于用户终端设备,可以加快资料的处理与发送速度,减少延迟。边缘计算技术可用于实现物联网、智能交通、智慧城市等应用。

在中国,边缘计算联盟 ECC 正在努力推动 3 种技术的融合,也就是 OICT 的融合(运营 Operational、信息 Information、通信 Communication Technology)。而其计算对象,则主要定义了 4 个领域。第一是设备域的问题,出现的纯粹的 IoT 设备,与自动化的 I/O 采集相比较而言,有不同但也有重叠部分。那些可以直接用于在顶层优化,而并不参与控制本身的数据,可以直接放在边缘侧完成处理。第二是网络域。在传输层面,直接的末端 IoT 数据与来自自动化产线的数据,其传输方式、机制、协议都会有不同,因此,这里要解决传输的数据标准问题,当然,在 OPC UA 架构下可以直接访问底层自动化数据,但是,对于 Web 数据的交互而言,这里会存在 IT 与 OT 之间的协调问题,尽管有一些领先的自动化企业已经提供了针对 Web 方式数据传输的机制,但是,大部分现场的数据仍然存在这些问题。第三是数据域,包括数据传输后的数据存储、格式等这些数据域需要解决的问题,也包括数据的查询与数据交互的机制和策略问题都是这个领域需要考虑的问题。

5. 虚拟现实和增强现实

1)虚拟现实

虚拟现实(Virtual Reality,VR)技术又称虚拟实境或灵境技术,是 20 世纪发展起来的一项全新的实用技术。虚拟现实技术囊括计算机、电子信息、仿真技术,其基本实现方式是以计算机技术为主,利用并综合三维图形技术、多媒体技术、仿真技术、显示技术、伺服技术等多种高科技的最新发展成果,借助计算机等设备产生一个逼真的三维视觉、触觉、嗅觉等多种感官体验的虚拟世界,从而使处于虚拟世界中的人产生一种身临其境的感觉。随着社会生产力和科学技术的不断发展,各行各业对虚拟现实技术的需求日益旺盛。虚拟现实技术也取得了巨大进步,并逐步成为一个新的科学技术领域。

虚拟现实的突出特征如下所述。

（1）沉浸性

沉浸性是虚拟现实技术最主要的特征,就是让用户成为并感受到自己是计算机系统所创造环境中的一部分,虚拟现实技术的沉浸性取决于用户的感知系统,当使用者感知到虚拟世界的刺激时,包括触觉、味觉、嗅觉、运动感知等,便会产生思维共鸣,造成心理沉浸,感觉如同进入真实世界。

（2）交互性

交互性是指用户对模拟环境内物体的可操作程度和从环境得到反馈的自然程度,使用者进入虚拟空间,相应的技术让使用者与环境产生相互作用,当使用者进行某种操作时,周围的环境也会做出某种反应。

（3）多感知性

多感知性表示计算机技术应该拥有很多感知方式,如听觉,触觉、嗅觉等。理想的虚拟现实技术应该具有一切人所具有的感知功能。由于相关技术,特别是传感技术的限制,目前大多数虚拟现实技术所具有的感知功能仅限于视觉、听觉、触觉、运动等几种。

（4）构想性

构想性也称想象性,使用者在虚拟空间中,可以与周围物体进行互动,可以拓宽认知范围,创造客观世界不存在的场景或不可能发生的环境。

（5）自主性

自主性指虚拟环境中物体依据物理定律动作的程度,如当受到力的推动时,物体会向力的方向移动,或翻倒,或从桌面落到地面等。

2）增强现实

增强现实（Augmented Reality,AR）技术是一种将虚拟信息与真实世界巧妙融合的技术,广泛运用了多媒体、三维建模、实时跟踪及注册、智能交互、传感等多种技术手段,将计算机生成的文字、图像、三维模型、音乐、视频等虚拟信息模拟仿真后,应用到真实世界中,两种信息互为补充,从而实现对真实世界的"增强"。与虚拟现实相比,增强现实会触及到更多的人,因为它是对人们日常生活的无缝补充。增强现实是将计算机生成的虚拟世界叠加在现实世界上,医药、教育、工业上的各种实际应用,已经佐证了增强现实作为工具,对人类的影响更为深远。

关键技术如下所述。

（1）跟踪注册技术

为了实现虚拟信息和真实场景的无缝叠加,而移动设备摄像头与虚拟信息的位置需要相对应,这就需要通过跟踪注册技术来实现。跟踪注册技术首先检测需要"增强"的物体特征点及轮廓,跟踪物体特征点自动生成二维或三维坐标信息。跟踪注册技术的好坏直接决定着增强现实系统的成功与否。

（2）显示技术

增强现实技术显示系统是比较重要的内容,为了能够得到较为真实的与虚拟相结合的系统,必须使实际应用便利程度不断提升,使用色彩较为丰富的显示器是其重要基础,在这一基础上,显示器包含头盔显示器和非头盔显示设备等相关内容。

（3）虚拟物体生成技术

增强现实技术在应用时，其目标是使虚拟世界的相关内容在真实世界中得到叠加处理，有效使用在算法程序的应用基础上，促使物体动感操作有效实现。当前虚拟物体的生成是在三维建模技术的基础上得以实现的，能够充分体现出虚拟物体的真实感，在对增强现实动感模型研发的过程中，需要能够全方位和集体化地将物体对象展示出来。

（4）交互技术

与在现实生活中不同，增强现实是将虚拟事物在现实中呈现，而交互就是为虚拟事物在现实中更好地呈现做准备，因此要等到更好的增强现实体验，交互就是其中的重中之重。

（5）合并技术

增强现实的目标是将虚拟信息与输入的现实场景无缝结合在一起，为了增加增强现实使用者的现实体验，要求增强现实具有很强真实感，为了达到这个目标不单单只考虑虚拟事物的定位，还需要考虑虚拟事物与真实事物之间的遮挡关系及具备4个条件：几何一致、模型真实、光照一致和色调一致，这四者缺一不可，任何一种的缺失都会导致增强现实效果的不稳定，从而严重影响增强现实的体验。

6. 量子计算机

量子计算机（Quantum Computer）是一种使用量子逻辑进行通用计算的设备。与电子计算机（或称传统计算机）不同，量子计算用来存储数据的对象是量子比特，它用量子算法来操作数据。马约拉纳费米子的反粒子就是它自己本身的属性，或许是令量子计算机的制造变成现实的一个关键。量子计算机在舆论中有时被过度渲染成无所不能或速度快数亿倍等，其实这种计算机是否强大，需要视问题而定。若该问题已提出速算的量子算法，只是困于传统计算机无法执行，那量子计算机确实能达到前所未有的高速；若是没有发明算法的问题，则量子计算机表现与传统计算机无异甚至更差。

量子力学态叠加原理使得量子信息单元的状态可处于多种可能性的叠加状态，从而导致量子信息处理从效率上相比于经典信息处理具有更大潜力。普通计算机中的2位寄存器在某一时间仅能存储4个二进制数（00、01、10、11）中的一个，而量子计算机中的2位量子位（Qubit）寄存器可同时存储这四种状态的叠加状态。随着量子比特数目的增加，对于 n 个量子比特而言，量子信息处于 2^n 种可能状态的叠加，配合量子力学演化的并行性，可以展现出比传统计算机更快的处理速度。

7. 物联网

物联网（Internet of Things，IoT）是指通过各种信息传感器、射频识别技术、全球定位系统、红外感应器、激光扫描器等各种装置与技术，实时采集任何需要监控、连接、互动的物体或过程，采集其声、光、热、电、力学、化学、生物、位置等各种需要的信息，通过各类可能的网络接入，实现物与物、物与人的泛在连接，实现对物品和过程的智能化感知、识别和管理。物联网是一个基于互联网、传统电信网等的信息承载体，它可以让所有能够被独立寻址的普通物理对象形成互联互通的网络。

未来发展方向预测：在物联网领域，广泛被各国政府与机构引用的技术路线为顾问公司 SRI Consulting 描绘之物联网技术路线，其依据时间轴可分为4个阶段，供应链辅助、垂直市场应用、无所不在的寻址(Ubiquitous Positioning),最后可以达到"The Physical Web"(即让物联网上的每一个智能设备都以 URL 来标示)。

物联网的架构一般分为 3 层或 4 层。3 层的架构由底层至上层依序为感测层、网络层与应用层;4 层的架构由底层至上层依序为感知设备层(或称感测层)、网络连接层(或称网络层)、平台工具层与应用服务层。3 层与 4 层架构之差异,在于 4 层将 3 层的"应用层"拆分成"平台工具层"与"应用服务层",对于软件应用做了更细致的区分。

8.大数据

大数据(Big Data)是指数据量非常大、类型多样、处理速度快的数据集合。大数据的处理需要使用一系列的技术和工具,包括数据采集、存储、处理、分析和可视化等方面。大数据技术包括分布式系统、云计算、机器学习、自然语言处理等方面。通过大数据技术,可以快速地获取、存储和分析各种类型的数据,并从中提取有价值的信息,对决策和业务流程进行优化和改进。

大数据的应用领域非常广泛,包括大科学、射频识别(Radio Frequency Identification,RFID)、感测设备网络、天文学、大气学、交通运输、基因组学、生物学、大社会数据分析、互联网文件处理、制作互联网搜索引擎索引、通信记录明细、军事侦查、金融大数据、医疗大数据、社交网络、照片图像和影像封存、大规模的电子商务等。

例如,巨大科学领域,大型强子对撞机中有 1.5 亿万个传感器,每秒发送 4 000 万次的数据。实验中每秒产生将近 6 亿次的对撞,在过滤去除 99.999% 的撞击数据后,得到约 100 次的有用撞击数据,将撞击结果数据过滤处理后仅记录 0.001% 的有用数据,全部 4 个对撞机的数据量复制前每年产生 25 拍字节(PB),复制后为 200 拍字节。如果将所有实验中的数据在不过滤的情况下全部记录,数据量将会变得过度庞大且极难处理。每年数据量在复制前将会达到 1.5 亿拍字节,等于每天有近 500 艾字节(EB)的数据量。这个数字代表每天实验将产生相当于 500 垓($5×1 020$)字节的数据,是全世界所有数据来源总和的 200 倍。

又如,在金融领域,大数据可以用于风险控制、客户分析、投资决策等方面;在医疗领域,大数据可以用于疾病预测、个性化治疗等方面;在交通领域,大数据可以用于智能交通管理、道路安全管理等方面。总的来说,大数据技术已经为各个领域带来了更高效、更精准、更智能的解决方案。

习　题

1.计算机完成一条指令所花费的时间称为一个(　　)。
A.执行速度　　　　B.执行时序　　　　C.指令周期　　　　D.存取周期
2.微型计算机的主机包括(　　)。
A.运算器和控制器　　　　　　　　B.CPU 和 UPS
C.CPU 和内存储器　　　　　　　　D.UPS 和内存储器
3.十进制数 13 转换为等价的二进制数的结果为(　　)。
A.1101　　　　　　B.1010　　　　　　C.1011　　　　　　D.1100

4. 计算机用来表示存储空间大小的最基本的单位是(　　　)。

A. Baud　　　　　　　　B. bit　　　　　　　　C. Byte　　　　　　　　D. word

5. 下列描述中,正确的是(　　　)。

A. 1 MB = 1 000 B　　　　　　　　　　　　B. 1 MB = 1 000 KB

C. 1 MB = 1 024 B　　　　　　　　　　　　D. 1 MB = 1 024 KB

6. 关于字符之间大小关系的说法中,正确的是(　　　)。

A. 空格符>b>B　　　　B. 空格符>B>b　　　　C. b>B>空格符　　　　D. B>b>空格符

7. 以下操作系统类型中,不能安装在智能手机上的是(　　　)。

A. Harmony(鸿蒙)　　　B. Android(安卓)　　　C. Windows 10　　　　D. iOS

8. 计算机的键盘上一般有一个"CapsLock"键,它的作用是(　　　)。

A. 当启动它时,在文本中会输入小写的英文字母

B. 当启动它时,在文本中会输入大写的英文字母

C. 当启动它时,在文本中可以利用小键盘的数字键输入数字

D. 当启动它时,在文本中输入字符会将当前光标位置覆盖

9. 下面设备中不属于外部设备的是(　　　)。

A. 内部存储器　　　　B. 外部存储器　　　　C. 输入设备　　　　D. 输出设备

10. 整数在计算机中存储和运算通常采用的格式是(　　　)。

A. 偏移码　　　　　　B. 原码　　　　　　　C. 补码　　　　　　　D. 反码

11. 下列不属于文件属性的是(　　　)。

A. 文件名称　　　　　B. 文件内容　　　　　C. 文件长度　　　　　D. 文件类型

12. 下列叙述中正确的是(　　　)。

A. 在 CPU 执行一条指令的过程中只需要占用一个机器周期

B. 在 CPU 执行一条指令的过程中至少占用一个机器周期

C. 在 CPU 执行一条指令的过程中至少要占用 2 个机器周期

D. 在 CPU 执行一条指令的过程中只需要占 2 个机器周期

13. 计算机虽然具有强大的功能,但它目前还不能(　　　)。

A. 高速准确地进行大量数值运算　　　　　B. 高速准确地进行大量逻辑运算

C. 对事件做出决策分析　　　　　　　　　D. 取代人类的智力活动

14. 下列软件中,不属于杀毒软件的是(　　　)。

A. 金山毒霸　　　　　B. 360 安全卫士　　　C. 腾讯电脑管家　　　D. WPS Office

15. 下列关于冯·诺依曼结构计算机硬件组成方式描述正确的是(　　　)。

A. 由运算器和控制器组成

B. 由运算器、寄存器和控制器组成

C. 由运算器、存储器、控制器、输入设备和输出设备组成

D. 由运算器、存储器和控制器组成

16. 下列叙述中错误的是(　　　)。

A. 实际物理存储空间可以小于虚拟地址空间

B. 虚拟存储器使存储系统既具有相当于外存的容量又有接近于主存的访问速度

C. 虚拟存储器的空间大小取决于计算机的访存能力

D. 虚拟存储器的空间大小就是实际外存的大小

17. 在计算机内部表示指令和数据应采用(　　)。

A. ASCII 码　　　　　　　　　　　　　　B. 二进制与八进制

C. 二进制　　　　　　　　　　　　　　　D. 二进制、八进制与十六进制

18. 允许多个联机用户同时使用一台计算机系统进行计算的操作系统属于(　　)。

A. 批处理操作系统　　　　　　　　　　　B. 实时操作系统

C. 分布式操作系统　　　　　　　　　　　D. 分时操作系统

19. 不属于操作系统基本功能的是(　　)。

A. 进程管理　　　　　B. 存储管理　　　　　C. 数据库管理　　　　　D. 设备管理

20. AlphaGo 是一款围棋程序,在 2016 年 3 月 4 日以 4∶1 的总比分战胜了世界围棋冠军、职业九段选手李世石。这是信息技术飞速发展的结果,其体现的主要技术领域为(　　)。

A. 互联网+　　　　　B. 人工智能　　　　　C. 云计算　　　　　D. 5G

项目 2

管理个人计算机资源

项目分析

小张同学通过前面的知识学习,配置了一台计算机。接下来,如何让计算机运行起来,为他的学习、生活服务呢? 首先他要熟悉计算机操作系统的使用。通过本项目的学习,要求达到以下目标:

- 会选择文件和文件夹等对象;
- 会打开文件和文件夹等对象;
- 能根据需要正确选择输入法;
- 会新建、重命名、复制、移动、删除文件和文件夹;
- 会设置文件和文件夹的属性;
- 会隐藏文件和文件夹,能查看隐藏的文件和文件夹;
- 会共享和取消共享文件夹及打印机;
- 会查找计算机中的文件、文件夹和网络中的计算机;
- 会新建文件和文件的快捷方式;
- 能将网络中的共享文件夹映射成网络驱动器。

Windows 10 是美国微软公司研发的新一代跨平台及设备应用的操作系统,正式版已于2015 年 7 月 29 日发布。Windows 10 操作系统在易用性和安全性方面有了极大提升,除了将云服务、智能移动设备、自然人机交互等新技术进行融合外,还对固态硬盘、生物识别、高分辨率屏幕等硬件进行了优化、完善与支持。

任务 2-1 认识 Windows 10 的桌面与窗口

在 Windows 10 平台上进行计算机操作,主要是在桌面上或者窗口中进行,在操作之前有必要先熟悉 Windows 10 的桌面和窗口。

1. Windows 10 的桌面

打开计算机后,呈现在我们面前的第一个工作界面称为桌面,是用户和计算机进行交流的窗口,如图 2-1 所示。

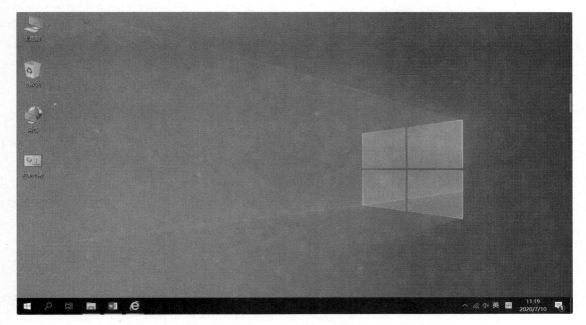

图 2-1　Windows 10 的桌面

Windows 系统的入口和出口都是桌面,桌面由桌面背景、桌面图标、任务栏、开始菜单构成,桌面实际上是一个系统文件夹,它位于(一般在系统盘下):C:\Users\Administrator\Desktop。

1)桌面图标

默认情况下,桌面图标只有"回收站"一个系图标。为方便操作,提高操作效率,可以在桌面上放置或新建其他应用程序、文件、文件夹的图标或者它们的快捷方式图标。双击这些快捷方式图标可以执行相应的程序或者打开一个文件或文件夹。

(1)添加常用图标

步骤 1　在桌面空白区域单击鼠标右键名字弹出的快捷菜单中选择"个性化"命令,在弹出的"设置"窗口左侧选择"主题"选项,如图 2-2 所示

步骤 2　在"主题"选项右侧单击"桌面图标设置"选项,弹出"桌面图标设置"对话框,如图 2-3 所示。

步骤 3　在"桌面图标设置"对话框中,单击要添加图标前的复选框,然后再单击"确定"按钮,即可完成常用图标添加。

Windows 10 桌面上常用图标的功能见表 2-1。

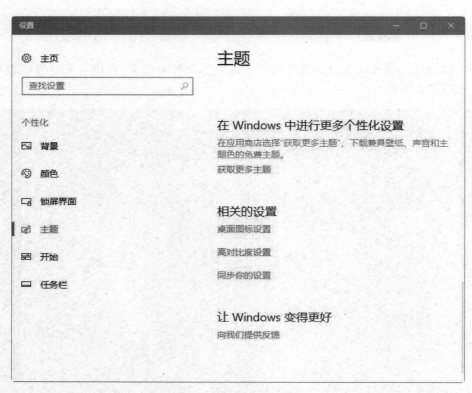

图 2-2 "设置"主题窗口

图 2-3 "桌面图标设置"对话框

表 2-1 Windows 10 桌面上常用图标的功能

名称	图标	功能
个人文件夹	user	它含有"图片收藏""我的音乐""联系人"等个人文件夹,可用来存放用户日常使用的文件
此电脑	此电脑	显示硬盘、CD-ROM 驱动器和网络驱动器等内容
网络	网络	显示网络中的计算机、打印机和网络上其他资源
Edge 浏览器	Microsoft Edge	访问网络资源
控制面板	控制面板	用来进行系统设置和设备管理的一个工具集,Windows 图形用户界面的一部分
回收站	回收站	存放被用户临时删除的文件或文件夹;通过右击被临时删除的文件,在出现的快捷菜单中选择"还原"命令可还原被临时删除的文件;通过右击回收站,在出现的快捷菜单中选择"清空回收站"命令能够彻底删除被临时删除的文件

(2)创建桌面快捷图标

右击应用程序图标,在弹出的快捷菜单中单击"发送到"→"桌面快捷方式",即可在桌面上创建应用程序的快捷方式。

【知识小贴士】

快捷方式是一个连接对象的图标,它不是这个对象本身,而是指向这个对象的指针,其图标左下角有一个弧形箭头,如图 2-4 所示。

①查看图标。在桌面空白处右击,在弹出的快捷菜单中单击"查看"→"中等图标",桌面上的图标则按照所选类型显示,如图 2-5 所示。

图 2-4 桌面图标快捷方式

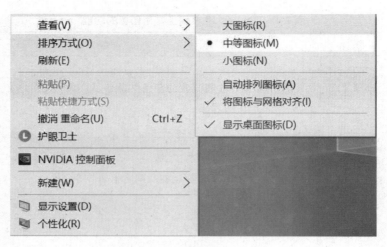

图 2-5　图标查看列表

②图标排列。在桌面空白处右击,在弹出的快捷菜单中单击"排列方式"→"大小",桌面上的图标则按照文件大小顺序显示,如图 2-6 所示。

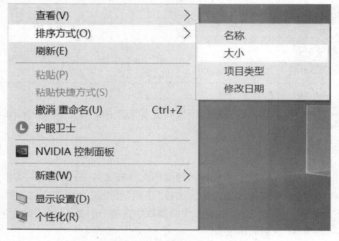

图 2-6　图标排列方式

【知识小贴士】

各图标排列方式说明:

名称:图标按名称开头的字母或拼音顺序排列的方式。

大小:图标按所代表文件的大小顺序排列的方式。

项目类型:图标按所代表的文件类型的排列方式。

修改日期:图标按所代表文件的最后一次修改日期的排列方式。

③图标快捷方式删除。鼠标右击要删除的图标,在弹出的快捷菜单中单击"删除"命令,在弹出"删除快捷方式"对话框中单击"是"按钮即可完成删除,如图 2-7 所示。

图 2-7　删除图标快捷方式

【知识小贴士】

删除应用程序快捷图标并不是删除该文件、程序,不影响文件、程序正常使用。

2)**开始菜单**

开始菜单按钮"■"位于桌面的左下角,单击开始按钮"■"(或快捷组合键 Ctrl+Esc)即可打开开始菜单,如图 2-8 所示。

图 2-8　"开始"菜单

从图 2-8 可以看出,"开始"菜单由若干个程序列表项组成,单击某个列表项就可以执行 Windows 10 的某个命令或者启动某个应用程序。

3)任务栏

任务栏一般位于桌面的底部,由开始菜单按钮、搜索框、应用程序按钮区、语言栏、通知区域、时钟区、显示桌面按钮等组成,如图 2-9 所示。

图 2-9　任务栏

(1)设置任务栏属性

在任务栏空白处右击,在弹出的快捷菜单中单击"任务栏设置"命令,弹出"任务栏设置"窗口,如图 2-10 所示。在任务栏设置窗口中可进行"锁定任务栏""任务栏在屏幕上的位置"等设置。

图 2-10　设置任务栏窗口

(2)添加快速启动栏项目

单击"开始"菜单,然后在开始菜单中右击要添加快速启动栏项目的图标,在弹出的快捷菜单中单击"更多"→"固定到任务栏",即可完成添加,如图 2-11 所示。

(3)语言栏

单击语言栏中的输入法图标按钮,在弹出的如图 2-12 所示的输入法选择菜单中单击"中文-搜狗输入法"菜单项。这时,语言栏中会显示相应图标按钮。

图 2-11　添加快速启动栏项目　　　　　　　　图 2-12　输入法选择菜单

【知识小贴士】

输入法与输入法之间切换：Ctrl+Shift

中/英文输入法切换：Ctrl+Space（空格）

中/英文标点符号切换：Ctrl+.

全角/半角切换：Shift+Space

全角指一个字符占用 2 个标准字符位置的状态。通常，英文字母、数字键、符号键都是半角的，即占用 1 个字符位置，这些都可以切换成全角状态。而汉字字符是全角字符，即占用 2 个字符位置。

（4）通知区域

位于任务栏的右侧，用来显示系统中活动任务的图标和紧急执行任务的图标，如声卡的图标（扬声器）、网络图标、杀毒软件图标等。

（5）时钟区

显示系统当前的时间。更改日期和时间步骤如下所述。

步骤 1　单击时钟区，在弹出的日期和时间显示框中选择"日期和时间设置"命令，如图 2-13 所示，打开如图 2-14 所示的设置"日期和时间"窗口。

图 2-13　"日期和时间"显示框　　　　　　　　图 2-14　"日期和时间"设置窗口

步骤2　在"日期和时间"设置窗口中单击关闭"自动设置时间",然后单击更改日期和时间下的"更改"按钮,弹出"更改日期和时间"对话框,如图 2-15 所示。

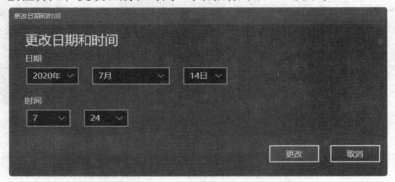

图 2-15　"更改日期和时间"对话框

步骤3　在"日期和时间"对话框中设置完成后单击"更改"按钮,即可完成日期和时间更改。

（6）显示桌面按钮

单击任务栏右下角"显示桌面"按钮,可以直接切换到 Windows 10 桌面。

2. Windows 10 的窗口

Windows 即"窗口"的意思,在 Windows 操作系统中,窗口是用户操作应用程序而弹出的可视化界面,图 2-16 为 Windows 10"计算机窗口"。

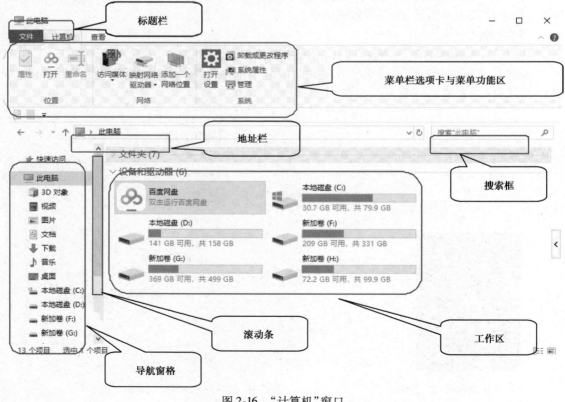

图 2-16　"计算机"窗口

由图 2-16 可以看出，Windows 10 的窗口主要由标题栏、菜单栏选项卡、菜单功能工作组、地址栏、搜索栏、导航窗格、工作区、滚动条等部分组成，各部分的作用如下。

1）标题栏

标题栏位于窗口的最上面，右边分别是"最小化"按钮、"最大化（还原）"按钮和"关闭"按钮。标题栏按钮及功能见表 2-2。

表 2-2　标题栏按钮及功能

名称	图标	功能
最小化		单击"最小化"按钮，当前窗口就会隐藏
最大化		单击"最大化"按钮，当前窗口就会充满整个桌面。如果当前窗口已经是最大化的，此时"最大化"按钮为"还原"按钮，单击"还原"按钮，窗口会
还原		变成最大化之前的大小
关闭		单击"关闭"按钮，当前窗口就会关闭，任务栏中对应的任务按钮就会消失（关闭窗口的快捷键为 Alt+F4，在任何时候按住 Alt 键不放再按 F4 键都可以关闭当前打开的窗口）

【知识小贴士】

窗口的排列形式有层叠显示窗口、堆叠显示窗口、并排显示窗口，如图 2-17 所示。
窗口切换方式：
①单击窗口图标切换；
②快捷方式切换：
● Alt+Tab（弹出窗口缩略图，选择需要的窗口）；
● Alt+Esc（顺序切换窗口）；
● Alt+Shift+Esc（逆序切换窗口）。

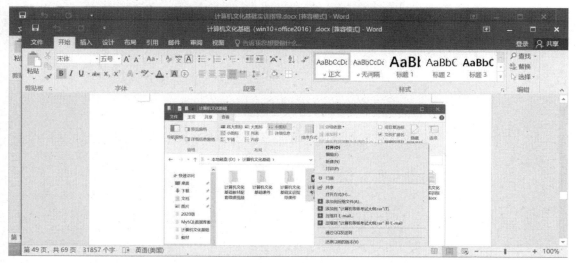

（a）层叠显示窗口

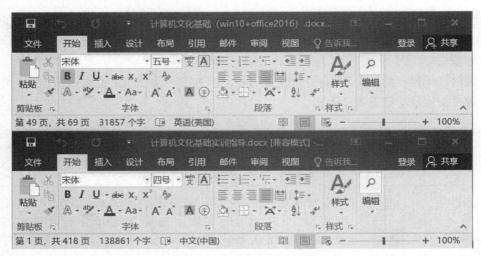

（b）堆叠显示窗口

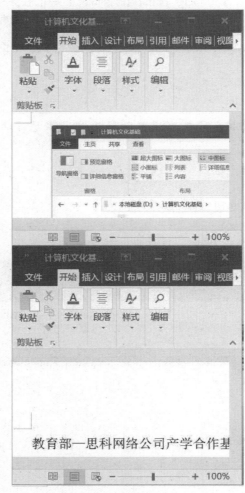

（c）并排显示窗口

图 2-17　窗口排列形式

2）菜单栏选项卡与菜单功能区

Windows 10 的窗口菜单栏由"文件""计算机""查看"这 3 个选项卡构成，每一个选项卡又有多个功能按钮组合成不同的工作组。单击选项卡下工作组中的功能菜单按钮即可完成相应的操作，如图 2-18 所示。

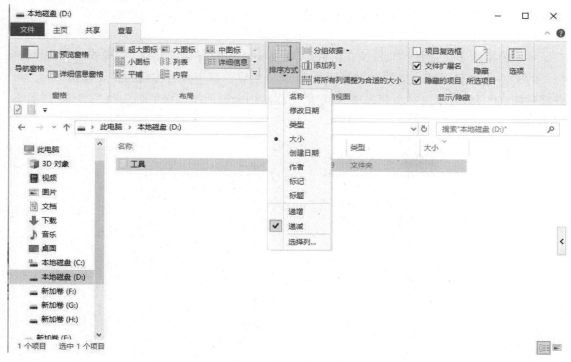

图 2-18　菜单功能区按钮

【知识小贴士】

窗口的菜单是由若干个带有不同标记的菜单项组成的，不同的标记代表的含义不同，菜单中常用标记的含义如下：

◇菜单项之间的"——"号：菜单项分隔符，用来将菜单项分成若干个组。

◇菜单项前面的"●"号：该菜单项与同组菜单项互斥，用户必须且只能在同组菜单项中选择执行一条菜单命令，标有"●"号的菜单项为已执行过的互斥菜单项。

◇菜单项前面的"√"号：该菜单项已被选择执行过。

◇菜单项后面的"▶"号：单击该菜单项会出现子菜单。

◇菜单项后面的"…"号：单击该菜单项会出现对话框。

◇菜单项后面用括号括起来的字母：菜单项的热键。显示菜单后，按热键与用鼠标左键单击菜单项等价。

◇菜单项后面用"+"号连接的键名：菜单项的快捷键。快捷键的操作方法是，在窗口显示时，按住"+"号前面的键不放再按"+"号后面的键。按快捷键与用鼠标左键单击菜单项等价，但比用鼠标操作要快。

◇灰色的菜单项：菜单项当前不可用。

◇菜单底部的"⌄"号：菜单展开按钮。按"⌄"号可展开菜单。

3）地址栏

用于显示当前窗口的位置，左侧是后退和前进按钮。

4）搜索栏

在搜索栏中输入所要查找对象的名称，然后按 Enter 键或者单击搜索栏中的"🔍"按钮，Windows 10 就会在当前窗口范围内查找目标对象，并在窗口中显示查找后的结果。

5）导航窗格

导航窗格用于快速寻找文件所在位置。Windows 10 中，导航窗格由"导航窗口""展开到打开的文件夹""显示所有文件夹""显示库"4 部分组成。单击各名称前的扩展按钮" ＞ "，可以展开相应的列表，单击某个列表项，窗口的工作区中会显示所选择的列表项的内容，如图 2-19 所示。

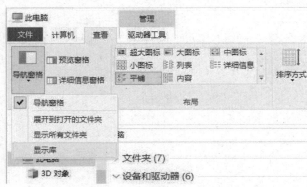

图 2-19　导航窗格

6）工作区

工具栏下面的右边区域为工作区，用于显示窗口中的操作对象和操作结果。

3. Windows 10 对话框

在 Windows 10 操作系统中，对话框是一种特殊的窗口，主要用于用户更改设置参数。"文件夹选项"对话框，如图 2-20 所示。

对话框由标题栏、选项卡、列表框、复选框、滚动条等构成。单击对话框中的"确定"按钮可使对话框中的设置生效并关闭对话框；单击"应用"按钮可使设置生效而不关闭对话框；单击"取消"按钮将取消操作并关闭对话框。

【知识小贴士】

窗口与对话框的区别：

①作用不同：窗口用于操作文件，而对话框用于设置参数。

②概念的外延不同：窗口包含对话框，在窗口环境下通过执行某些命令可以打开对话框，反之则不可以。

③外观不同：窗口没有"确定"或"取消"按钮，而对话框有。

④操作不同：对窗口可以进行"最小化""最大化/还原"操作，也可以调整大小，而对话框一般是固定大小，不能改变其大小。

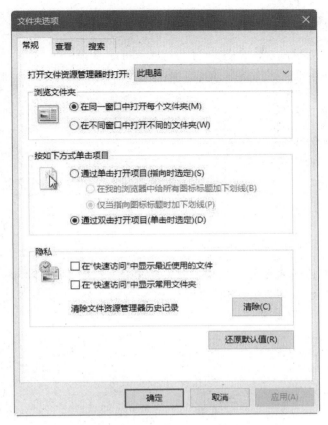

图 2-20 "文件夹选项"对话框

任务 2-2 管理我的文件

文件是指存储在计算机中的一组相关数据的集合。计算机中出现的所有数据都可以成为文件,例如程序、文档、图片等。为了区别不同的文件,每个文件都有唯一的标识,称为文件名。

文件夹是用来组织和管理磁盘文件的一种数据结构,一个文件夹可以包含若干个文件和子文件,层层嵌套,这样可以让文件系统更加清晰。

1. 创建文件夹与文件

1) 创建文件夹

步骤 1 双击桌面"此电脑"图标,打开"此电脑"窗口;然后双击"本地磁盘(D:)",打开"本地磁盘(D:)"窗口。

步骤 2 "本地磁盘(D:)"窗口中单击鼠标右键,在弹出的快捷单中选择"新建文件夹"命令,如图 2-21 所示。

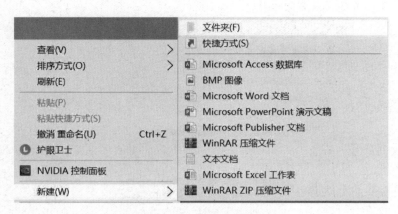

图 2-21　新建文件夹

【知识小贴士】

　　新建文件夹也可以通过在当前窗口下单击菜单栏"主页"选项卡"新建"工作组中"新建文件夹"功能按钮完成,如图 2-22 所示。本教材(含后面示例)主要是以最常使用的程序方法完成为例进行讲解。

图 2-22　"主页"选项卡新建文件夹

　　步骤 3　单击"新建文件夹"命令后,将在"本地磁盘(D:)"窗口新增一个文件夹图标,新建的文件夹图标呈黄色正常显示,"新建文件夹"名字上有一个实线矩形框,名字呈蓝底白字显示,此时文件夹名处于可编辑状态,可输入文件夹名称,如图 2-23 所示。

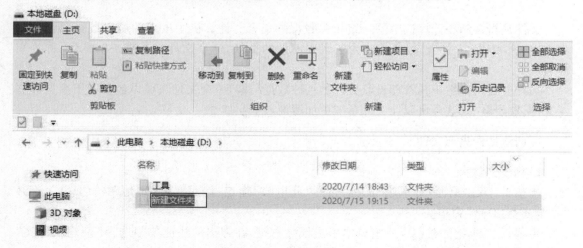

图 2-23　命名文件夹

　　步骤 4　文件夹名称编辑完成后,单击窗口空白处或回车键即可确定文件夹名称。

2）创建文件

创建文件的操作与创建文件夹的操作相同，只是选择的新建对象不同而已。下面以创建 Word 2016 为例，介绍文件的新建方法。

步骤1 双击上述新建的"计算机文化基础"文件夹，然后在文件夹窗口中单击鼠标右键，在弹出的快捷单中选择"新建 Microsoft Word 文档"命令，如图 2-24 所示。

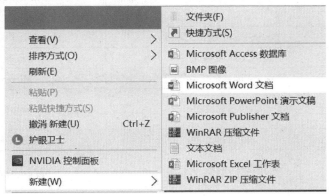

图 2-24 新建文件

步骤2 单击"新建 Microsoft Word 文档"命令后，将在"计算机文化基础"窗口新增一个文件夹图标，此时文件名处于可编辑状态，可输入文件夹名称，如图 2-25 所示。

图 2-25 命名文件

【知识小贴士】

Windows 10 中，文件与文件夹命名规则如下：

文件名或文件夹名可以由英文字符、汉字、数字及一些符号等组成，但文件名中不允许有 /、?、\、*、"、<>、| 等；

文件名或文件夹名不能超过 255 个字符；

文件名和文件夹名不区分大小写的英文字母；

文件名称中除开头以外的位置都可以有空格；

在同一个文件夹中不能有同名的文件或文件夹，在不同文件夹中文件名或文件夹名可以相同；

文件名称中可以有多个分隔符".",以最后一个作为扩展名的分隔符(扩展名一般为3个字符,最多4个字符);常用文件的扩展名见表2-3。

表2-3　常用文件的扩展名

扩展名	文件类型	新建文件的应用程序
docx	Word 文档文件	Microsoft Word 2016
xlsx	Excel 工作表文件	Microsoft Excel 2016
pptx	Power Point 演示文稿文件	Microsoft Power Point 2016
txt	文本文档文件	写字板等文本编辑器
vsd	Visio 绘图文件	Microsoft Visio
bmp	图像文件	画图软件、Photoshop 等图像编辑软件
jpg		
zip	压缩文件	WinRAR 压缩解压软件
com	可执行的程序文件	程序文件调试编译器
exe		

2. 选择文件与文件夹

对文件与文件夹进行操作前必须先选择操作对象,如果要选择某个文件或文件夹,只需要用鼠标在窗口中单击该对象即可将其选择。

①选择多个相邻连续的文件或文件夹:选择第一个文件或文件夹后,按住 Shift 键,然后单击最后一个文件或文件夹,如图 2-26 所示。

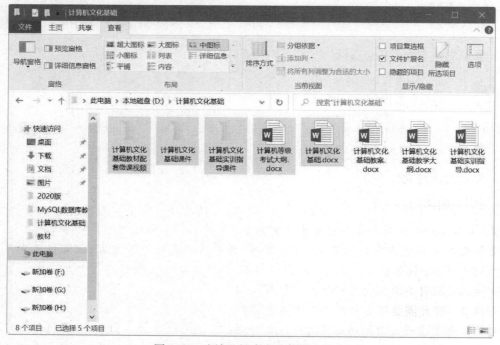

图 2-26　连续选择多个文件或文件夹

②选择多个不连续的文件或文件夹：先按住 Ctrl 键，然后在依次单击需要选择的文件或文件夹，如图 2-27 所示。

图 2-27　不连续选择多个文件或文件夹

③选择全部文件或文件夹：单击组织菜单下的"全选"命令或快捷键 Ctrl+A。

3.复制文件与文件夹

步骤 1　选中需要复制的文件或文件夹，然后单击鼠标右键，在弹出的快捷菜单中选择"复制"命令，如图 2-28 所示。

步骤 2　打开需要保存复制的文件或文件夹的目标位置，单击鼠标右键，在弹出的快捷菜单中选择"粘贴"命令，如图 2-29 所示，即可完成文件或文件夹的复制。

4.移动文件与文件夹

移动文件式文件夹和复制文件或文件夹的区别：文件或文件夹移动后，原文件不在原来的位置；而复制文件或文件夹则是原文件依然存在，在新的位置又产生一个文件副本。移动文件步骤如下：

步骤 1　选中需要移动的文件或文件夹，然后单击鼠标右键，在弹出的快捷菜单中选择"复制"命令，如图 2-30 所示。

步骤 2　打开需要保存移动的文件或文件夹的目标位置，单击鼠标右键，在弹出的快捷菜单中选择"粘贴"命令，即可完成文件或文件夹的复制。

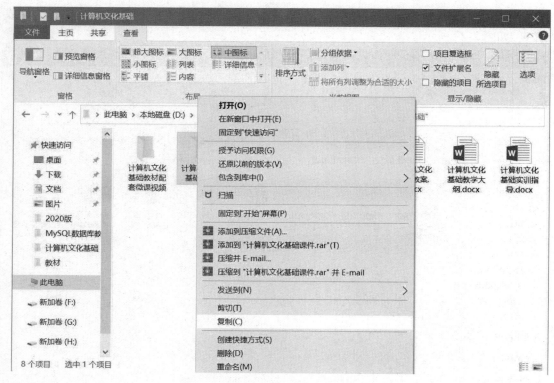

图 2-28　"复制"命令

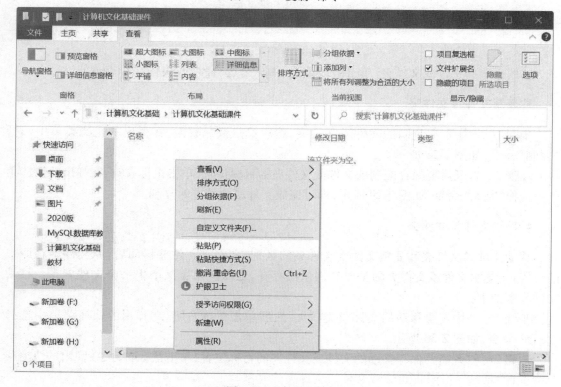

图 2-29　"粘贴"命令

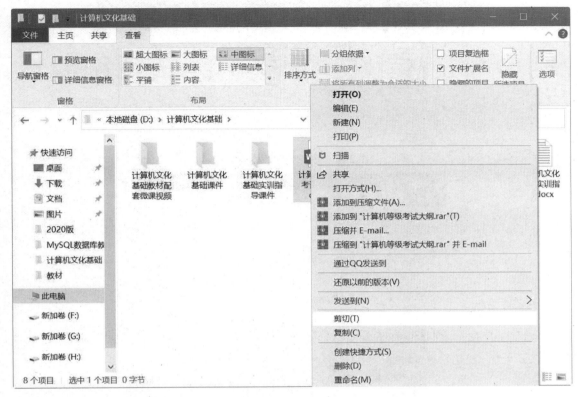

图 2-30 "剪切"命令

【知识小贴士】

移动文件或文件夹还可以使用鼠标选择拖拽到相应的位置。不同盘区之间的文件拖动表示复制,按住 Shift 键实现移动;同盘区之间的拖动为移动,按住 Ctrl 键实现复制(复制后避免相同文件名,则复制生成的文件文件名尾自动增加"副本"作区分)。

复制、移动文件与文件夹快捷组合键:

复制文件:Ctrl+C;剪切文件:Ctrl+X;粘贴文件:Ctrl+V。

5. 删除文件与文件夹

删除文件或文件夹是指将计算机中不需要的文件或文件夹删除,其步骤如下:

步骤 1 选择要删除的文件或文件夹。

步骤 2 按下 Delete 键,或单击窗口"主页""组织"工作组中"删除"命令,在弹出的"删除文件"对话框中单击"确定"按钮即可将文件或文件夹删除到回收站,如图 2-31 所示。

步骤 3 双击桌面"回收站"即可查看被删除到回收站的文件或文件夹。鼠标右击被删除的文件或文件夹,在弹出的快捷菜单中选中"还原"命令即可将其还原到删除前的位置,如图 2-32 所示。也可以单击回收站窗口中的"还原选定的项目"选项进行还原。

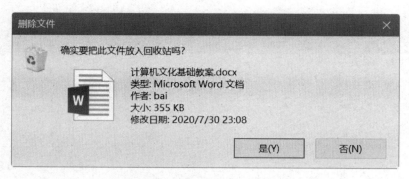

图 2-31　删除到回收站对话框

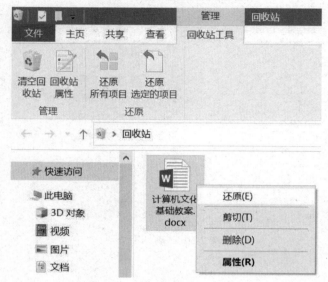

图 2-32　"回收站"窗口

【知识小贴士】

①在图 2-32 所示中，单击"清空回收站"，回收站中的所有文件将从计算机中彻底删除。
②如果直接将文件或文件夹从磁盘中删除，按 Shift+Delete，如图 2-33 所示。

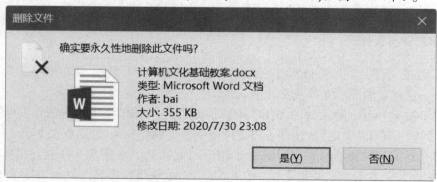

图 2-33　永久性删除对话框

③删除移动存储设备中的文件将不会保存到回收站中,即彻底删除。

④经常存储、删除文件(夹)都会留下一些"垃圾"文件在计算机中,可通过附件系统工具中"磁盘清理"与"磁盘碎片整理"进行处理。

磁盘清理:Windows 在使用特定的文件时,会将这些文件保留在临时文件夹中;如浏览网页时会下载很多临时文件,有些程序在非法退出时也会产生临时文件等,时间久了,磁盘空间就会过度被占用,如果要释放磁盘空间,逐一删除这些文件显然是不现实的,而磁盘清理程序可以有效地解决这一问题。

磁盘碎片整理:在使用计算机的过程中,由于经常需要对文件或文件夹进行移动、复制和删除等操作,在磁盘上会形成一些物理位置不连续的磁盘空间,即磁盘碎片。这样,会造成文件不连续,从而影响文件的存取速度。"磁盘碎片整理"可以重新安排文件在磁盘中的存储位置,合并可用空间,从而提高程序的运行速度。

6. 文件与文件夹重命名

管理文件与文件夹时,应根据其内容进行重命名,对文件重命名步骤如下所述。

步骤1　鼠标右键单击要更改名称的文件或文件夹,在弹出的快捷菜单中选择"重命名"命令,如图 2-34 所示。

步骤2　在文件或文件夹名称框中输入新的命名后,回车或单击窗口空白处即可完成重命名;对正在编辑的文件不可以进行重命名,如图 2-35 所示。

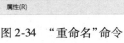

图 2-34　"重命名"命令

图 2-35　"文件正在使用"对话框

【知识小贴士】

用户可以对文件或文件夹进行批量重命名:选定多个文件或文件夹后鼠标右击,在弹出的快捷菜单中选择"重命名"命令,输入新名称后按下回车键,系统自动会在输入的新名称后按顺序命令来确保无重名文件。

7.文件与文件夹属性

文件和文件夹的主要属性包括只读和隐藏。此外,文件还有一个重要属性是打开方式,文件夹的另外一个重要属性则是共享。

1)设置文件属性

步骤1　鼠标右击文件,在弹出的快捷菜单中选择"属性",如图2-36所示。

步骤2　单击"属性"选项,弹出"文件属性"对话框,如图2-37所示。

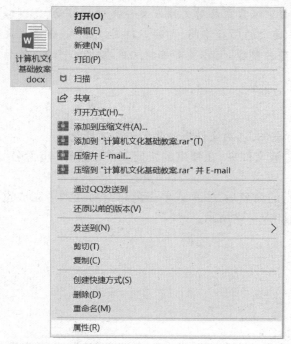

图2-36　"属性"命令　　　　　图2-37　"文件属性"对话框

步骤3　单击对话框的"常规"选项卡标签,在"常规"选项卡中单击"只读"和"隐藏"2个复选框,使其前面出现"√"号,然后单击"应用"按钮或者"确定"按钮即可完成文件属性的相应设置。

【知识小贴士】

只读属性:选中后文件不能被修改;

隐藏属性:选中后此文件将不在该文件夹中显示。

2)设置文件夹属性

步骤1　鼠标右击文件夹,在弹出的快捷菜单中选择"属性",如图2-38所示。

步骤2　单击"属性"选项,弹出文件夹属性对话框,如图2-39所示。

步骤3　单击对话框的"常规"选项卡标签,在"常规"选项卡中单击"只读"和"隐藏"2个复选框,使其前面出现"√"号,然后单击"应用"按钮或者"确定"按钮即可完成文件夹属性的相应设置。

图 2-38　文件夹属性命令

图 2-39　文件夹属性对话框

【知识小贴士】

当文件夹里还有其他文件(夹),设置文件夹"隐藏"时,将弹出"确认属性更改"对话框,如图 2-40 所示,单击"确定"按钮即可完成隐藏设置。

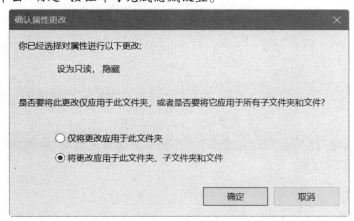

图 2-40　确认属性更改对话框

文件不能单独共享,文件要共享须通过文件夹属性共享形式给予共享,如图 2-41 所示。

8. 显示隐藏对象

显示隐藏对象的操作方法如下所述。

步骤1　鼠标双击桌面"此电脑"图标(或按快捷键 Windows+E)弹出计算机窗口,然后单击窗口菜单栏上的"查看"选项卡,如图 2-42 所示。

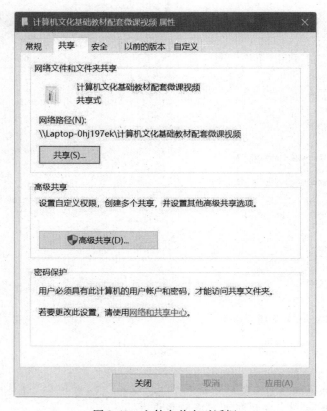

图 2-41　文件夹共享对话框

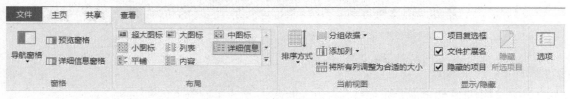

图 2-42　工具菜单列表

步骤 2　在"查看"选项卡"显示/隐藏"工作组中鼠标单击取消"隐藏的项目"选项前的复选,即可查看被隐藏的对象。

【知识小贴士】

在图 2-42 中,"查看"选项卡"显示/隐藏"工作组中鼠标单击选中"文件扩展名"选项前的复选框,即隐藏文件扩展名。未隐藏扩展名如图 2-43 所示,隐藏扩展名如图 2-44 所示。

9.查找对象

需要使用计算机中的某个文件却又不知道文件存放的具体位置时,可以利用 Windows 10 的搜索功能从计算机中查找文件。

步骤 1　打开计算机窗口。

步骤 2　在计算机窗口的搜索栏中输入"计算机文化基础. docx",然后按回车键。Windows 10 会在所有盘中查找名称为"计算机文化基础. docx"文件,如果找到了,窗口的工作区中会显示所找文件的图标,此时可以根据需要对所查找的文件进行复制、移动、删除、编辑、重命名等操作;如果没找到,窗口的工作区中会显示"没有与搜索条件匹配的项"提示。

图 2-43　文件扩展名未隐藏　　　　　　　　图 2-44　文件扩展名已隐藏

【知识小贴士】

在查找操作中常用计算机通配符"＊"或"?"进行模糊查找,"?"代表任意位置的任意一个字符,"＊"代表任意位置的任意多个字符。

例如:＊.＊表示所有文件,＊.exe 代表扩展名为 exe 的所有文件,AB?.txt 代表以 AB 开头的文件名为 3 个字符的所有扩展名为 txt 的文本文件。

10. 文件与文件夹的路径结构

由于文件夹与文件、文件夹与文件夹之间是包含与被包含关系,这样一层一层地包含下去,就形成了一个树状的结构,人们把这种结构称为"文件树"。文件的保存路径分为绝对路径和相对路径。

文件绝对路径是指目录下的绝对位置,直接到达目标位置,通常是从盘符开始的路径。图 2-45 所示为"D:\计算机文化基础\计算机文化基础课件",即文件绝对路径。

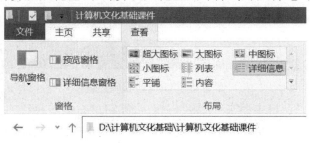

图 2-45　文件绝对路径

文件相对路径是从当前路径开始的路径,即从当前位置开始,向下找到子文件的路径,如计算机文化基础\计算机文化基础课件,即为相对路径。

【知识小贴士】

盘符与文件名之间"\"分隔,文件夹与下一级文件夹之间也用"\"分隔,文件夹与文件之间仍以"\"分隔。

任务2-3 Windows 10 个性化设置

在 Windows 10 操作系统中可通过创建自己的主题,包括更改桌面背景、窗口边框颜色、声音和屏幕保护程序来满足用户个性化的要求。

1.更换桌面主题

Windows 10 内置了许多个性化的 Windows 桌面主题,更换桌面主题步骤如下:

步骤1 鼠标右击桌面空白处,在弹出的快捷菜单中选择"个性化"命令,弹出"设置"窗口,如图2-46 所示。

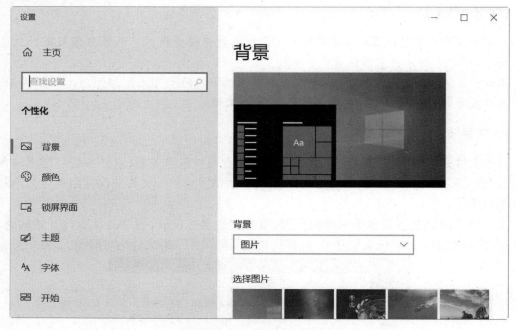

图2-46 Windows 设置窗口

步骤2 在"设置"窗口中单击"主题"链接,设置窗口右侧转换到"主题"窗口。

步骤3 在"主题"窗口单击"使用自定义主题"设置即可更换桌面主题,如图2-47 所示。

2.设置桌面背景

在 Windows 10 桌面上,除了图标以外就是桌面背景。用户可以把系统自带的图片设置为桌面也可以选择自己的图片作为桌面背景,设置桌面背景步骤如下:

步骤1 在图2-46 中单击"背景"链接,设置窗口右侧转换到"背景"窗口,如图2-48 所示。

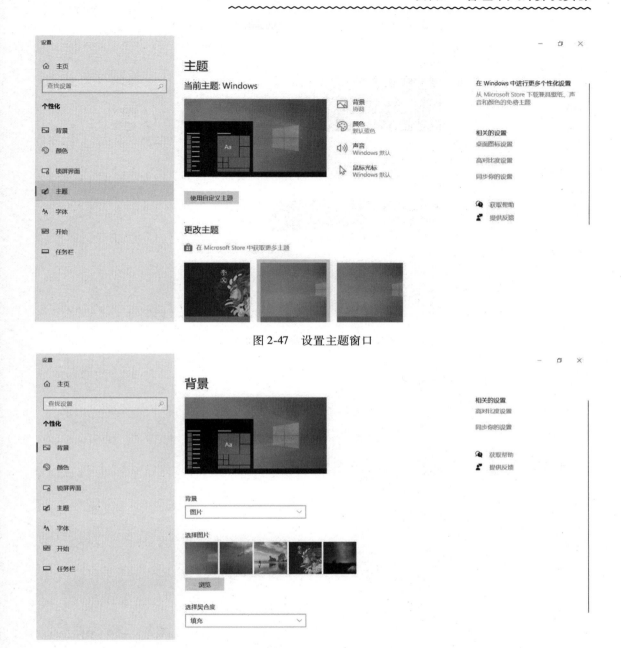

图 2-47　设置主题窗口

图 2-48　设置背景窗口

步骤 2　在打开的"背景"窗口中单击要作为桌面背景的图片,然后在"选择契合度"选择"填充",即可完成桌面背景设置,如图 2-49 所示。

【知识小贴士】

如果想让屏幕背景为不同的图片,在图 2-49 中,单击"背景"下拉按钮选择"幻灯片放映",再单击"浏览"按钮找到图片存储文件夹,最后在"图片切换频率"设置时间,即可完成按照设置的时间间隔自动切换桌面背景图片,如图 2-50 所示。

图 2-49　设置背景窗口图片填充

图 2-50　自动切换桌面背景图片设置

3.设置屏幕保护

如果用户长时间没有操作计算机,Windows 提供的屏幕保护程序就会自动启动显示器屏幕保护。设置屏幕保护程序的操作步骤如下:

步骤 1　在图 2-46 中单击"锁屏界面"链接,设置窗口右侧转换到"锁屏界面"窗口,如图 2-51 所示。

步骤 2　在"锁屏界面"中向下拖动滚动条至窗口底部,单击"屏幕保护程序设置"按钮,弹出"屏幕保护程序设置"对话框,如图 2-52 所示。

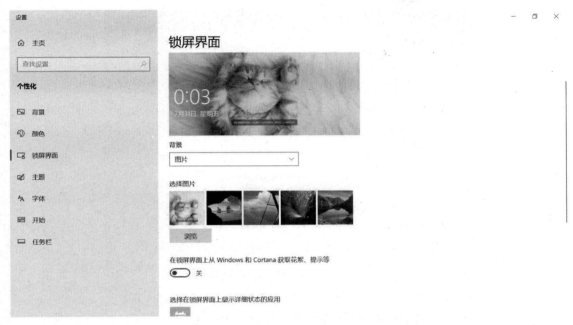

图 2-51　锁屏界面

图 2-52　"屏幕保护程序设置"对话框

步骤 3　在"屏幕保护程序设置"对话框中设置屏幕保护程序、等待时间、在恢复时显示登录屏幕,单击"应用""确定"按钮,即可完成设置屏幕保护,如图 2-53 所示。

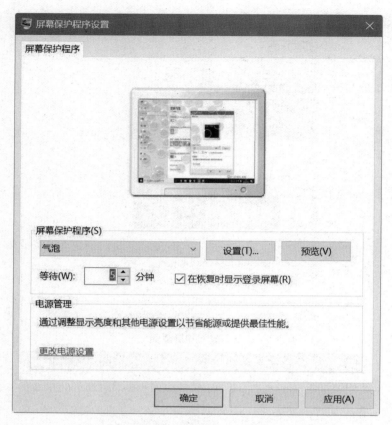

图 2-53　设置完成"屏幕保护程序设置"对话框

【知识小贴士】

在图 2-53 对话框中,当勾选了"在恢复时显示登录屏幕"复选框,如果用户设置了系统登录密码,则下次登录需要输入登录密码。

快速锁定屏幕快捷键:"Windows+L"。

4. 用户账户管理

Windows 10 支持多用户使用,不同用户拥有各自的文件夹、桌面设置和用户访问权限。其中 Administrator 管理员账户,该账户拥有该计算机系统最高权限。

1)创建管理员账户密码

步骤 1　鼠标双击桌面上控制面板图标" 　　 "(也可通过"开始"菜单→"Windows 系统"—"控制面板"),弹出"控制面板"窗口,如图 2-54 所示。

步骤 2　"控制面板"窗口中单击"用户账户",窗口切换到"用户账户"窗口,如图 2-55 所示。

步骤 3　在图 2-55 所示中,单击"用户账户",窗口右侧转换到"更改账户信息"窗口,单击"在电脑设置中更改我的账户信息",如图 2-56 所示。

步骤 4　在弹出的"设置"窗口中单击"登录选项",如图 2-57 所示。

图 2-54　控制面板

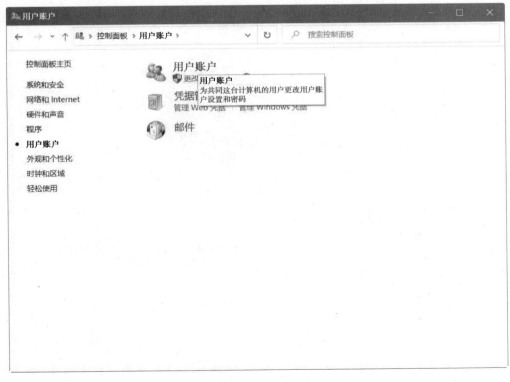

图 2-55　"用户账户"窗口

图 2-56　用户账户更改账户信息窗口

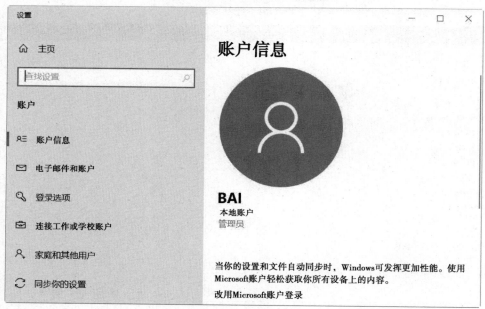

图 2-57　设置账户信息窗口

【知识小贴士】

　　向下拖动图 2-57 所示右侧窗口滚动条,可通过"相机"或"从现有图片中选择"创建用户头像,如图 2-58 所示。

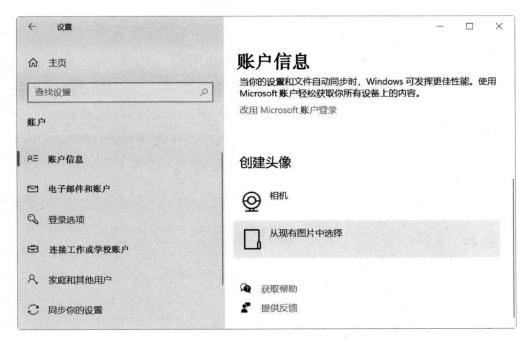

图 2-58　设置创建账户头像窗口

步骤 5　在弹出的"登录选项"窗口中,单击"密码"选项,可根据系统提示完成设置密码,如图 2-59 所示。

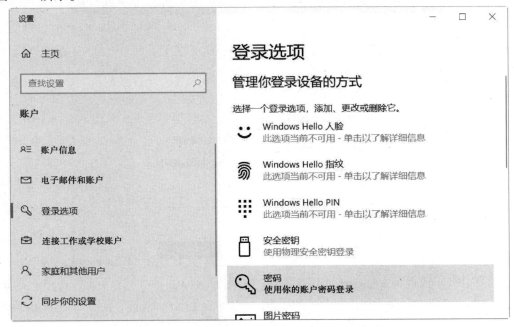

图 2-59　设置"登录选项"窗口

2）创建新账户

步骤 1　在图 2-57 中,单击"家庭和其他用户"链接,窗口右侧转换到"家庭和其他用户"窗口,如图 2-60 所示。

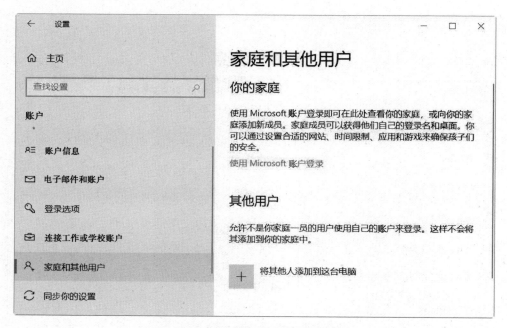

图 2-60　设置"家庭和其他用户"窗口

　　步骤 2　单击"将其他人添加到这台电脑"前面的"+"，弹出"Microsoft 账户"窗口，如图 2-61 所示。

图 2-61　Microsoft 账户窗口

　　步骤 3　在"Microsoft 账户"窗口中单击"我没有这个人的登录信息"链接，窗口转换到"创建账户"页面，如图 2-62 所示。

图 2-62　Microsoft 账户创建账户窗口

　　步骤 4　在图 2-62 中，单击"添加一个没有 Microsoft 账户的用户"链接，窗口转换到"为这台电脑创建一个账户"窗口，根据页面提示输入账户信息，单击"下一步"按钮即可创建一个新用户，如图 2-63 所示。

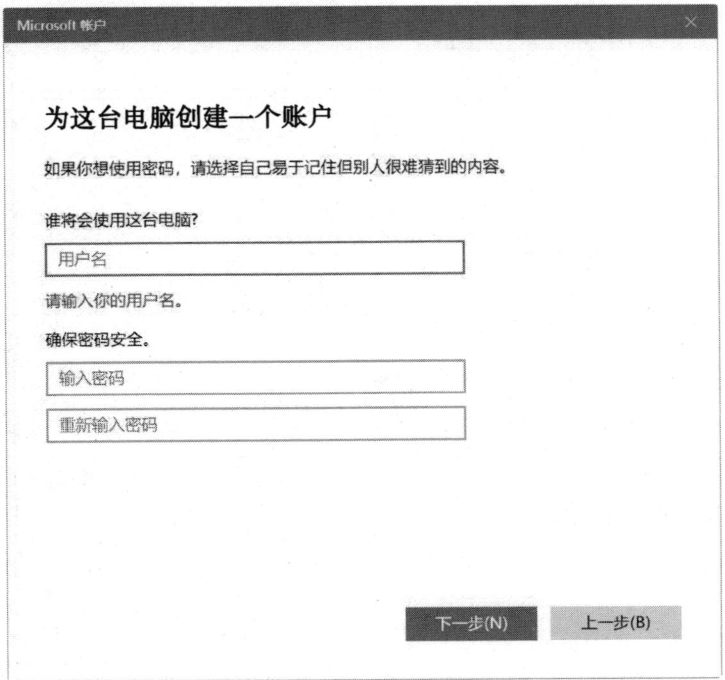

图 2-63　Microsoft 账户"为这台电脑创建一个账户"窗口

3) 删除创建账户

步骤 1　创建账户后，设置窗口右侧将显示创建账户信息，如图 2-64 所示。

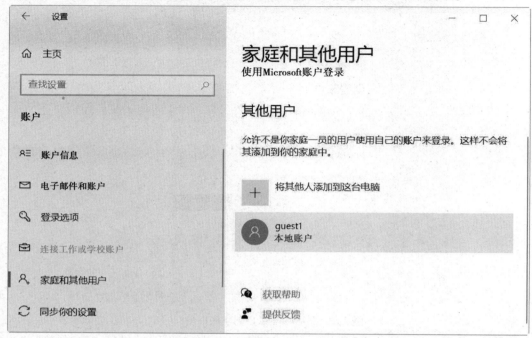

图 2-64　设置显示创建账户窗口

步骤 2　在图 2-64 中，单击要删除的账户图标，则会在该账户图标下显示"删除"按钮，如图 2-65 所示。

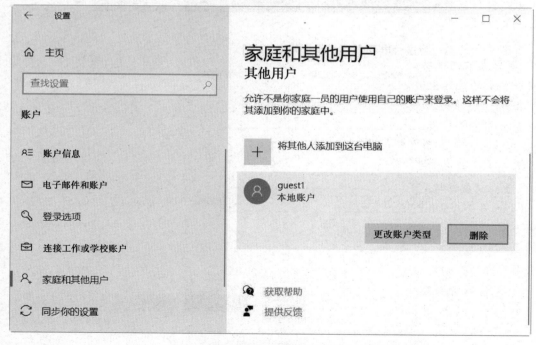

图 2-65　设置删除创建账户窗口

步骤 3　在图 2-65 中，单击"删除"按钮，弹出"要删除账户和数据吗？"对话框，如图 2-66 所示。

图 2-66　"要删除账户和数据吗？"对话框

步骤 4　在图 2-66 中，单击"删除账户和数据"按钮即可删除该用户。

【知识小贴士】

几种操作系统的比较

常用的操作系统有 Microsoft 的 Windows 系列，自由软件 Linux 系列，以及历史悠久，功能强大的 UNIX 系列。目前 Windows 被广泛应用，因此大多数人熟悉 Windows 操作系统。

1）Windows 7 与 Windows 10 的比较

Windows 10 系统比 Windows 7 系统安全性能、ARM 兼容性均有所提升，推出了应用商店、即时开机功能、"History Vault"等功能，以及更耐用、更好的用户界面。

2）Linux 系统与 Windows 系统的比较

首先，Linux 是一个自由软件，它的源代码是免费可用的。其次，Linux 是一个稳定的操作系统，其强大的内核功能，使 Linux 操作系统在稳定性与安全性方面优势明显。再次，Linux 可以在一些老的机器上运行，对硬件的性能要求明显更低。

但是，由于 Linux 系统一般采用字符界面，其使用的难度明显高于 Windows 系统，也正因为这个原因，Linux 系统的应用不如 Windows 系统广泛。Linux 系统的兼容性不及 Windows 系统，并不是所有的软件都能在 Linux 下运行。

鉴于上述综合因素，Linux 被专业人员广泛应用于服务器环境。

3）Linux 系统与 Unix 系统

Linux 是一个 Unix 系统的变种，因此也就具有了 Unix 系统的一系列优良特性，Unix 上的应用可以很方便地移植到 Linux 平台上，这使得 Unix 用户很容易掌握 Linux。Unix 系统具有技术成熟、可靠性高、极强的可伸缩性、强大的数据库支持能力、开发功能强、开放性好等特点。因此，Unix 系统应用于大型的、稳定性、安全性要求均极高的环境，如金融行业、军事领域等。当然，Unix 系统不是免费的。

习 题

一、选择题

1. 下列系统软件中,属于操作系统的软件是(　　)。
A. Windows 2007　　　　B. Word 2010　　　　C. WPS　　　　　　D. Office 2010

2. 操作系统是一种(　　)。
A. 编译程序系统　　　　　　　　　B. 系统软件
C. 用户操作规范　　　　　　　　　D. 高级语言工作环境

3. 在 Windows 中,如果要将应用程序的图标放置在桌面应该在桌面上建立应用程序的(　　)。
A. 图标　　　　　　B. 快捷方式　　　　C. 该图标名称文件夹　　D. 启动方式

4. 在 Windows 系统及其应用程序中,若某菜单中有淡字项,则表示该功能(　　)。
A. 不能在本计算机上使用　　　　　B. 用户当前不能使用
C. 会弹出下一级菜单　　　　　　　D. 管理员才能使用

5. 在 Windows 中,回收站是(　　)。
A. 内存中的一块区域　　　　　　　B. 硬盘中的特殊文件夹
C. 软盘上的文件夹　　　　　　　　D. 高速缓存中的一块区域

6. 下列(　　)功能组合键用于输入法组件的切换。
A. Ctrl+Shift　　　　B. Shift+Alt　　　　C. Ctrl+Enter　　　　D. Shift+Enter

7. 操作系统中的通配符"?"表示(　　)。
A. 任意的一个未知字符　　　　　　B. 若干个未知字符
C. 英文字符"?"　　　　　　　　　D. 遇见未识别文件

8. 在 Windows 中,记事本文件的扩展名是(　　)。
A. .docx　　　　　　B. .txt　　　　　　C. .xlsx　　　　　　D. .BMP

9. 在文件资源管理中,复制文件命令的快捷键是(　　)。
A. Ctrl+S　　　　　　B. Ctrl+Z　　　　　C. Ctrl+X　　　　　　D. Ctrl+C

10. 在 Windows 操作系统中,将打开的窗口拖动到屏幕顶端,窗口会(　　)。
A. 关闭　　　　　　B. 消失　　　　　　C. 最大化　　　　　　D. 最小化

二、操作题

1. 在桌面上创建一个名称为"计算机文化基础"的文件夹,然后将"计算机文化基础"文件夹复制2个,分别命名为"计算机文化基础11"和"计算机文化基础12",并将"计算机文化基础12"文件夹移动到"计算机文化基础11"文件夹中,最后将桌面上的"计算机文化基础"文件夹删除。

2. 在 D 盘上创建一个名称为"资料"的文件夹,然后打开并在"写字板"中输入"计算机操作练习"的相关字样,将文件以"计算机操作练习"为名称保存到刚才创建的"资料"文件夹中,然后删除"资料"文件夹。

3. 打开"回收站"窗口,还原"资料"文件夹,然后清空回收站。

4. 查看 C 盘的属性,并将 C 盘重新命名为"系统盘"。

5. 设置计算机时间与 Internet 时间同步。

项目 **3**
论文设计与制作

项目分析

在学习生活中,经常会涉及论文、项目计划书、开发说明文档等长文档的排版制作。掌握WPS 文字使用技巧,不仅能够在书写毕业论文时更好地对论文进行设计和制作,对今后在工作中涉及的各类项目说明文档也能轻松应对。

小张同学在校期间一直参与老师的科研项目,现在准备发表一篇论文,要将文字内容整理成合格的论文样式,需具备的具体技能要求如下:

- 会创建、保存、打开、关闭 WPS 文字文档,能正确设置页面,制作论文封面;
- 会在 WPS 文字文档中输入各种字符,能根据需要对文档的内容进行复制、移动、修改、删除、查找、替换等编辑操作;
- 能根据要求设置文档中的字符格式、段落格式和页面格式;
- 能对图片、图形、艺术字、文本框等图形图像对象进行插入、复制、移动、删除、修饰等编辑操作;
- 会创建表格,能对表格进行各种修饰操作;
- 会对表格中的数据进行输入、编辑等操作。

WPS 效果图,如图 3-1 所示。

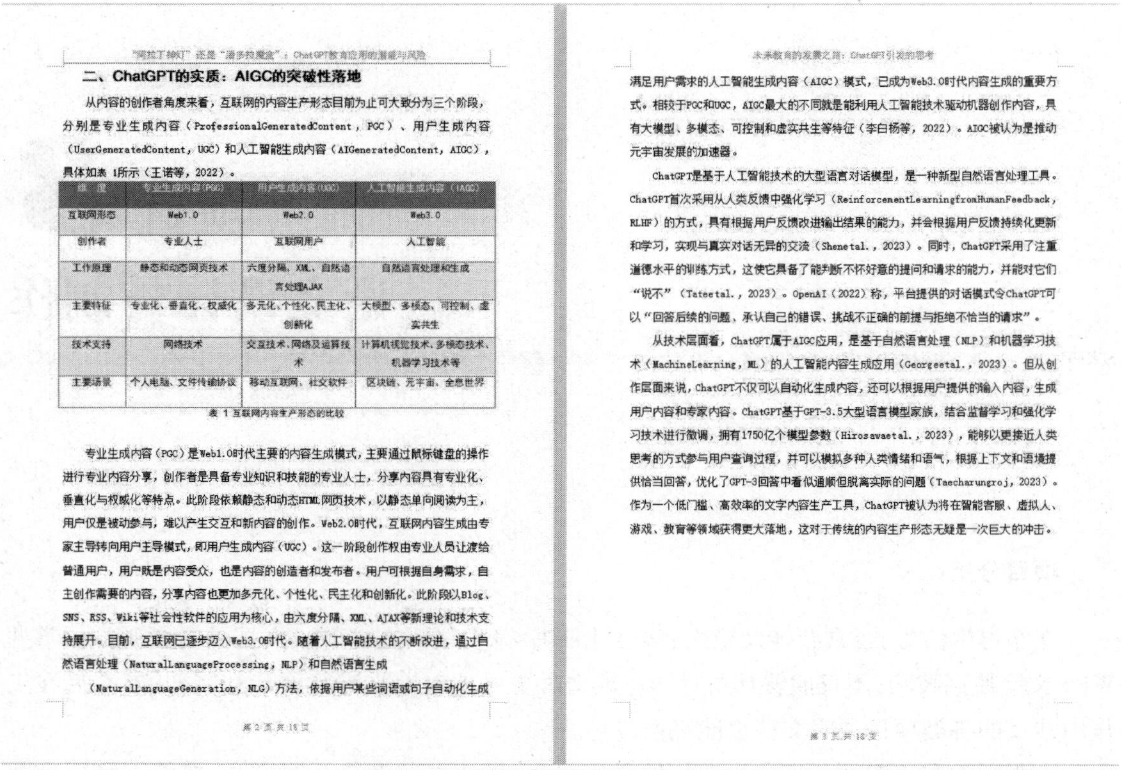

“阿拉丁神灯”还是“潘多拉魔盒”：ChatGPT教育应用的潜能与风险

二、ChatGPT的实质：AIGC的突破性落地

从内容的创作者角度来看，互联网的内容生产形态目前为止可大致分为三个阶段，分别是专业生成内容（ProfessionalGeneratedContent，PGC）、用户生成内容（UserGeneratedContent，UGC）和人工智能生成内容（AIGeneratedContent，AIGC），具体如表 1所示（王诺等，2022）。

维度	专业生成内容(PGC)	用户生成内容(UGC)	人工智能生成内容（IAGC）
互联网形态	Web1.0	Web2.0	Web3.0
创作者	专业人士	互联网用户	人工智能
工作原理	静态和动态网页技术	六度分隔、XML、自然语言处理AJAX	自然语言处理和生成
主要特征	专业化、垂直化、权威化	多元化、个性化、民主化、创新化	大模型、多模态、可控制、虚实共生
技术支持	网络技术	交互技术、网络及运算技术	计算机视觉技术、多模态技术、机器学习技术等
主要场景	个人电脑、文件传输协议	移动互联网、社交软件	区块链、元宇宙、全息世界

表 1 互联网内容生产形态的比较

专业生成内容（PGC）是Web1.0时代主要的内容生成模式，主要通过鼠标键盘的操作进行专业内容分享，创作者是具备专业知识和技能的专业人士，分享内容具有专业化、垂直化与权威化等特点。此阶段依赖静态和动态HTML网页技术，以静态单向阅读为主，用户仅是被动参与，难以产生交互和新内容的创作。Web2.0时代，互联网内容生成由专家主导转向用户主导模式，即用户生成内容（UGC）。这一阶段创作权由专业人员让渡给普通用户，用户既是内容受众，也是内容的创造者和发布者。用户可根据自身需求，自主创作需要的内容，分享内容也更加多元化、个性化、民主化和创新化。此阶段以Blog、SNS、RSS、Wiki等社会性软件的应用为核心，由六度分隔、XML、AJAX等新理论和技术支持展开。目前，互联网已逐步迈入Web3.0时代。随着人工智能技术的不断改进，通过自然语言处理（NaturalLanguageProcessing，NLP）和自然语言生成

（NaturalLanguageGeneration，NLG）方法，依据用户某些词语或句子自动化生成

第2页共18页

未来教育的发展之路：ChatGPT引发的思考

满足用户需求的人工智能生成内容（AIGC）模式，已成为Web3.0时代内容生成的重要方式。相较于PGC和UGC，AIGC最大的不同就是能利用人工智能技术驱动机器创作内容，具有大模型、多模态、可控制和虚实共生等特征（李白杨等，2022）。AIGC被认为是推动元宇宙发展的加速器。

ChatGPT是基于人工智能技术的大型语言对话模型，是一种新型自然语言处理工具。ChatGPT首次采用从人类反馈中强化学习（ReinforcementLearningfromHumanFeedback，RLHF）的方式，具有根据用户反馈改进输出结果的能力，并会根据用户反馈持续化更新和学习，实现与真实对话无异的交流（Shenetal.，2023）。同时，ChatGPT采用了注重道德水平的训练方式，这使它具备了能判断不怀好意的提问和请求的能力，并能对它们“说不”（Tateetal.，2023）。OpenAI（2022）称，平台提供的对话模式令ChatGPT可以“回答后续的问题、承认自己的错误、挑战不正确的前提与拒绝不恰当的请求”。

从技术层面看，ChatGPT属于AIGC应用，是基于自然语言处理（NLP）和机器学习技术（MachineLearning，ML）的人工智能内容生成应用（Georgeetal.，2023）。但从创作层面来说，ChatGPT不仅可以自动化生成内容，还可以根据用户提供的输入内容，生成用户内容和专家内容。ChatGPT基于GPT-3.5大型语言模型家族，结合监督学习和强化学习技术进行微调，拥有1750亿个模型参数（Hirosawaetal.，2023），能够以更接近人类思考的方式参与用户查询过程，并可以模拟多种人类情绪和语气，根据上下文和语境提供恰当回答，优化了GPT-3回答中看似通顺但脱离实际的问题（Taecharungroj，2023）。作为一个低门槛、高效率的文字内容生产工具，ChatGPT被认为将在智能客服、虚拟人、游戏、教育等领域获得更大落地，这对于传统的内容生产形态无疑是一次巨大的冲击。

第3页共18页

图 3-1　效果图

任务 3-1　WPS 文字知识准备

WPS 文字是金山软件公司开发 WPS Office 重要组成模块。它集编辑与打印为一体，具有丰富的全屏幕编辑功能，提供了各种控制输出格式及打印功能，使打印出的文稿既美观又规范，能满足各界文字工作者编辑、打印各种文件的需求。

1. 文档的基础编辑

1）界面布局

WPS 文字文操作界面可以大致分为 5 个部分，如图 3-2 所示。

（1）标题栏

点击加号新建一个文档，选择“文字”→“新建空白文档”，即可新建一个文字文稿（Word），如图 3-3 所示。

在标题区域可以快速切换打开的文档。标题的右侧是工作区和登录入口。工作区可以查看已经打开的所有文档，每一个新窗口是一个新的工作区，如图 3-4 所示。

（2）菜单栏

在菜单栏的左侧上的小图标是“快速访问栏”。在快速访问栏里，可以快速地编辑文本，如图 3-5 所示，其中最常用按钮有①保存、②撤销、③恢复。

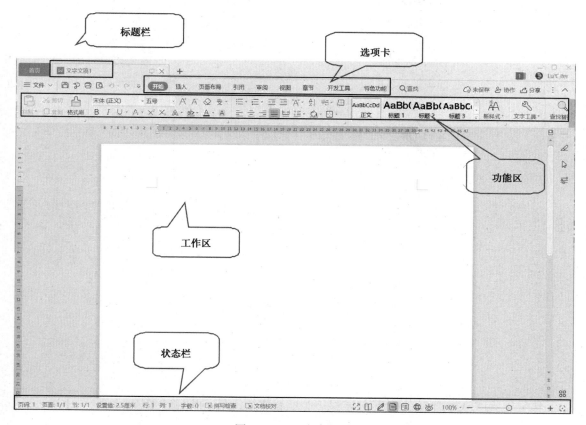

图 3-2　WPS 文字界面

图 3-3　新建文档

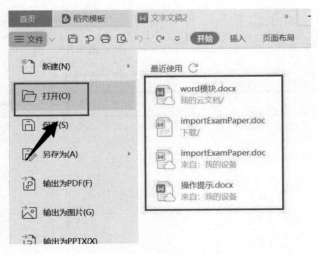

图 3-4 打开已有文档

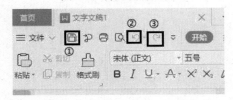

图 3-5 快速访问工具栏

在菜单栏内点击不同的选项卡,会显示不同的操作工具,如图 3-6 所示。

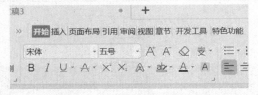

图 3-6 菜单栏选项卡

(3)编辑区

编辑区也称为工作区,在此编辑文字文稿内容,如图 3-7 所示。

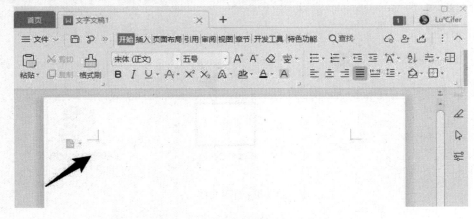

图 3-7 文字编辑区

（4）状态栏

在状态栏里可以看到字数和页数,点击字数可以查看详细的字数统计,如图3-8所示。

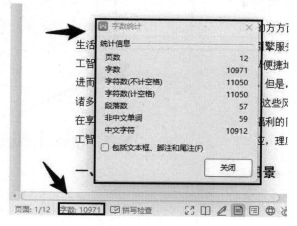

图3-8　字数统计

（5）视图切换

在WPS文字处理中,总共有阅读版式、页面视图、大纲视图、Web版式视图、写作模式5种视图。其中默认为页面视图,如图3-9所示

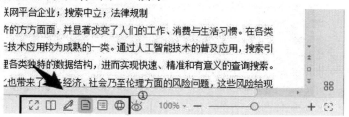

图3-9　视图切换

在图中箭头指示处可以快速切换"全屏显示""阅读版式""写作模式""大纲""Web版式""护眼模式",还可调整"页面缩放比例",拖动滚动条可快速调整,最右侧的是"最佳显示比例"按钮。

2）WPS文字编辑基础

WPS文字编辑不止是键入文字,一份简洁专业的文档,需要进行标准化的规范。字、行、段是文档的编辑基础,如需进行如下设置:

①字体:宋体、黑体、微软雅黑;

②首行缩进:2字符;

③字符间距:加宽0.5磅;

④行间距:1.5倍。

设置字体步骤如下:

步骤1　将字体改为微软雅黑,字号五号,如图3-10所示。

步骤2　选中文字,利用悬浮窗口设置字体,选择"微软雅黑"和"五号",如图3-11所示。

除此之外也可以通过"字体"对话框来进行文字的设置,如图3-12和图3-13所示。

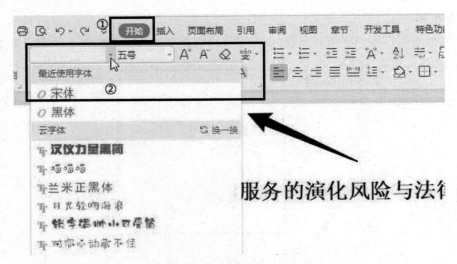

图 3-10　字体设置文本框

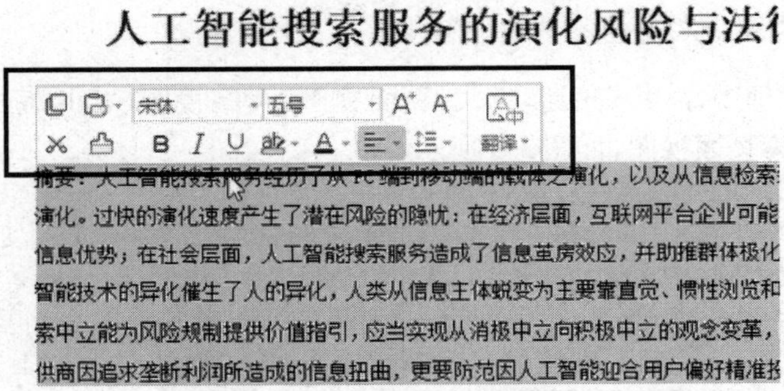

人工智能搜索服务的演化风险与法€

图 3-11　字体悬浮框设置字体格式

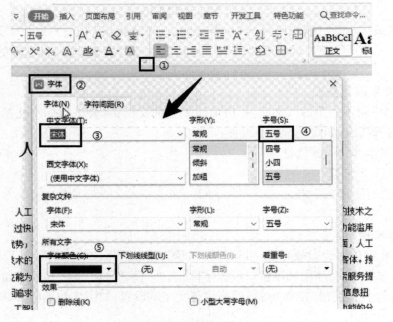

图 3-12　字体设置

图 3-13　字符间距设置

字符间距的设置也是在"字段"选项卡中进行设置。

设置段落步骤如下：

步骤1　单击"开始"选项卡，点击"段落"选项组的"段落设置"命令。

步骤2　在打开的对话框中，设置"特殊格式"为首行缩进两个字符。

步骤3　设置"间距"为段前0.5磅，段后0.5磅。

步骤4　设置"行距"为1.5倍。设置前后对比效果如下：设置前设置后，必须注重文档格式细节，才能使文档简洁、专业。此处可以调整1倍行间距、1.5倍行间距、2倍行间距、2.5倍行间距、3倍行间距。若普通的行间距无法满足需求，则单击上方菜单栏"开始"→"行距"，单击"其他"，在弹出的"段落"对话框中找到"间距"选项卡，将段前和行距设置为所要的数值即可，如图3-14所示。

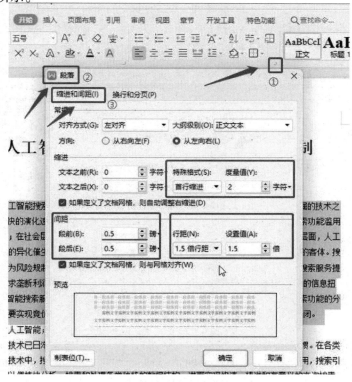

图 3-14　"段落设置"对话框

3）巧用制表位快速对齐文字

可以通过对水平标尺的设置，调整文本在输入时的位置，达到对齐文字、符号的效果。通常应用在文案排版、论文编辑、制作索引与目录的场景中。具体操作如下所述。

步骤 1 勾选显示文档的标尺，制表位是通过对标尺字符位置的标记，设置输入文本时的位置。点击"视图"选项卡，勾选"标尺"，可见标尺所显示当前页面的宽度为 40 个字符宽度，如图 3-15 所示。

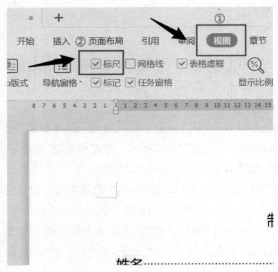

图 3-15　设置标尺

步骤 2 利用制表位功能制作一份目录，单击"开始"→"制表位"按钮，在"制表位"弹窗中可以看到"制表位位置""字符""对齐方式"等选项，如图 3-16 所示。

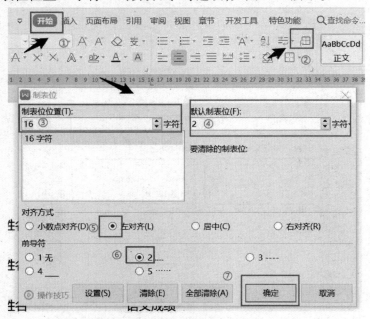

图 3-16　制表符设置

步骤3　在"制表位位置"处,输入字符位置,如将"制表位"放置在标尺的16字符处。在"前导符"处可选择前导符样式,在"对齐方式"处,可以选择制表位的对齐方式。按住 Tab 键,自动跳到所设制表位的位置。制表位左对齐,制表位会位于文本内容的左侧对齐,文本输入在制表位的右侧。

步骤4　按住 Tab 键,自动跳转到所设制表位的位置。制表位居中,制表位会位于文本内容的居中对齐,文本输入为居中输入。

4）WPS **格式刷**

编辑好一段文字格式,需要快速套用在其他文字中,可以用格式刷来解决。

以某文档为例,要将编辑好的文字格式套用到下方的文字中。

步骤1　找到"开始"→"格式刷",选中要套用格式的源文字区域→单击"格式刷",如图 3-17 所示。

图 3-17　格式刷

步骤2　回到文档内容处,光标变成了刷子形状,此时选择要更改格式的文字区域,即可套用成功,如图 3-18 所示。

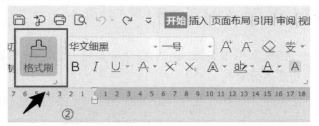

WPS

图 3-18　使用格式刷

方法在使用一次后,格式刷就会消失。当要批量更改格式时,可以选中要套用格式的源文字区域后,双击格式刷。此时格式刷就会被锁定,可进行多段落格式设置。要取消时,再单击一下格式刷或者按下 Esc 键就可以了。

5)在文档中插入空白页

在使用 WPS 文字编辑文档时,需要在文档中插入不同方向的空白页,可以通过插入"空白页"来实现。

以此文档为例,需要插入一张横向空白页,绘制相关表格。

步骤1 单击上方菜单栏"插入"→"空白页"→"横向"空白页,这样就可以插入一张横向的空白文档页,如图 3-19 所示。

图 3-19 插入空白页

步骤2 单击上方菜单栏"插入"→"空白页"→"竖向"空白页,这样就可以插入一张竖向的空白文档页。插入空白页的位置是根据光标所在的位置进行插入的。

6)分页符和分节符

在 Word 文档编排中,分节符和分页符有着不同的作用。

（1）分页符

在文档内容填满一页时,文档中会插入一个自动分页符开始新的一页。如果要在特定位置需要分页,则需要手动插入分页符。

单击"插入"→"分页"即可。分页符的作用是页面分为 2 页,如图 3-20 所示、

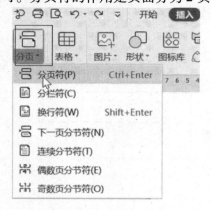

图 3-20 插入分页符

（2）分节符

分节符是指为表示节的结尾而插入的标记。分节符包含节的格式设置元素,如页边距、页面的方向、页眉和页脚,以及页码的顺序。分节符不仅可以将文档内容划分为不同的页面,而且还可以分别针对不同的节进行页面设置操作。

（3）插入分节符

在文档中插入"分节符",可以将文档分为不同的节,不同的分节符会产生不同的页面效果,如图3-21所示。

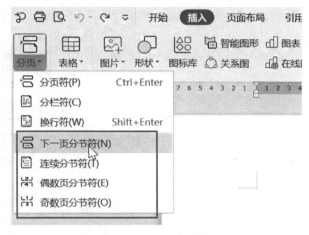

图3-21　插入分节符

①"下一页分节符"的作用是可在下一页开始新节;

②"连续分节符"的作用是可在同一页开始新节;

③"偶数页分节符"的作用,当文本进行分节后,下一节的内容必从偶数页开始;

④"奇数页分节符"的作用,当文本进行分节后,下一节的内容必从奇数页开始。

7）"Ctrl+"快捷键

在使用WPS文档过程中,如果掌握了快捷键的操作方法,就能快速编辑文档,大大提升工作效率,如图3-24所示。

图3-22　Ctrl组合快捷键

2. 文本样式与编号

1) 标题级别应用

在 WP 文字中，章节是一个很重要的概念，如第几章、第几节、第几点，这些内容的格式也有一定要求。针对章节这样有级别的内容系统，WPS 文字有默认格式可以快速设置。

在"开始"选项卡，打开"样式和格式"任务窗格。可见"正文"和"标题 1、2、3、4"的格式，如图 3-23 所示。

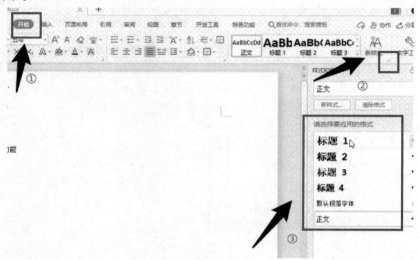

图 3-23　标题级别

设置方式如下：

步骤 1　输入文字后，点击"标题 1"设置章标题格式，可见该段落文字引用了"标题 1"格式。

步骤 2　节标题、点标题则选择"标题 2""标题 3"。

步骤 3　设置了格式后，在"视图"→"导航窗格"查看文档目录。

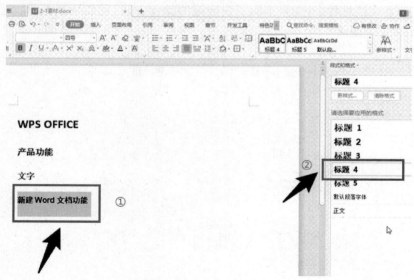

图 3-24　标题等级设置

2）新建文本样式，快速套用格式

在编写大篇幅文本时，有时会遇到主副标题、正文摘要等，这些内容需要不同的字体、字号，"样式"功能可以快速统一文本格式，让写作更高效。

具体操作如下所示。

步骤1　单击"开始"选项卡点击"样式"栏，可以看到软件内部设置好的样式。此处建议新建自己的文本样式，便于日后对样式进行调整，如图3-25所示。

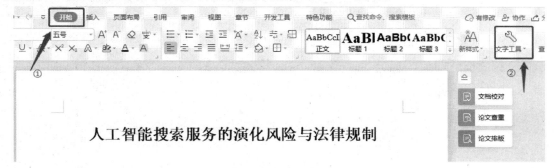

图3-25　创建样式

步骤2　单击"新样式"按钮，选择"新样式"，如图3-26所示。

图3-26　样式参数设置

步骤3　在"名称"中输入"论文正文"；"样式类型"选择"段落"；"样式基于"处统一设置为"无样式"，也就是不基于任何样式模板；"后续段落样式"会自动显示为"论文正文"，意思是正文段落后面的文本是标题还是正文的样式，不要改动，如图3-27所示。

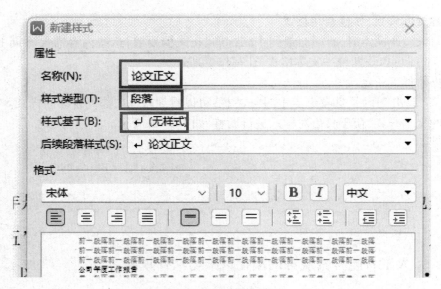

图 3-27　样式名称设置

接下来设置"论文正文"的格式。

步骤 1　设置字体为"宋体"、字号为"四号","论文正文"的格式就设置好了,如图 3-28 所示。

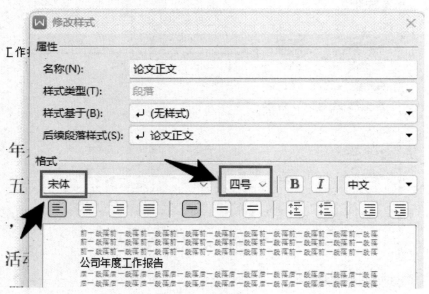

图 3-28　样式字体设置

步骤 2　设置"论文正文"的字间距样式,"字间距"指的是字符与字符之间的距离。点击"样式"弹窗左下角的"格式"按钮,选择"字体",如图 3-29 所示。找到"字符间距",间距和位置都要设置为"标准"。接着,再设置"论文正文"的行间距样式,"行间距"指的是每行上下相隔的距离,如图 3-30 所示。

步骤 3　单击"样式"弹窗左下角的"格式"按钮,选择"段落",在"缩进和间距"面板中,找到"行距"选择"固定值"输入"20",这样行间距的样式也就设置好了,如图 3-31 所示。

图 3-29　修改样式对话框选择格式

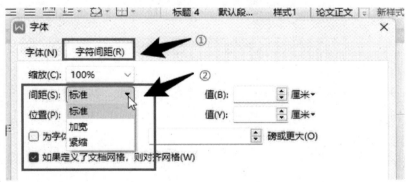

图 3-30　修改样式字符间距

步骤4　勾选"同时保存到模板",将设置完成的样式模板保存下来,在"样式"窗口中就可以找到设置完成的论文正文样式,并在后续文档编辑中快速套用此样式。

3)设置标题样式

在进行文档排版的过程中经常会遇到多级标题的编号不是需要的类别,手动调整很麻烦。这是因为在使用编号、生成目录之前,没有设置好标题的样式。需要快速统一编号,可以采用多级列表。以1级标题样式为例,具体步骤如下:

步骤1　单击"开始"→"编号"下拉按钮,单击"自定义编号"→"多级编号",如图 3-32所示。

图 3-31　段落格式设置

图 3-32　自定义编号

步骤 2　选择一个多级编号,单击"自定义"按钮,如图 3-33 所示。

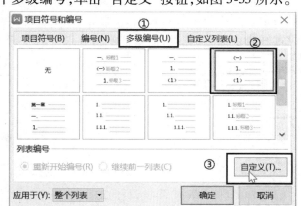

图 3-33　自定义编号 1

级别指的是 1 级编号、2 级编号、3 级编号等,要编辑 1 级编号时,选择"级别 1"。编号样式可以显示为阿拉伯数字、中文数字、罗马数字等,如图 3-34 所示。

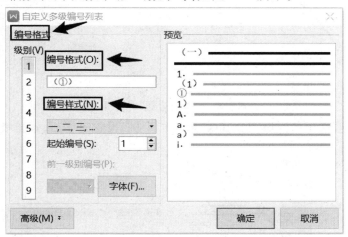

图 3-34　自定义编号 2

步骤 3　设置好样式后,再设置编号格式。如在编号格式中输入"①.",那么 1 级编号就显示为"①.标题"。

起始编号指的是第一个编号数字,如从 1 开始、从 5 开始等,单击"高级"按钮,展示高级选项。编号位置指的是编号的左对齐、右对齐、或者居中对齐。将级别链接到样式指的是将编号级别链接到所设置的文本样式。如链接到所设置的"1 级标题"样式,这样在文档进行编号排序时,所有的"1 级标题"样式都会按照 1 级编号进行排序。

按照上述方法,继续设置 2 级编号,1 级以后的编号可以勾选"在其后重新开始编号"。若勾选"在其后重新开始编号",那么 2 级编号会在 1 级编号后重新编号。当所有编号都设置完成后,对应的标题样式就可以快速匹配到对应的级别编号。

4)页面边框设置

在排版过程中,为了美化文档,会在页面周围添加边框。以此文档为例,其具体步骤如下所述。

步骤1　依次单击"页面布局"→"页面边"框,在"边框和底纹"界面选择"页面边框",如图 3-35 所示。"设置"处可以选择提供的预设样式,"线型"处可以选择边框要用的线条形状。"颜色""宽度"处可以设置好线条颜色、宽度,需要艺术型效果,可在"艺术型"中进行选择。

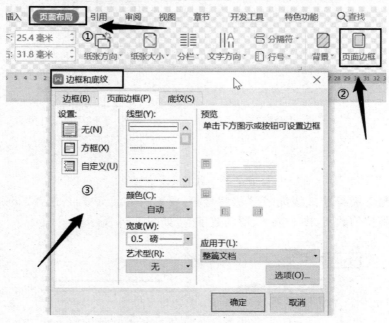

图 3-35　"页面边框"对话框

步骤2　设置应用于的区域,在此以整篇文档为例,设置完毕后,预览处可以提前预览效果,如图 3-36 所示。

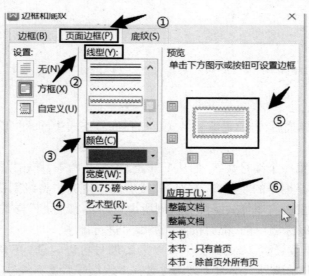

图 3-36　页面边框设置

5）添加水印

水印常常用来标志文档所属的公司名称、logo,在一些保密文件的正文后面,也会添加上"机密""绝密"等字样。

添加水印步骤如下：

步骤 1 在"插入"选项卡找到"水印"。

步骤 2 WPS 提供了常用的水印，单击一下即可插入，如图 3-37 所示。

删除已添加的水印，单击"水印"→"删除文档中的水印"。

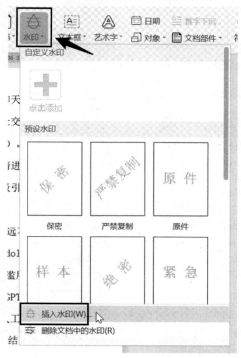

图 3-37 添加水印

要定制水印，在"自定义水印"选项中，单击"添加水印"。在弹出的窗口中，可选"图片水印"和"文字水印"，如图 3-38 所示。

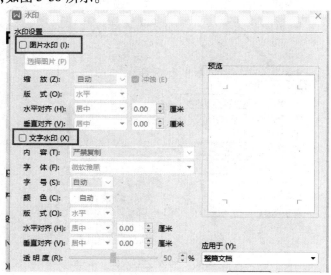

图 3-38 自定义水印

设置图片水印的方法如下所述。

步骤1　勾选"图片水印",上传一张图片,并对它的大小、排列形式进行设置。

步骤2　单击"确定"即可,如图 3-39 所示。

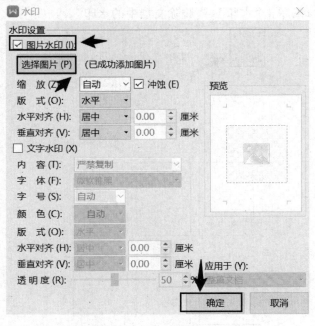

图 3-39　插入图片水印

自定义文字水印可以灵活设置文字内容和样式,使用步骤和图片水印相同,设置完成后再次单击水印即可使用,如图 3-40 所示。

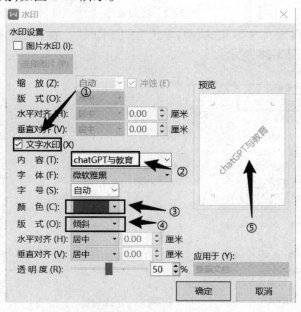

图 3-40　插入文字水印

在已设置的水印处单击右键,可以再次编辑水印,并且可以选择水印的应用范围。

6）页面分栏

在进行文档内容排版时，需要对内容进行分栏，可以通过分栏设置完成。分栏是页面布局中的一个功能。它的位置在"开始"→"页面布局"→"分栏"，可直接快捷选择分为"一栏""两栏""三栏"，如图3-41所示。

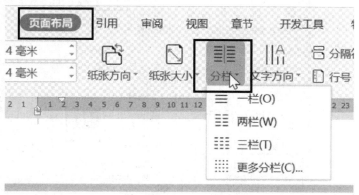

图3-41　分栏设置

单击更多分栏可查看分栏详细选项。预设中有一栏、两栏、三栏、偏左、偏右。偏左和偏右是针对两栏的情况，可以快捷调整分栏偏向左边或右边。分栏的宽度和间距可进行修改。默认状态下各栏宽相等，需要设置各栏宽不相等，要先取消勾选"栏宽相等"按键，再分别对各栏宽度进行修改。间距即栏与栏之间的空隙，可以进行调整。勾选分隔线可在各栏的间距处加上一条分隔线，如图3-42所示。

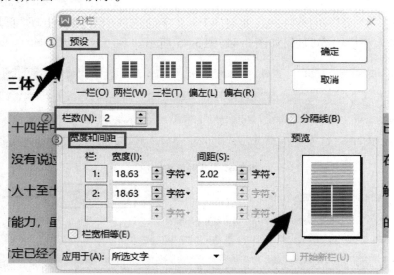

图3-42　图自定义分栏

在"应用于"选择项中有3个选项。所选节，即只对光标定位的该段落进行分栏；插入点之后，即对光标定位后的所有文档内容进行分栏；整篇文档，即对整篇文档进行分栏。假设要将文档第一段分为两栏，第二段后分为三栏，具体步骤如下所述。

步骤1　将光标定位到第一段段首，选择"分栏"→"更多分栏"→"两栏"→应用于所选节，单击"确定"。

步骤2　将光标定位到第二段段首,选择"分栏"→"更多分栏"→"三栏"→"应用于"→"插入点"之后,单击"确定",即可看到分栏完成,如图3-43所示。

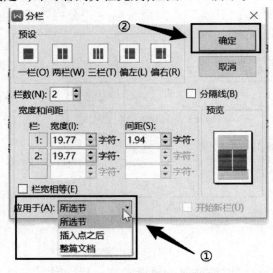

图3-43　分栏使用范围设置

3. 页眉、页脚与目录

1)文档页眉设置

（1）插入页眉

单击"插入"→"页眉页脚"按钮,此时WPS文字的选项卡界面会出现"页眉页脚"选项卡,在页眉中输入相应内容即可,如图3-44、图3-45所示。

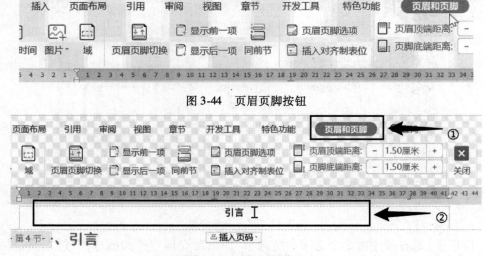

图3-44　页眉页脚按钮

图3-45　选择页眉位置

（2）设置页眉对齐方式、字体字号

选中页眉的文本内容,点击"开始"选项卡,设置字体、字号、对齐方式。设置页眉的距离,"页眉距离"指的是页眉与页面顶端的距离,如图3-46所示。

图 3-46　设置页眉字体

在"页眉页脚"选项卡下找到"页眉距顶端的距离",调整页眉距离,如图 3-47 所示

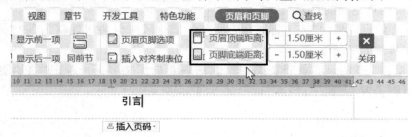

图 3-47　设置页眉间距

(3)保存页眉设置

当页眉调整好后,单击"页眉页脚"选项卡下的关闭按钮。

(4)设置首页不同的页眉

设置首页页眉为"人工智能",其他页的页眉均为"人工智能搜索服务的演化风险与法律规制"。具体步骤如下:单击"插入"→"页眉页脚"按钮,点击"页眉页脚选项"功能,在"页眉页脚设置"弹窗中,勾选"首页不同",如图 3-48 所示。

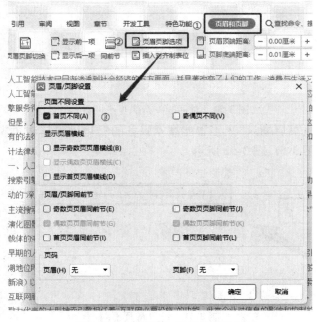

图 3-48　对话框中首页不同选项

在首页页眉输入"人工智能搜索服务的演化风险与法律规制",在非首页的页眉中输入"人工智能",如图 3-49 所示。

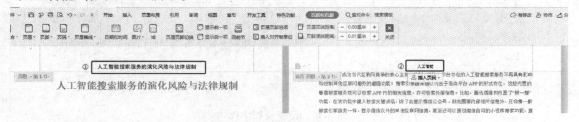

图 3-49　设置首页不同的页眉

（5）设置奇偶页不同的页眉

需要设置奇数页页眉为"人工智能搜索服务的演化风险与法律规制",偶数页页眉为"人工智能",操作步骤如下所述。

步骤 1　单击"插入"→"页眉页脚"按钮,进入页眉编辑界面。单击"页眉页脚选项"功能,在"页眉页脚设置"弹窗中,勾选"奇偶页不同",如图 3-50 所示。

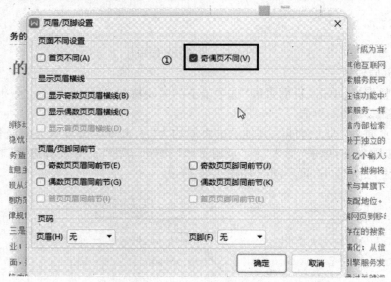

图 3-50　对话框中奇偶页不同设置

步骤 2　在奇数页页眉输入"人工智能搜索服务的演化风险与法律规制",在偶数页页眉输入"人工智能",如图 3-51、图 3-52 所示。

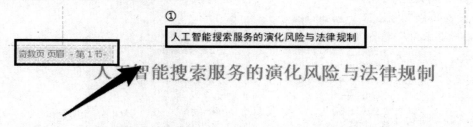

图 3-51　设置奇页不同

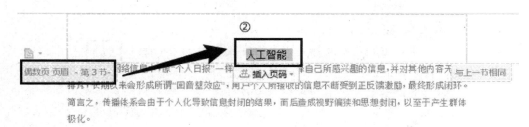

图 3-52　设置偶页不同

步骤3　单击"关闭"按钮,保存页眉设置即可。

（6）设置同前节

单击"插入"→"页眉页脚"按钮,进入页眉编辑界面。将光标放在第二节的页眉处,点击"页眉页脚选项"功能,勾选"同前节"的选项,如图 3-53 所示,第二节的页眉就和上一节的页眉保持一致。若是文档中的分节过多,无法一一勾选"同前节"选项达到页眉统一的效果,可以通过删除节的方式快速统一页眉。

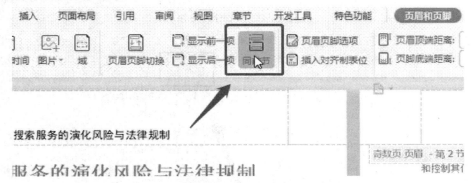

图 3-53　"同前节"按钮

使用替换快捷键 Ctrl+H 快速打开"替换"功能弹窗,在"查找内容"选项中输入"特殊格式"→"分节符",在"替换为"选项中不输入任何内容,这样就可以快速删除文档中的分节符。

当删除完分节符后,再调整页眉文本,这样文档的每一页页眉都会变得一样。"同前节"功能的作用是当前节和上一节保持一致。

若文档中未有分节,或者当前鼠标的位置在第一节（也就是没有上一节）,"同前节"功能和选项是置灰状态。

（7）取消同前节

设置每页页眉不同需要在第一节设置页眉"人工智能搜索服务的演化风险与法律规制",第二节设置页眉"人工智能",具体操作如下:

步骤1　单击"章节 A"→"章节导航"功能,开启章节导航,可见所有文档都在一个节中,如图 3-54 所示。

步骤2　将光标放在章节导航窗格里的第 2 页上,点击"新增节"→"连续分节符",如图 3-55 所示。

步骤3　将第 1 页分为一节,第 2、3 页分为一节,第 4~6 页分为一节,第 7、8 页分为一节,第 9~12 页分为一节。为了方便,可以在此处给每一节添加上章节名称,如图 3-56 所示。

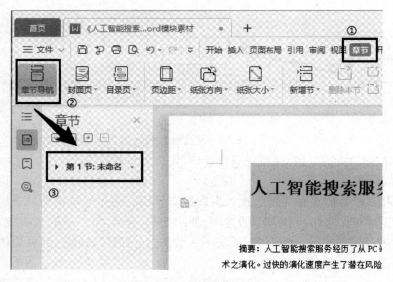

图 3-54　章节导航按钮

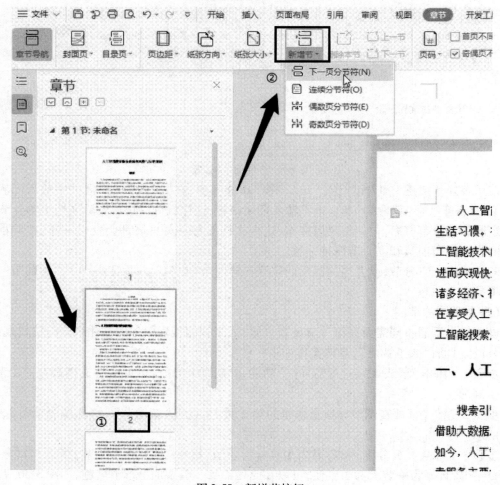

图 3-55　新增节按钮

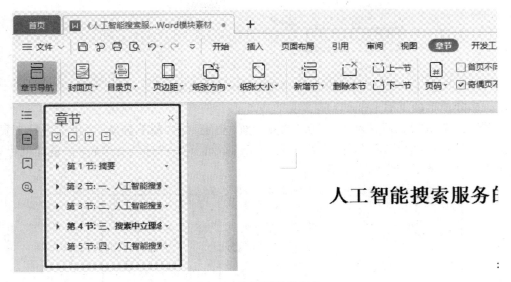

图 3-56　取消同前节操作

步骤 4　单击"插入"→"页眉页脚"按钮,进入页眉编辑界面。将光标放在第 2 节的页眉处,单击"页眉页脚选项"功能,取消勾选"同前节"的选项,如图 3-57 所示。

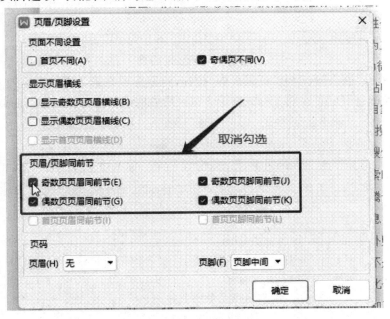

图 3-57　取消同前节选项勾选

2)删除文档中的页眉

在排版过程中,通常会对页面的顶部或底部区域添加附加信息,即在文档中添加页眉或页脚。需要将页眉页脚删除,可用下述方法进行处理。

(1)普通删除

依次单击"插入"→"页面页脚"按钮。需要删除页眉,依次点击"页眉页脚"→"页眉"→"删除页眉"即可,如图 3-58 所示。

图 3-58　删除页眉→普通删除

（2）删除单页的页眉

步骤 1　单击"章节"选项卡，开启"章节导航"功能。在"章节导航"栏中选中第 2 页，单击"新增节"→"连续分节符"。选中第 3 页，单击"新增节"→"连续分节符"。这样就可以将第 2 页设置为一节，如图 3-59 所示。

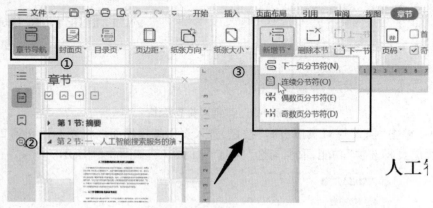

图 3-59　设置同前节

步骤 2　单击"插入"选项卡"页眉页脚"按钮，将鼠标放在第 2 页的页眉处。单击"页眉页脚选项"取消勾选"同前节"。将光标放在第 3 页页眉处取消勾选"同前节"，如图 3-60 所示。

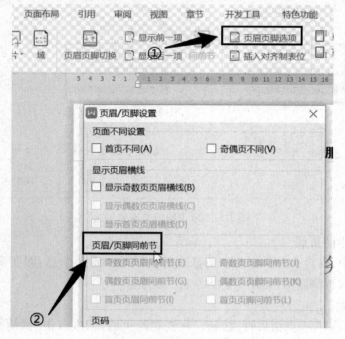

图 3-60　删除单页的页眉

步骤 3　设置好后删除第 2 页的页眉文本,单击"关闭"按钮保存设置,这样就可以单独删除第 2 页的页眉了。

3)插入页脚、设置页码字体与样式

本节课程将详细讲解设置页码的字体字号与样式的步骤。

(1)插入页脚和页码

单击"插入"→"页眉页脚"按钮,此时 WPS 文字的选项卡界面会出现"页眉页脚"选项卡。页脚可以直接输入文本内容。也可以点击"插入页码",设置页码样式为"第 1 页共 X 页"。

图 3-61　插入页脚和页码

(2)更改页码的字体

需要更换页码的预设字体字号,将鼠标放置在页码处,双击显示页码的文本框。选中文本框中的页码文本,单击"开始"选项卡,修改页码的字体、字号大小,如图 3-62 所示。

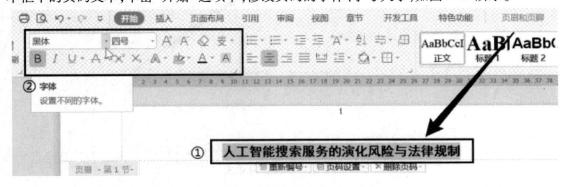

图 3-62　更改页码字体

4)文档中插入页码

在排版的过程中,给页面标上编码即添加页码,可以帮助快速检索定位,以此文档为例,依次单击"插入"→"页码"按钮。在弹出的"页码"对话框界面,可以设置页码的样式、页码在页面的位置以及是否包含章节号,如图 3-63 所示。

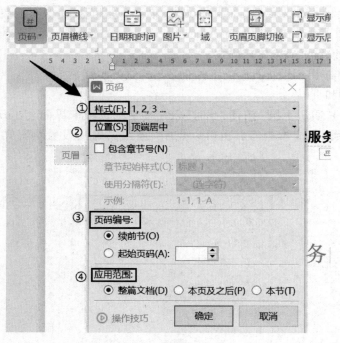

图 3-63　插入页码

另外,还可以设置页码编号与应用范围,此篇文档的"页码编号"以从第一页起始为例。"应用范围"处以整篇文档为例,设置好后单击"确定"按钮即可,如图 3-64 所示。

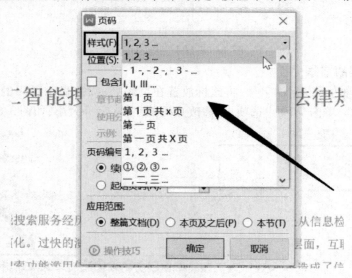

图 3-64　修改页码样式

删除页码:下拉"页码",点击"删除页码"。

5)在页眉页脚中插入时间、图片

在页眉页脚中插入时间。依次单击"插入"→"页眉页脚"按钮,接着在"页眉页脚"选项卡下,单击"日期和时间"按钮,如图 3-65 所示。在弹出的"日期和时间"对话框界面,可以选择所需的时间格式、语言。

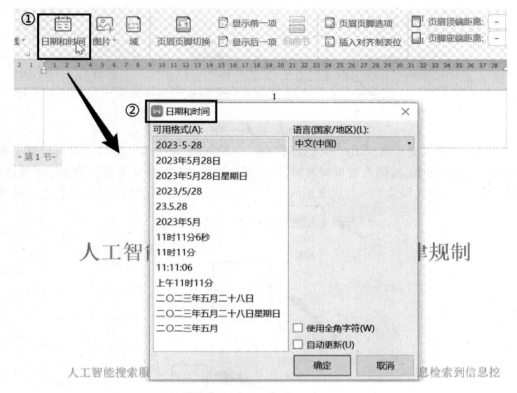

图 3-65　页码中插入时间

页眉页脚中插入图片信息。依次单击"插入"→"页眉页脚"按钮,接着在"页眉页脚"选项卡下,下拉"图片"按钮,如图 3-66 所示。

图 3-66　页码中插入图片

6) 设置目录页码

目录页码和正文页码一般是要独立开来的,但在任意页插入页码,系统都会自动从第一页开始,按顺序为所有页添加页码。如果要灵活设置目录与正文页码独立,则需要使用"分节符"。在"章节导航"中可以查看文档的分节。分节可以简单理解为将文档分为不同的模块,不同的模块可以采用不同的页面设置。

具体设置步骤如下所述。

步骤 1　选中需要分节位置,在"章节"选项卡中单击"新增节",如图 3-67 所示。

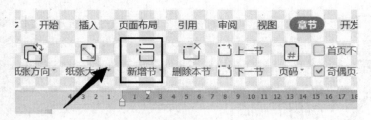

图 3-67　插入分节符

步骤 2　双击页面底端，单击"插入页码"，在"应用范围"设置为"本节"。在每节开头单击"重新编号"，从 1 开始，关闭页眉页脚编辑，即可查看效果。在目录页所属节重复刚才的设置，这样就可以灵活设置目录页码与正文页码独立，如图 3-68 所示，分节出现空白页，删除即可。

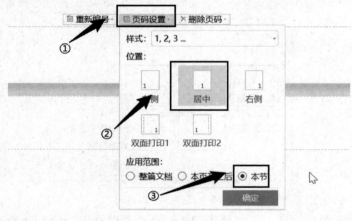

图 3-68　设置页码

7) 插入目录

（1）插入目录

步骤 1　打开 WPS 文字，将光标放在第一页处，单击"插入"→"空白页"，如图 3-69 所示。

图 3-69　插入页码-插入空白页

步骤2　单击"引用"→"目录"→"智能目录",如图3-70所示。

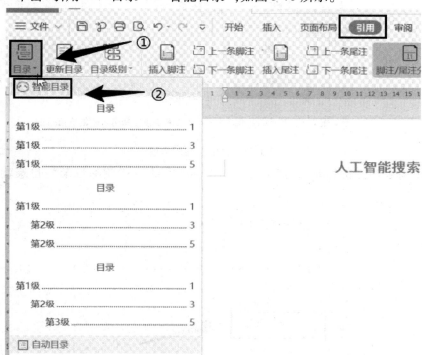

图3-70　插入目录

步骤3　选择恰当样式,单击"目录",利用智能 AI 技术在论文中插入目录,如图3-71所示。

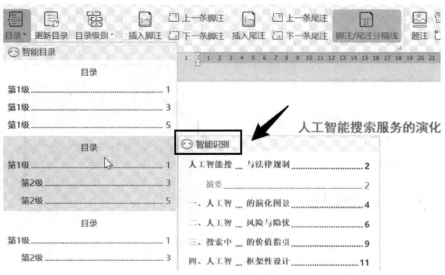

图3-71　插入目录-自动识别

(2)自动更新目录

单击"引用"→"更新目录",如图3-72所示。

图 3-72　更新目录对话框

如果要删除已生成的目录,只需单击"引用"→"目录"→"删除目录",目录就被删除了,如图 3-73 所示。

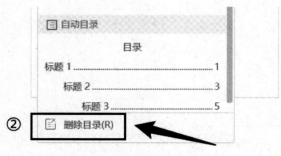

图 3-73　删除目录

4．文档审阅与引用

1）文字选择

WPS 文字的选择功能能帮助快速选中文档中的指定内容。选择功能位置在菜单栏"开始"→"选择",如图 3-74 所示。共有"全选""选择对象""虚框选择表格""选择窗格"4 个选项。

图 3-74　选择按钮

（1）全选

全选即选中全文,也可直接使用快捷键 Ctrl+A,鼠标单击任意区域取消点选。WPS 文字中的其他文字选择快捷操作还有:快速双击鼠标可自动选中某个字节。

步骤 1　选中某文档区域,按住 Ctrl 键,再拖动选择其他区域,即可同时选中文档的不连续区域。将光标置于行的开头,按 Shift+向下键,可选择一行文本。

步骤 2　将光标置于行的开头,按 Ctrl+Shift+向下键,可选择一个段落。选择对象可以将光标变为选择光标,以便选择文本框图形。通常情况下逐个单击文本框且按住 Ctrl 键选择,耗时且易出错。

(2)选择对象

步骤 1　选中所有文本框。

步骤 2　选择完成后,在任何文本框上单击鼠标右键选择"组合",即可随意移动。要取消选择,鼠标双击文档其他区域即可。当要选择文字中含有的表格区域,很容易选中其他的文字区域。

(3)虚框选择表格

步骤 1　可选中文档中的表格区域,对选中的其他区域无效。

步骤 2　再点击一遍虚框选择表格,即可取消此模式。选择窗格可以用列表的形式查看文档中出现的所有对象。

(4)选择窗格

双击对象标题区域可以更改对象文件名;单击"对象"还能快速定位到相应文档位置;还可选择对象标题右方的"显示"→"隐藏"按钮,隐藏对象;或单击下方"全部隐藏"。

2)查找替换

当用 WPS 文字来编辑文档时,经常会用到查找和替换的功能。不仅可以帮助查找内容、替换为指定内容,还能对格式进行替换,查找的快捷键是 Ctrl+F。

图 3-75　查找和替换按钮

需要查找文档中的指定内容,现以查找此文档中的"人工智能"为例。

依次单击"开始"→"查找替换"按钮,在查找内容中输入"人工智能",在"在以下范围中查找"处可以选择查找的范围,例如,"主文档",如图 3-76 所示。

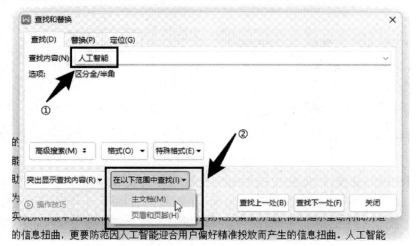

图 3-76　查找和替换对话框

此处可以看到"人工智能"在文档中出现的次数为 65 次,如图 3-77 所示。

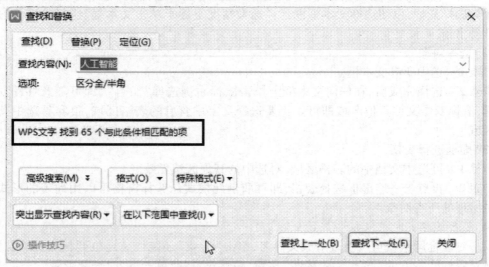

图 3-77　查找内容数目显示

需要将查找出来的"人工智能"进行标注,可以使用突出显示查找内容功能:单击"突出显示查找内容"→"全部突出显示",文档内的所有"人工智能"都被高亮显示,如图 3-78 所示。

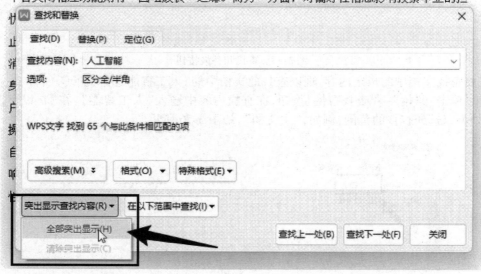

图 3-78　查找内容突出显示

需要对格式进行替换,以将此文档中的半角句号字符换成全角句号字符,单击"查找替换"→"替换",在高级搜索中勾选区分全/半角,在查找内容中输入半角句号,替换为输入全角句号,单击"全部替换",如图 3-79 所示,文档中所包含的全部半角句号将替换为全角句号。

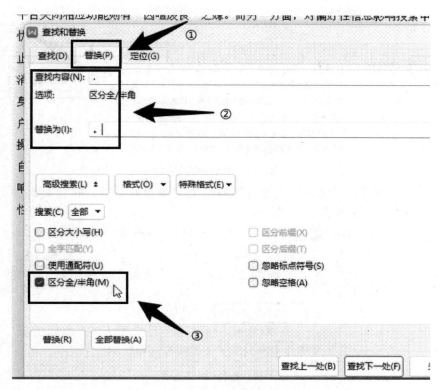

图 3-79　特殊格式查找和替换

3) 修订

修订功能可以帮助用户修订并标识文本中的内容。以此论文为例,具体步骤如下:

步骤 1　单击"审阅"→"修订",就可以进入修订模式(快捷键为 Ctrl+Shift+E),如图 3-80 所示。

图 3-80　修订功能

步骤 2　选中"人工智能",在弹出的字体设置窗口中将字体颜色更改成蓝色,此时在文本的右侧就会显示出修订记录了,如图 3-81 所示。

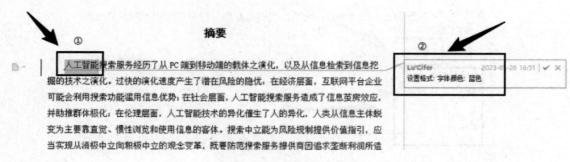

图 3-81　修订内容显示

需要自定义设置修订风格,单击"修订"选项,此时弹出对话框,在"修订选项"栏中可以修改标注、批注框和打印,如图 3-82 所示。

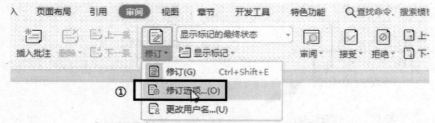

图 3-82　选择"修订选项"

按照以下要求对批注格式进行设置:将"插入内容"设置为加粗黑色,"删除内容"设置为倾斜红色,"修订行"设置为外框线蓝色,如图 3-83 所示。

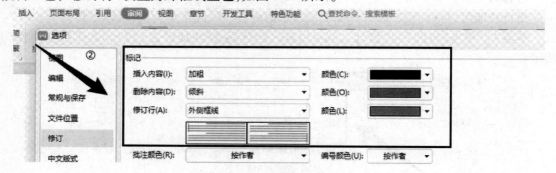

图 3-83　修改"修订"选项

批注框可以选择修订方式的呈现效果,选择显示修订内容,单击"确定",就可以设置成自定义的修订风格。

4)添加和删除批注

在工作和学习中经常使用 WPS 文字办公,那么在文章中添加批注,是否便于审阅和解读呢?

以此论文为例,如对文中"茧房效应"插入批注:"茧房效应"这一概念出自美国学者桑斯坦的著作《信息乌托邦》。他认为,由于公众在信息传播中只关注自己选择的和使自己愉悦的领域,局部而非全方位的信息需求久而久之便导致自身陷入像蚕茧一般的"茧房"之中。

将光标放在要插入批注的地方,单击"插入"→"批注"(或者"审阅"→"插入批注"),在右侧弹出批注框,可以输入需批注的内容,如图 3-84 所示。

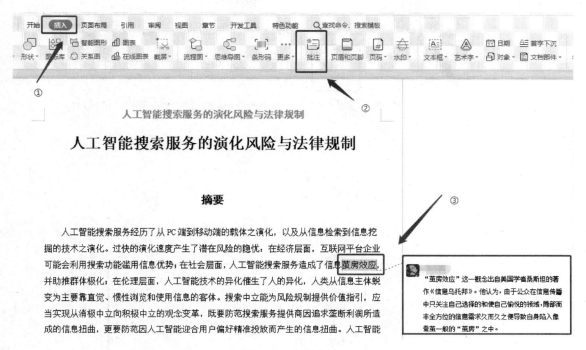

图 3-84　添加批注

如果需要删除此批注,可以单击"编辑"弹窗里的"删除"选项。在插入批注右侧有上一条和下一条按键,可以方便地对批注进行跳转。需要删除所有批注:选中批注,单击删除,可以选择删除此批注和删除所有批注。

5)添加题注

WPS 文档里中的题注是用来给图片、表格、图表、公式等项目添加名称和编号的,使用题注功能可以为文档中引用的图片、图表等内容编号并添加注释,而且在遇到要插入新题注的情况下可以快速更新题注编号。

本例以图片为例,具体步骤如下:

步骤1　点击"引用"选项卡下的"题注"按钮,在弹出的"题注"对话框中选择图标签,也可根据情况"新建标签"来自定义标签名称。

步骤2　选择题注位置,再点击"编号"按钮为题注编号,编号有 2 种方式,第一种:直接在格式中选择编号样式"确定"即可,一般适用于短文档,如图3-85 所示。

第二种勾选"包含章节编号"的复选框,此时可以根据不同章节选择题注编号起始样式。但要注意如果标题中没有设置则会出现错误提示,因此在使用包含章节编号前,首先要"确定"标题是否已应用格式,此方式一般适用于多章节的长文档,如图3-86 所示。

6)交叉引用

如果在长文档中,当写文档要提及某个题注内容时,可以利用交叉引用功能。点击"引用"选项卡下的"交叉引用"按钮,在引用类型中选择符合的类型,此时下方的框内会自动显示出符合该类型的所有题注,接着设置"引用内容",选择要引用的题注,点击"确定"即可,当按住 Ctrl 键,点击引用内容,即可快速跳转到所引用的标题处,如图3-87 所示。

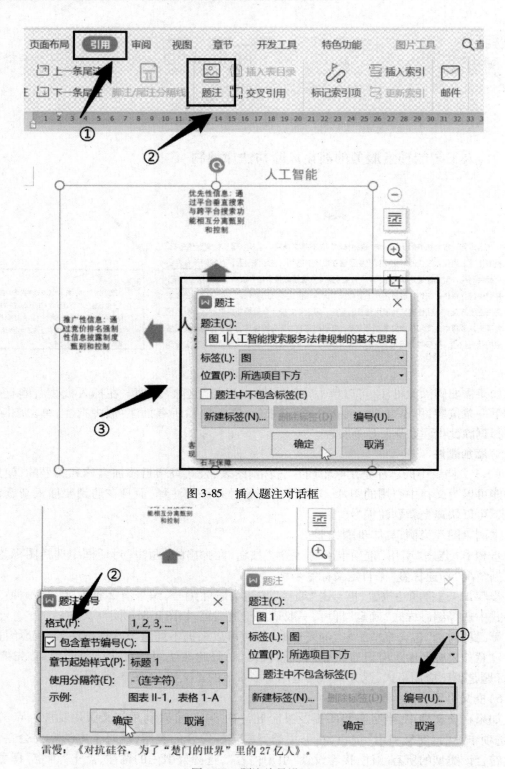

图 3-85　插入题注对话框

雷慢：《对抗硅谷，为了"楚门的世界"里的 27 亿人》。

图 3-86　题注编号设置

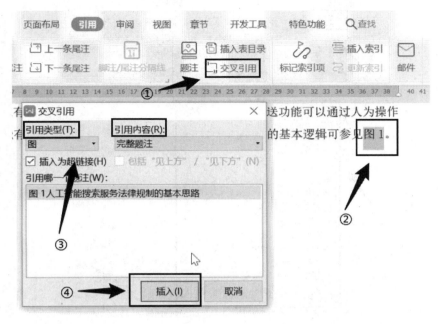

图 3-87　交叉引用

7）为文档添加脚注

在撰写论文时，经常会使用脚注和尾注，两者区别在于：脚注是对特定文本的补充说明，一般在页面底部，是对某个内容的注释。而尾注也是对特定文本的补充说明，通常在文本的末尾，用于引文的出处。

文档添加脚注步骤如下所述。

步骤 1　将光标定位在要插入脚注的位置，单击"引用"选项卡下的"　"按钮。

步骤 2　在"脚注和尾注"对话框中，共分为位置、格式、应用更改 3 个区域。以添加脚注为例，脚注位置默认在页面底端即可，也可以更改为文字下方，在编号格式中选择 1 的序号样式，如需插入空白脚注，则在自定义标记中选择空白即可。还有多种符号可供选择，接着设置起始编号和编号方式，本例均为默认，"应用更改"也默认整篇文档即可。

步骤 3　点击"插入"按钮，此时脚注的标已出现在特定文本的右上角，并且在页面下方也添加出内容注释区域，选中脚注，点击鼠标右键，在弹出的菜单栏中选择转换至尾注，即可将脚注一键转换成尾注，如图 3-88 所示。

8）添加尾注

步骤 1　将光标定位在要插入尾注的位置，单击"引用"选项卡下的"对话框启动器"按钮，如图 3-89 所示。

步骤 2　在"脚注和尾注"对话框中，共分为位置、格式、应用更改 3 个区域。以添加尾注为例，尾注位置可以选择"文档结尾"，在有多个章节的文档中可选择"节的结尾"，在编号格式中选择普通的序号样式，在自定义标志中还有多种符号样式可供选择。设置起始编号和编号方式，本例均为默认，"应用更改"也设置默认整篇文档。

步骤 3　单击"插入"按钮，尾注的标记出现在特定文本的右上角，在文本末尾添加内容注释区域，选中尾注，单击鼠标右键，在弹出的菜单栏中选择转换至脚注，尾注即可一键转换成脚注。

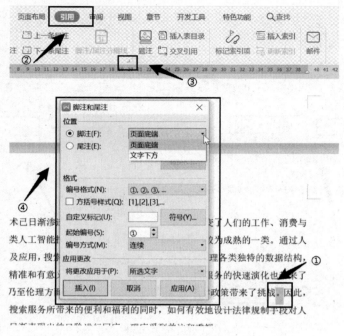

图 3-88　添加脚注

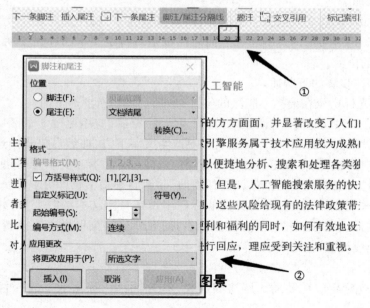

图 3-89　添加尾注

9)超链接使用方法

在使用 WPS 文字办公时,常要在文本中添加超链接跳转网页或者跳转到其他内容文档部分。插入超链接步骤如下所述。

步骤 1　单击上方菜单栏"插入"→"超链接"→"原有文件或网页",在下方地址处输入网址。插入网址,显示指定的文本内容,可以在上方输入要显示的文字和屏幕提示设置,单击"确定"完成即可插入,如图 3-90 所示。

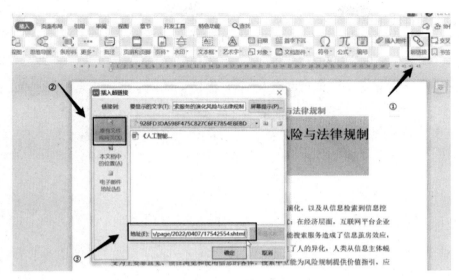

图 3-90　插入超链接

步骤 2　单击链接可以跳转到其他文档。单击上方菜单栏"插入"→"超链接"→"原有文件或网页",选择要插入的文档,修改显示文字,单击"确定"即可插入。除此以外,文字超链接还可以快速跳转到文本中的其他位置和添加电子邮件,单击就可快速发送邮件。

5. 页面设置与打印

1）文字页面设置

文字页面设置内容主要有设置纸张大小、设置纸张页边距、以及设置装订线距离。

（1）设置纸张大小

单击"页面布局"→"纸张大小"按钮,单击展开预设的纸张规格,选择所需的纸张大小即可,如图 3-91 所示。

图 3-91　设置纸张大小

（2）设置上、下、左、右的页边距

单击"页面布局"→"页边距"→"自定义页边距",设置页边距的数值。默认的长度计算单位和规范不符,单击"单位"就可以选择其他的度量单位。

（3）设置装订线距离

单击"页面布局"→"页边距"→"自定义页边距"，如图 3-92 所示。

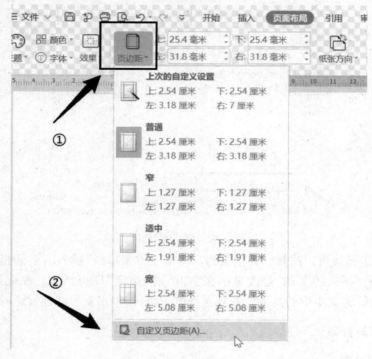

图 3-92　页边距菜单

在页边距中设置装订线的位置，以及装订线的线宽，如图 3-93 所示。

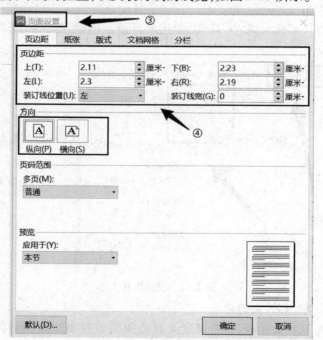

图 3-93　设置页边距对话框

2）打印界面设置

打印文档的具体步骤如下：

步骤1　确保打印机硬件设备是否正常并且为开启状态，"确定"所使用的计算机在局域网中是否能找到打印设备，单击"打印"，弹出"打印"对话框，打印的快捷键为 Ctrl+P。

步骤2　设置所连接的打印机、打印模式、页码、份数等相关信息，点击"确定"开始打印。

打印界面主要由打印机、页码范围、副本、并打和缩放4个部分组成，如图3-94所示。

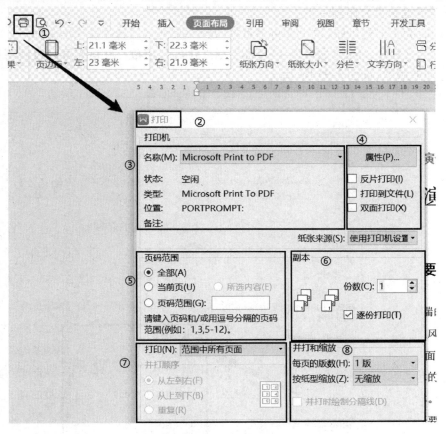

图 3-94　打印设置界面

（1）打印机

在名称中可以选择计算机所连接的打印机。在下方状态栏处可查看此打印机的状态、类型、位置等。在右侧有属性、打印方式、纸张来源，在此处可以选择勾选"反片打印""打印到文件""双面打印"。反片打印是 WPS 提供的一种独特的打印输出方式，仅适用于文字处理文档打印，以"镜像"显示文档，可满足特殊排版印刷的需求。反片打印通常会应用在印刷行业。打印到文件主要应用于文件不需要纸质文档，以计算机文件形式保存，具有一定的防篡改作用。双面打印可以将文档打印成双面，节约资源，降低消耗。

（2）页码范围

可勾选"全部""当前页"和"页码范围"。若打印全部文档，可勾选全部，若打印当前页文档，可勾选当前页。指定打印某几页，可以勾选页码范围，并输入页码范围。例如，输入1,3,5或1-5，实现跨页打印。在下方可以选择打印范围中奇数页或者偶数页。

（3）副本

可选择份数和逐份打印。调整份数，进行多份打印。打印文档要按份输出，可以勾选"逐份打印"，保证文档输出的连续性。

（4）并打和缩放

系统默认每页版数是 1 版，在此处可以根据需求进行修改。在左侧并打顺序处可以对顺序进行调整。

3）将两页或多页打印到一页上

在打印时为了节约纸张，可设置将多页打印到一张纸上。具体操作步骤如下：

在打开的文档中，单击"文件"→"打印"，在"并打和缩放"功能区可以设置每张纸的版数，选择打印的版数，如图 3-95 所示。

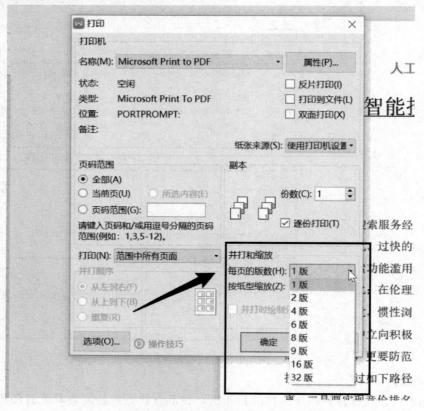

图 3-95　多页打印到一页设置

4）文档缩印

步骤 1　在 WPS 打开文档，Ctrl+A 为全选文档内容；Ctrl+D 为设置字体。例如，将字号设置为 8 号，将字符间距设置为 0.01，如图 3-96 所示。

步骤 2　单击右键，在"段落"设置行距为"固定值"，数值为 0，如图 3-97 所示。

步骤 3　在"页面布局"设置分栏为"两栏"，如图 3-98 所示。

步骤 4　打印设置后的文档，实现缩印。

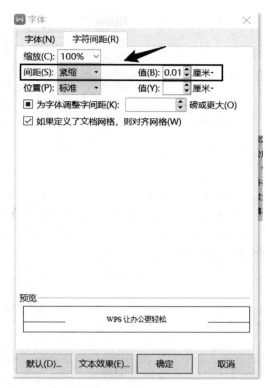

图 3-96　设置缩印字号及字符间距

图 3-97　改变行距

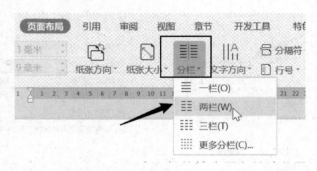

图 3-98　改变分栏情况

5）设置双面打印

设置自动打印双面页面，首先需确认所拥有的打印机是否支持双面打印。

以此文档为例，单击左上角打印按键，在弹出的打印对话框中，单击"打印机"→"属性"，勾选"双面打印"，如图 3-99 所示。

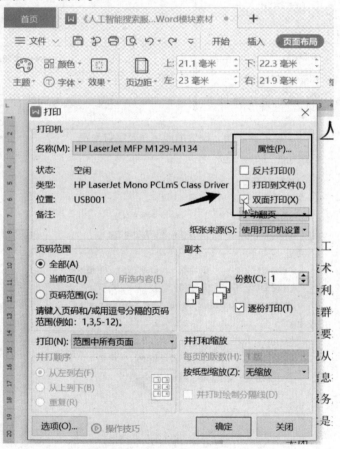

图 3-99　设置双面打印

6）打印作文稿纸

在进行文字编辑处理时，有时要将文档打印为作文稿纸或者字帖等样式。以作文为例，要将文档设置为稿纸格式：单击上方菜单栏页面"布局"→"稿纸设置"，在弹出的对话框中，勾选"使用稿纸方式",在下方可以修改稿纸的规格、网格、颜色与页面纸张等相关设置。如设置为"400 字的绿色行线",单击"确定",完成普通文本样式设置为稿纸样式,如图 3-100 所示。

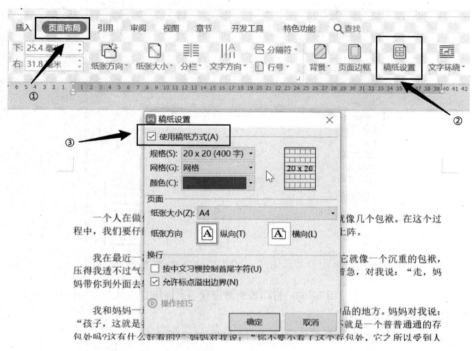

图 3-100　打印作文稿纸

7) 文档打印成书籍

常使用 WPS 文字编辑文本内容,有时遇到要将文档打印成书籍样式,打印书籍时纸张要双面打印,且每张纸要折叠。

以此文档为例,具体步骤如下:

步骤 1　将纸张方向设置成横向,单击上方菜单栏"页面布局"→"纸张方向"→"横向",如图 3-101 所示。

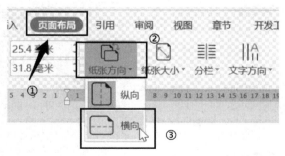

图 3-101　设置纸张方向

步骤 2　将页边距的页码范围设置成书籍折页,单击"页面布局"→"页边距"→"自定义"页边距,在页面设置对话框中,选择"页码范围"→"多页"→"书籍折页",单击"确定"即完成设置。最后单击"打印"按钮,弹出"打印"对话框,选择"双面打印",如图 3-102 所示。

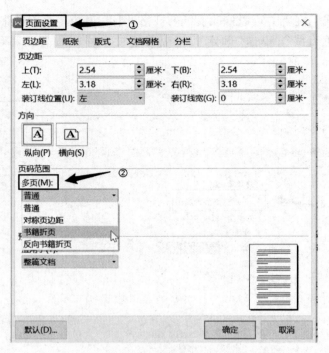

图 3-102　打印成书籍设置→页面设置

8) 限制编辑设置

为了保护文档不被修改,只能查阅,可以使用限制编辑功能。

以此文档为例,具体步骤如下:

步骤 1　依次单击"审阅"→"限制编辑"按钮。在右侧的"限制编辑"界面,可以对选定的样式限制格式,以防样式被修改,勾选"限制对选定的样式设置格式",单击"设置"按钮,在"限制格式设置"界面,如图 3-103 所示。

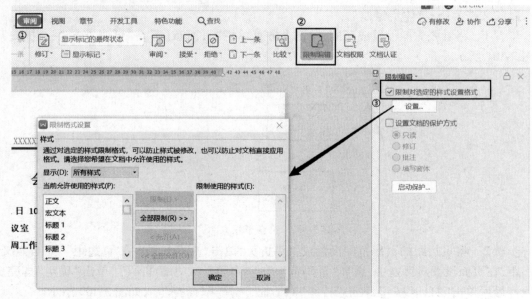

图 3-103　限制编辑设置

步骤2 选择设置要限制的样式及允许使用的样式,除此外也可以设置文档的保护方式,勾选"设置文档的保护方式"。以"只读"为例,设置为"只读",如图3-104所示。

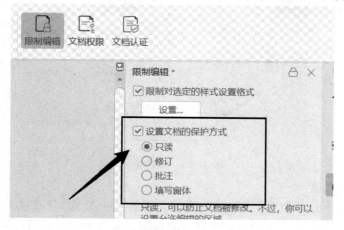

图3-104 设置文档的保护方式

启动保护并设置密码,当将文件发送给他人时,他人只能阅览文档内容,无法编辑文档,如图3-105所示。

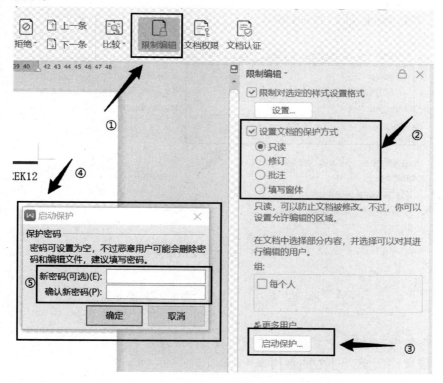

图3-105 设置文档密码

需要取消保护,单击右侧的"停止保护",如图3-106所示。输入之前设置的密码,单击"确定"即可取消保护。

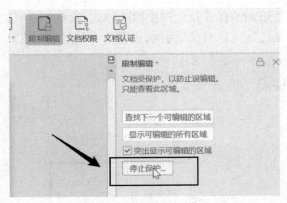

图 3-106　停止保护

9）给文字文档加密

在"文件"按钮下拉菜单单击"选项"，在密码保护这一栏的"打开权限"中输入密码即可完成设置，如图 3-107 所示。同理设置文件编辑权限。文档密码一旦设置妥善保管密码，如果遗忘，则无法恢复。

图 3-107　给文字文档加密

任务 3-2　论文基础设置

根据任务需求，完成论文页面基本排版。其具体要求如下：

①页面设置：页边距上下左右各用 2.4 cm。

②行距：全部采用 1.5 倍行距。

③字距：全部采用标准字距或者 WPS 默认设置。

④字体：除有规定的外，中文一律采用小四号宋体，英文、其他非中文符号及各类数字采用小四号 Times New Roman。

⑤页面大小：全部采用 A4 纸。

⑥根据素材制作封面页。

具体操作如下：

①页面设置。打开素材，找到"页面布局"选项卡，有 4 种方法可以设置页边距，如图 3-108 所示。

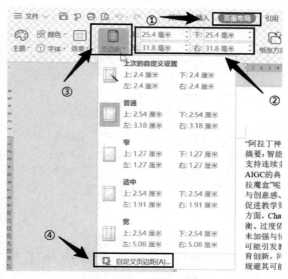

图 3-108　页面设置

②行距。用鼠标全选整个文本或者按下 Ctrl+A 快捷键完成全选操作，在"开始"选项卡"段落"中点击段落展开符号，打开"段落"对话框（也可以通过右键单击打开快捷菜单，选择"段落"按钮，打开"段落"对话框），设置行距为 1.5 倍行距，单击"确定"。

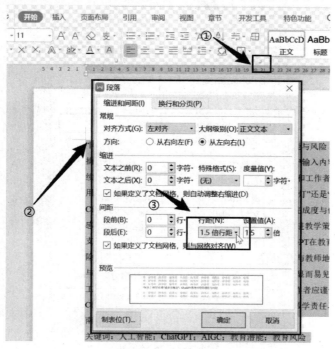

图 3-109　设置行距

③设置字距。全选整篇文章,"开始"选项卡选择"字体"组展开,打开"字体"对话框(也可以通过单击右键打开快捷菜单,选择"字体"按钮,打开"字体"对话框),选择"字符间距"选项卡,设置间距为标准字据,单击"确定",如图 3-110 所示。

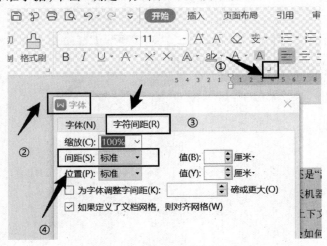

图 3-110　设置字距

④字体。全选整篇文章,"开始"选项卡选择"字体"组展开,打开"字体"对话框(也可以通过单击右键打开快捷菜单,选择"字体"按钮,打开"字体"对话框),选择"字体"选项卡,设置"字体"为宋体,字号小四,西文字体、复杂文种均设为 Times New Roman,字号为小四,单击"确定",如图 3-111 所示。

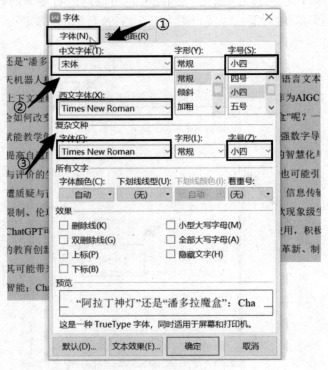

图 3-111　设置字体

⑤页面大小。选择"页面布局"选项卡,找到"纸张大小"选项,展开按钮快捷菜单,选择A4格式,如图3-112所示。

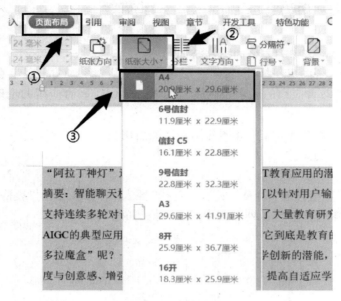

图3-112 设置页面大小

⑥封面。

步骤1 鼠标光标放置到第一页开始,选择"插入"选项卡,选择"空白页",插入一页空白页面,如图3-113所示。

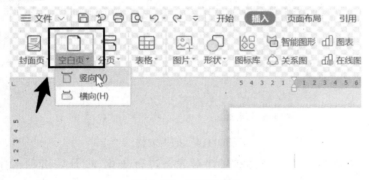

图3-113 设置封面

步骤2 将素材中封面模板复制到空白页中,输入自己的相关信息。

任务3-3 论文页面美化

根据任务需求,完成页面美化具体要求如下:

①在论文第二部分恰当的位置插入素材中的表1,并按照效果图,对表格进行美化:套用表格样式;字体设置:黑体、五号字体,居中。

②根据效果样张,在恰当的位置插入素材中的图片1、图片2、图片3,文字环绕方式设置

为上下型,图片大小设置为宽度 11 厘米,高度 9 厘米,居中。

③参照效果图,在恰当的位置插入智能图形。

④插入水印:本文中插入文字水印"Chat GPT 教育应用",字体设置:红色、倾斜,透明度为 50% 。

⑤插入题注:为论文中的表格和图片添加题注。

题注名称要求:"表 1 互联网内容生产形态的比较";"图 1 Chat GPT 在教育中的应用潜能""图 2 Chat GPT 教育应用的风险与挑战""图 3 Chat GPT 教育应用的伦理风险""图 4 伦理问题三方面情况"。

⑥交叉引用:为文中所有表格和图片添加交叉引用。

操作步骤如下所述。

1)插入表格

①利用"查找"功能搜索"如表 1 所示",选择"插入"选项卡,找到"表格"展开表格快捷菜单,在"插入表格"中选择 7 行 4 列在文中插入表格,如图 3-114 所示。

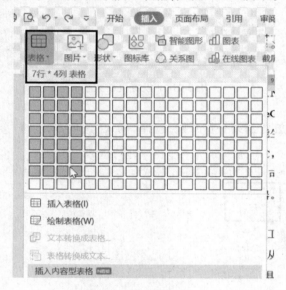

图 3-114　插入表格

②将素材中表格的内容填入表格中,并对表格进行美化,在开始选项卡中对文字进行设置,如图 3-115 所示。

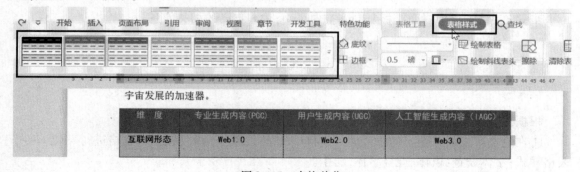

维　　度	专业生成内容(PGC)	用户生成内容(UGC)	人工智能生成内容（IAGC）
互联网形态	Web1.0	Web2.0	Web3.0

图 3-115　表格美化

128

2)插入图片

利用"查找"功能搜索"如图1所示",在查找到的位置处插入回车,找到"插入"选项卡,选择"图片"按钮,单击打开快捷菜单,选择"本地图片"打开"插入图片"对话框,找到素材文件夹选择"图片1",单击"确定",如图3-116、图3-117所示。

图 3-116　插入图片菜单选项

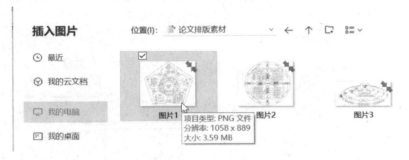

图 3-117　插入图片对象选择

选中图片,在右侧的悬浮按钮中找到"布局选项",打开"布局选项",选择"上下型环绕",如图3-118所示;选择"图片工具"选项卡,设置图片大小宽度为11厘米,高度为9厘米,如图3-119所示,并在"开始"选项卡中设置图片对齐方式为居中。图片2和图片3的插入方法与前文一致。

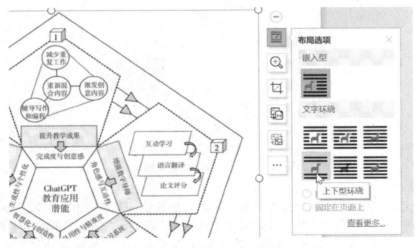

图 3-118　插入图片后效果

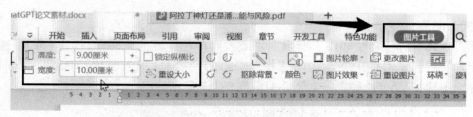

图 3-119　设置图片高度和宽度

3）插入智能图形

在"插入"选项卡中选择"智能图形"，找到"聚合射线"，单击"确定"插入智能图形，并按照效果图内容进行填充，如图 3-120、图 3-121 所示。

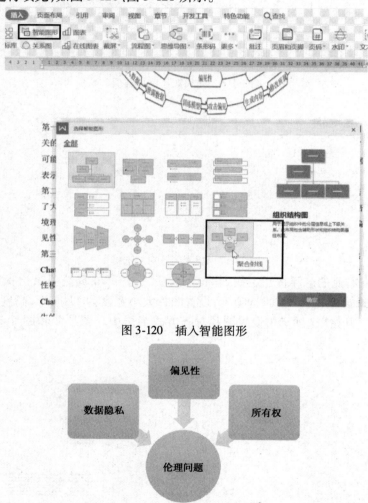

图 3-120　插入智能图形

图 3-121　智能图像效果图

4）插入水印

步骤 1　选中"插入"选项卡，找到"水印"按钮，展开快捷菜单，如图 3-122 所示。

步骤 2　打开"水印"对话框，勾选"文字水印"，在"内容"中输入"Chat GPT 教育应用"，"颜色"设置为红色，"版式"选中"倾斜"，透明度选中 50%，单击"确定"，水印插入完毕，如图 3-123 所示。

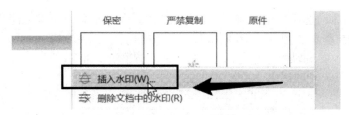

图 3-122　插入水印按钮

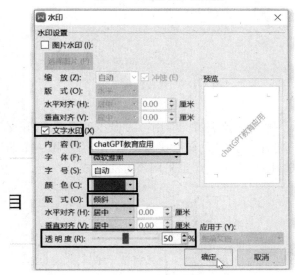

图 3-123　水印参数设置

5）插入题注

　　步骤 1　选中表格,选中"引用"选项卡,打开"题注"对话框,进行数据设置,完成设置后单击"确定",如图 3-124 所示。

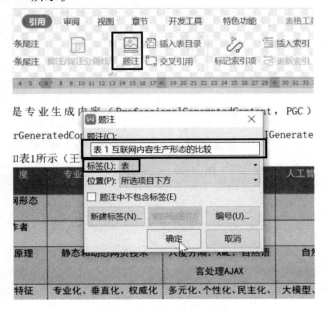

图 3-124　插入题注对话框

步骤2 选中图1,选中"引用"选项卡,打开"题注"对话框,进行数据设置,完成设置单击"确定",如图3-125所示。图片2、图片3、图片4按照上述方法设置。

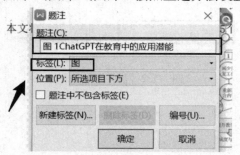

图3-125 修改题注参数

6)交叉引用

选中文中"如表所示"中"表"字,选中"引用"→"交叉引用",打开交叉引用对话框。"引用类型"选择"表","引用内容"选择"只有标签和编号","引用哪一个题注"选择要标注的标签名称,单击"插入"。其余图片交叉引用也采用该方法完成。

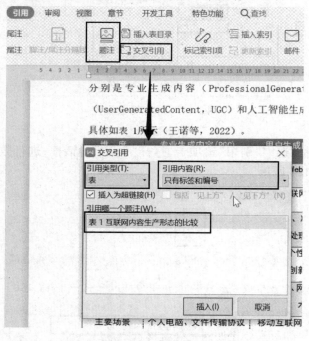

图3-126 交叉引用

任务3-4 论文整体排版设置

根据任务需求,完成论文排版。具体要求如下所述。

①针对导入的文本进行多级列表设置,其中,标题1为黑体、三号;标题2为黑体、四号;标题3为黑体、小四。

②中文摘要和中文关键词。抬头用5号黑体加粗,内容用5号宋体、两端对齐方式排列,行间距固定值26磅。

③页码设置。页码应由引言首页开始,作为第1页;摘要、目录等前置部分单独编排页码;采用页脚方式设定,采用小4号宋体、用"第×页"和随后的括号内注明"共×页"的格式,如"第1页(共10页)",处于页面下方、居中、距下边界1.5厘米的位置。

④插入页眉。封面无页眉,摘要页页眉为"摘要",目录页页眉为"目录",正文中奇页显示章节标题,偶页显示论文标题。

⑤制作目录。通过自动生成,制作出目录。

操作步骤

1)设置多级列表

①在每一部分的开始插入分节符,如图3-127所示。

图3-127 设置分节

②进行多级列表设置。

步骤1 选择"开始"→"编号"→"自定义编号"选项。

图3-128 自定义多级列表选择

步骤2 打开"项目符号和编号"对话框,选择要链接至标题样式的"多级编号样式",单击"自定义"按钮,如图3-129所示。

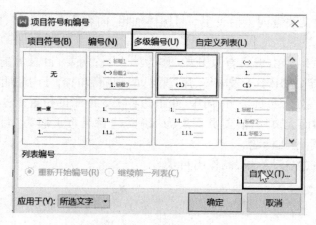

图 3-129　自定义多级列表

步骤3　打开"自定义多级编号列表"对话框,在"级别"区域选择"1",单击"高级"按钮,如图 3-130 所示。

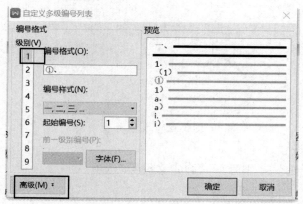

图 3-130　设置列表级号

步骤4　展开更多选项后,在"将级别链接到样式"下拉列表中选择"标题1"选项,如图 3-131 所示。

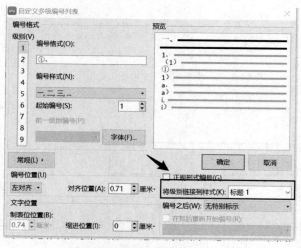

图 3-131　级别链接到样式设置

步骤 5　在"级别"区域选择"2"，在"将级别链接到样式"下拉列表中选择"标题 2"选项，单击"确定"按钮。

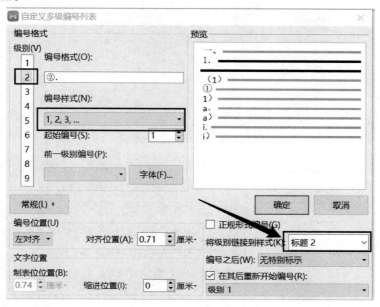

图 3-132　第二级列表链接到样式

步骤 6　这样即可为所有标题添加多级编号，删除手动添加的编号后，效果如图 3-133 所示。

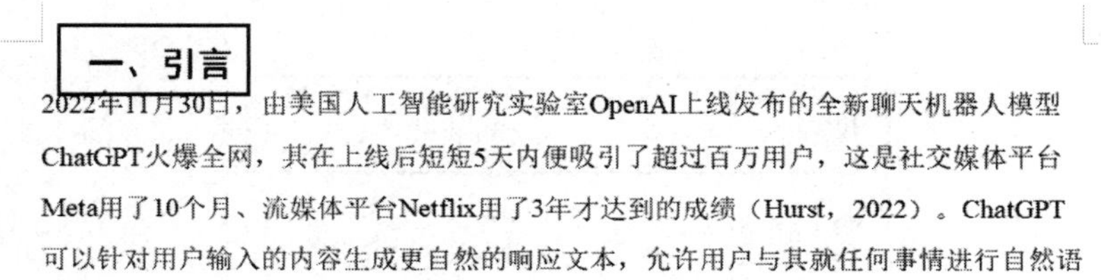

一、引言

2022年11月30日，由美国人工智能研究实验室OpenAI上线发布的全新聊天机器人模型ChatGPT火爆全网，其在上线后短短5天内便吸引了超过百万用户，这是社交媒体平台Meta用了10个月、流媒体平台Netflix用了3年才达到的成绩（Hurst，2022）。ChatGPT可以针对用户输入的内容生成更自然的响应文本，允许用户与其就任何事情进行自然语

图 3-133　多级列表效果

③修改标题样式。

步骤 1　选择"开始"选项卡，找到标题样式中"标题 1"右键单击，选择"修改样式"对话框，如图 3-134 所示。

图 3-134　样式选择

步骤 2　打开"修改样式"对话框，选择"格式"选择"文字"。

步骤 3　打开"字体"对话框，按照要求设置标题字体格式，如图 3-136 所示。

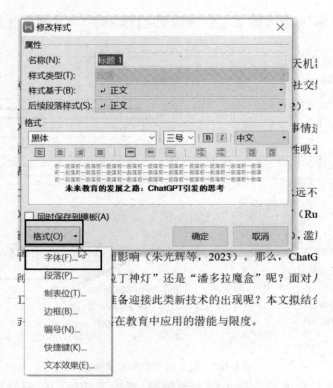

图 3-135 "修改样式"→"格式"

图 3-136 "修改样式"→"字体"

2）中文摘要和中文关键词设置

抬头用小四号黑体加粗，内容用小四号宋体、两端对齐方式排列，行间距固定值 26 磅。具体步骤如下：

步骤 1　选中"摘要"，打开"字体"对话框，字体设置为黑体、小四、加粗、居中。

步骤 2　选中摘要内容，打开"字体"对话框，字体设置为宋体、小四。打开"段落"对话框，如图 3-137 所示修改相关内容。

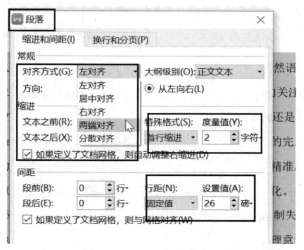

图 3-137　摘要和关键字设置

步骤 3　参照修改摘要的方式修改关键词。

3）页码设置

步骤 1　选中"插入"，选中"页眉和页脚"，在出现的页眉页脚选项卡中选择"页码"按钮，打开快捷菜单，选中页脚中间插入页码，如图 3-138 所示。

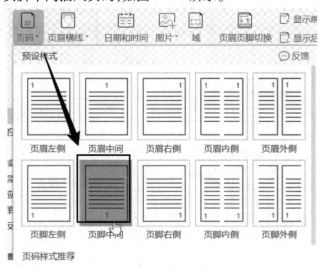

图 3-138　页码类型选择

步骤 2　在页脚处选中"页码设置"，打开对话框，根据如图 3-139 所示进行设置，设置完成后单击"确定"。

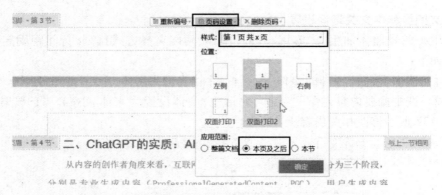

图 3-139　页码参数设置

步骤 3　选中页码，在功能区设置页眉顶端距离和页脚底端距离，如图 3-140 所示，设置完成后关闭"页眉和页脚"选项卡。

图 3-140　页码距离设置

4）插入页眉

步骤 1　在"摘要"页后插入"空白页"。

步骤 2　选中"前言"页面，在"插入"选项卡中选中"页眉和页脚"，在"页眉和页脚"选项卡中选中"页眉页脚选项"，在"页眉/页脚设置"对话框中按图 3-141 所示进行设置，并单击"确定"完成设置。

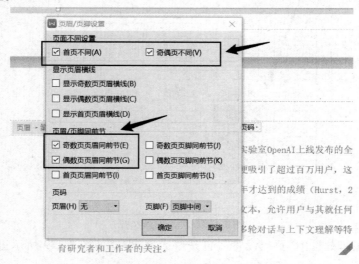

图 3-141　首页不同、奇偶页不同设置

步骤3　选中摘要页页眉,输入"摘要";选中空白页页眉,输入"目录";选中正文第一页页眉,在"页眉和页脚"选项卡功能区,取消"同前节"选项,如图 3-142 所示。在页眉中输入"引言",后续奇页页眉按照上述操作分别输入每一章章节名。选中偶页页眉,在"页眉和页脚"选项卡功能区,取消"同前节"选项,在页眉中输入论文标题,后续偶数页页眉同前页设置。

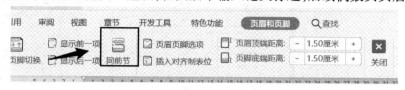

图 3-142　同前节设置

5)制作目录

选中空白页,选择"引用"选项卡,选择"目录"按钮,展开"智能目录",选择恰当类型插入,如图 3-143 所示。自动插入目录之后,调整文字格式,参照效果图。

图 3-143　生成目录

【巩固与提高】

利用 WPS 文字编排产品使用说明书,排版样本如图 3-144 所示。

编排要求:

①纸张大小:A4。

②页边距:左、右页边距均为 3 厘米,上、下页边距均为 2.5 厘米。

③封面设计。

主标题:宋体、初号,加粗,居中对齐,段前、段后间隔 0.5 行。

副标题:宋体、二号,加粗,居中对齐,段前、段后间隔 2 行。

④正文。

各标题:黑体、三号,居中对齐。

正文:首行缩进 2 个字符,1.5 倍行间距,字体为宋体、五号。

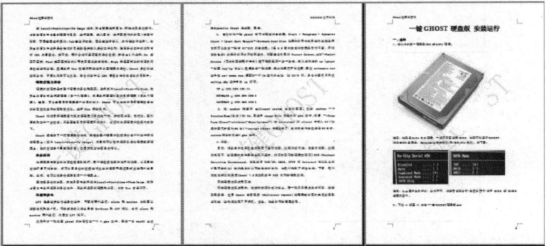

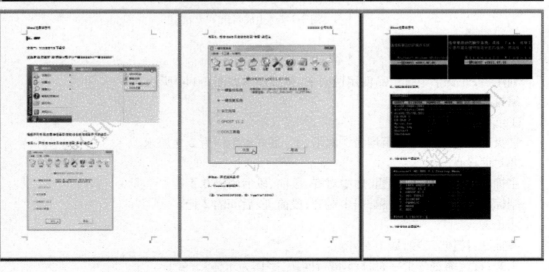

图 3-144　排版样本

插图 3-：环绕方式为嵌入型，居中对齐。图 3-序为连续编排，图 3-序和图 3-题置于图 3-下方中间位置。

表格：居中对齐，图 3-序为连续编排，表序和标题置于表格上方居中对齐。

⑤页眉和页脚设置。

页眉设置为"奇偶页不同""首页不同"。

页眉边距：1.5 厘米；页脚边距：1.75 厘米。

奇数页页眉："Ghost 使用说明书"，宋体、小五号，左对齐。

偶数页页眉："××××公司制作"，宋体、小五号、右对齐。

页脚：插入页码，起始页从 1 开始，宋体、小五号，右对齐。

⑥插入自动目录。

目录级别：二级目录，要求层次清晰。

目录设置："目录"二字设置为黑体、小二号，居中对齐。章节目录为宋体、四号，行距 1.5 倍。

⑦插入水印。

水印文字"一键 GHOST"为宋体，尺寸为自动，颜色为灰度-25 %、半透明，版式为斜式。

【知识拓展】

1）利用 WPS 文字中的公式编辑器制作数学试卷

步骤 1　单击进入"插入"选项卡，在"符号"选项组中选择"公式"按钮，如图 3-145 所示；

图 3-145　插入公式按钮

步骤 2　在弹出的"公式编辑器"对话框中输入你需要的公式符号，如图 3-146 所示；

图 3-146　插入公式对话框

步骤3　完成输入，单击"文件"中的"退出并返回到文档"按钮创建的公式就已嵌入WPS文档中。

提示：如果需要重新编辑公式，双击公式，弹出"公式编辑器"的编辑窗口，即可进行修改。

2）将文字转换为表格

①选择文字部分，依次点击"插入"→"表格"→"文本转换成表格"，如图3-147和图3-148所示。

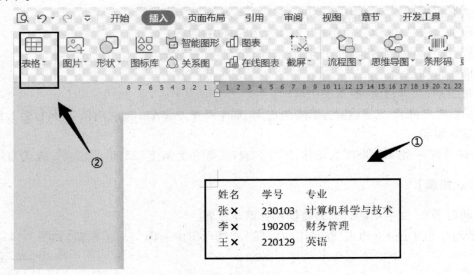

图3-147　"表格"按钮

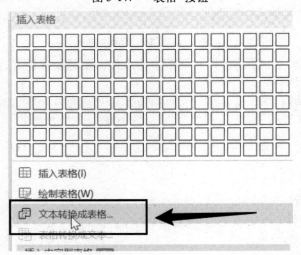

图3-148　"文本转换表格"按钮位置

②在弹出的对话框中自行选择表格尺寸和文字分隔位置即可，如图3-149所示。文本转换为表格效果，如图3-150所示。

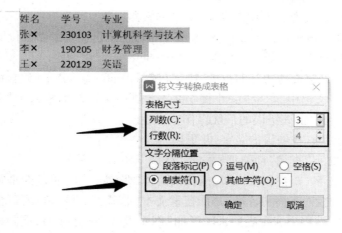

图 3-149　将文字转换成表格对话框设置参数

姓名	学号	专业
张×	230103	计算机科学与技术
李×	190205	财务管理
王×	220129	英语

图 3-150　文本转换为表格效果

习　题

一、单项选择题

1. 在 WPS 文字的编辑状态，按顺序先后打开了 d1.doc、d2.doc、d3.doc、d4.doc 四个文档，当前的活动窗口是(　　)。

A. d1.doc 的窗口　　　B. d2.doc 的窗口　　　C. d3.doc 的窗口　　　D. d4.doc 的窗口

2. 要修改字体和字体颜色需要用到(　　)选项卡。

A. 开始　　　　　　　B. 插入　　　　　　　C. 视图　　　　　　　D. 特色功能

3. 在 WPS 文字的编辑状态下，当前编辑文档中的字体全是宋体，选择了一段文字使之成为反显状，先设定了楷体，又设定了仿宋体，则(　　)。

A. 文档全文是楷体　　　　　　　　　B. 被选择的内容仍为宋体

C. 被选择的内容变为仿宋体　　　　　D. 文档全部文字的字体不变

4. 下列文件扩展名，不属于 WPS 文字模板文件的是(　　)。

A..docx　　　　　　　B..dotm　　　　　　　C..dotx　　　　　　　D..dot

5. 在 WPS 文字中，双击"文件"选项卡上的"格式刷"按钮，就可以在多处反复使用。要停止使用格式刷，可按(　　)键来取消。

A. Shift　　　　　　　B. Alt　　　　　　　　C. Ctrl　　　　　　　D. Esc

6. 在 WPS 文字文档中，选择从某一段落开始位置到文档末尾的全部内容，最优的操作方法是(　　)。

A. 将指针移动到该段落的开始位置,按 Ctrl+A 组合键

B. 将指针移动到该段落的开始位置,按住 Shift 键,单击文档的结束位置

C. 将指针移动到该段落的开始位置,按 Ctrl+Shift+End 组合键

D. 将指针移动到该段落的开始位置,按 Alt+Ctrl+Shift+PageDown 组合键

7. 在 WPS 文字文档中,学生"张小民"的名字被多次错误地输入为"张晓明""张晓敏""张晓民""张晓名",纠正该错误的最优操作方法是( )。

A. 从前往后逐个查找错误的名字,并更正

B. 利用 WPS 文字"查找"功能搜索文本"张晓",并逐一更正

C. 利用 WPS 文字"查找和替换"功能搜索文本"张晓 * ",并将其全部替换为"张小民"

D. 利用 WPS 文字"查找和替换"功能搜索文本"张晓?",并将其全部替换为"张小民"

8. 在 WPS 文字文档中为图表插入图形如"图 1、图 2"的题注时,删除标签与编号之间自动出现的空格的最优操作方法是( )。

A. 在新建题注标签时,直接将其后面的空格删除即可

B. 选择整个文档,利用查找和替换功能逐个将题注中的西文空格替换为空

C. 一个一个手动删除该空格

D. 选择所有题注,利用查找和替换功能将西文空格全部替换为空

9. 姚老师正在将一篇来自互联网的以.html 格式保存的文档内容插入 WPS 文字中,最优的操作方法是( )。

A. 通过"复制"→"粘贴"功能,将其复制到 WPS 文字文档中

B. 通过"插入"→"文件"功能,将其插入 WPS 文字文档中

C. 通过"文件"→"打开"命令,直接打开 html1 格式的文档

D. 通过"插入"→"对象"→"文件中的文字"功能,将其插入 WPS 文字文档中

10. 某 WPS 文字文档中有一个 5 行×4 列的表格,如果要将另外一个文本文件中的 5 行文字复制到该表格中,并且使其正好成为该表格一列的内容,最优的操作方法是( )。

A. 在文本文件中选中这 5 行文字,复制到剪贴板;然后回到 WPS 文字文档中,将光标置于指定列的第一个单元格,将剪贴板内容粘贴过来

B. 将文本文件中的 5 行文字,一行一行地复制、粘贴到 WPS 文字文档表格对应列的 5 个单元格中

C. 在文本文件中选中这 5 行文字,复制到剪贴板,然后回到 WPS 文字文档中,选中对应列的 5 个单元格,将剪贴板内容粘贴过来

D. 在文本文件中选中这 5 行文字,复制到剪贴板,然后回到 WPS 文字文档中,选中该表格,将剪贴板内容粘贴过来

二、操作题

1. 新建一个 WPS 文字文档,录入以下文字

大数据

大数据(Big Data),指无法在一定时间范围内用常规软件工具进行捕捉、管理和处理的数据集合,是需要新处理模式才能具有更强的决策力、洞察发现力和流程优化能力的海量、高增长率和多样化的信息资产。

在维克托·迈尔-舍恩伯格及肯尼斯·库克耶编写的《大数据时代》中大数据是指不用随机分析法(抽样调查)这样的捷径,而采用所有数据进行分析处理的方式。大数据的5V特点(IBM提出)是:Volume(大量)、Velocity(高速)、Variety(多样)、Value(低价值密度)、Veracity(真实性)。

完成以上文字录入后,再按如下要求进行操作:

①将标题设置为微软雅黑、二号字,居中。

②将正文字体设置为隶书、四号。

③将正文段落文字设置为首行缩进2个字符。

④为最后一段文字添加下画线,下画线的线型为双波浪线。

⑤设置页面边框,选择边框样式为艺术型的第一种(苹果样式)。

⑥将纸张大小设置为A4,设置上、下、左、右页边距分别为2厘米。

⑦把该文档保存到计算机桌面上,文件名为Word练习题1.docx,即可关闭该文档。

2.新建一个WPS文字文档,录入以下文字

物联网

物联网即通过射频识别(RFID)、红外感应器、全球定位系统、激光扫描器、气体感应器等信息传感设备,按约定的协议,把任何物品与互联网连接起来,进行信息交换和通信,以实现智能化识别、定位、跟踪、监控和管理的一种网络。简而言之,物联网就是"物物相连的互联网"。

物联网将是下一个推动世界高速发展的"重要生产力",是继通信网之后的另一个万亿级市场。

我国物联网发展的十年目标是把我国初步建成物联网技术创新国家。

完成以上文字录入后,再按如下要求进行操作:

①页面设置,设置纸张为B5,左、右页边距均为1.5厘米,上、下页边距均为2厘米。

②设置标题,套用"渐变填充-蓝色,强调文字颜色"文本效果,字体大小为20磅,居中对齐,段后间隔1行。

③将前面录入的正文内容复制1份,每段首行缩进2个字符,行间距为固定值15磅;正文内容第二自然段设置为华文行楷、四号,第三自然段设置为宋体、小四号,缩放120%,字间距加宽至1.5磅;第四自然段分为两栏,栏间距为1.5磅,加分隔线。

④将正文中所有的"物联网"格式替换为蓝色、加粗、突出显示。

⑤在正文中插入任意一副剪贴画图3-片样式。图3-片位置:中间居中,四周型文字环绕;图3-片大小:缩放60%。

⑥把该文档保存到计算机桌面上,文件名为Word练习题2.docx,即可关闭该文档。

项目 **4** 学生信息管理系统

项目分析

小张同学进入一所学校实习,需要处理大量的学生数据信息,为了提高工作效率,小张同学决定借助计算机来实现学生数据管理,利用 WPS 表格制作一个学生信息管理系统,以实现对学生成绩的管理和分析,利用学生学号查询出学生的姓名、性别、出生日期、身份证号码、家庭住址、联系电话等相关信息,如图 4-1 所示。

图 4-1　学生信息管理系统

按以上要求,小张同学必须掌握如下技能:
- 会进行 WPS 表格数据录入、单元格格式和页面设置等。
- 会使用公式、函数对 WPS 表格中数据进行处理。
- 能用 WPS 表格相关功能进行数据排序、筛选、图表分析等。

任务4-1　WPS 表格知识准备

WPS 表格是一款功能强大且易于使用的电子表格软件,主要功能包含数据输入、处理、分析和可视化等,广泛应用于财务管理、预算编制、统计分析、商业决策等领域。

1.表格初认识

1)新建 WPS 表格

步骤1　单击"开始"→"WPS Office"命令,如图4-2所示。

图4-2　启动 WPS

步骤2　依次单击"新建"→"新建表格"→"空白文档",如图4-3所示。

图4-3　新建 WPS 表格

2）WPS 表格工作界面

图 4-4 为 WPS 表格窗口界面，可以看出 WPS 表格工作窗口主要由标题栏、选项卡与功能区、工作表区、名称框、编辑栏、工作表标签、视图按钮栏等部分组成。

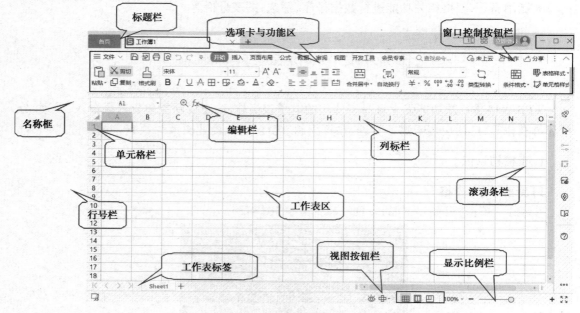

图 4-4　WPS 表格窗口界面

（1）工作表区

WPS 表格窗口中的空白区域为工作表区，由若干个小矩形组成。这些小矩形就是通常所说的单元格，是 WPS 表格的基本构成单位。每一个单元格都有一个名称，由"列号+行号"组成。其中，列号用字母表示，行号用数字表示。如 A1 就表示第 1 列第 1 行的单元格，C9 就表示第 3 列第 9 行的单元格。

横列的这一栏称为行，标注着 1、2、3、4…。竖列的这一栏称为列，标注着 A、B、C、D…。中间的这一个个格子，称为单元格。

表示某个单元格位置时，使用"列标+行号"的形式。第一行第一列称为 A1，第二行第二列称为 B2。

在左上方的名称框中也能看到选中的单元格位置，在此输入列标+行号，还能快速定位到指定单元格。如输入"D8"，单击回车，就可快速跳转到该单元格。

（2）编辑栏

编辑栏位于名称框的右侧，用来编辑和显示活动单元格的内容。单击某个单元格，单元格中的内容就会显示在编辑栏中，修改编辑栏中的数据，活动单元格中的内容就会随之变化。

单击编辑栏后，名称框和编辑栏的中间就会出现 3 个按钮"✕ ✓ ƒ𝑥"，左边为"取消"按钮，其作用是恢复到单元格输入之前的状态；中间为"输入"按钮，其作用是确定编辑栏中的内容为当前单元格的内容；右边为"插入函数"按钮，其作用是在单元格中插入函数或输入公式。

（3）工作表标签

工作表标签位于工作表区的下方，用于标示当前工作表位置和工作表名称。新建 WPS 表格时，系统会自动创建一个工作表，表名默认为"Sheet 1"，如果增加新的工作表，标签会按 Sheet 2、Sheet 3…顺序命名。单击工作表标签名，可以打开相应的工作表。当工作表数量很多时，可以使用其左侧的标签滚动 ⊮ ⟨ ⟩ ⟫ 按钮来查看。一个工作簿中最多可建 255 个工作表。

（4）视图按钮栏

单击" ▦ "工作表将切换为普通视图，是最常使用的视图方式；单击" ⊔ "工作表将切换为分页预览，可以看到打印时页面的分割；单击" ⊓ "将打开工作表页面设置，可对工作表页眉、页脚等进行设置。

调整缩放比例" 100% ─ ───○─── ＋ "可以快捷调整视图显示放大和缩小。

3）工作表与工作簿

工作簿相当于一个小册子，工作表相当于这个小册子中的某一页。每张工作表都有对应的标签，如"Sheet1"，点击现有工作表后"+"可新建一个工作表，若干个工作表共同组成一个工作簿。

按住工作表标签可拖动工作表排列顺序，双击可更改工作表名称。单击右键出现详细菜单按钮，删除、隐藏工作表等都可以在此操作，如图 4-5 所示。

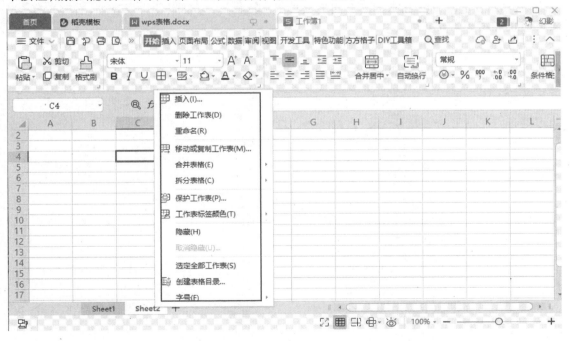

图 4-5　工作表基本操作

2. WPS 表格编辑基础

1）单元格数据输入

使用鼠标左键单击某个单元格即可将该单元格设置为活动单元格并可进行数据输入，再单击 Enter 键（又称 Return/回车键）将换到下方单元格；单击 Tab 键将换到右侧单元格，也可以单击键盘的上下左右键，快速切换单元格。

连续的单元格中填充具有同一规则的数据可以使用填充柄，在选中一个单元格后，将鼠标放置在单元格右下角，会出现"+"字形的填充柄，下拉即可填充数据，如图 4-6 所示。

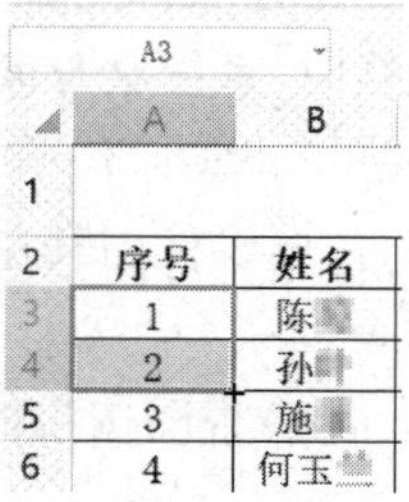

图 4-6　填充柄应用

【知识小贴士】

填充柄的填充方式有顺序式填充、复制式填充、规律填充及自定义填充。除填充柄外，还可以使用"数据"选项卡下的"填充"功能按钮快速实现数据录入。

2）行、列操作

（1）插入行、列

要在 C 列和 D 列之间插入列，需选中 D 列标位置，单击鼠标右键，在弹出的菜单中选择"插入"，在"列数"中输入任意数字就可快速在当前列的前面插入相应数量的列；插入行的方法与插入列方法相同。

（2）行、列隐藏及取消隐藏

可以选中需要隐藏的行或者列，右键选择"隐藏"即可。想要取消隐藏行或者列，需要选中隐藏行或者列左右两侧的行和列，再右键"取消隐藏"。想要删除行或者列，右键选择"删除"即可，如图 4-7 所示。

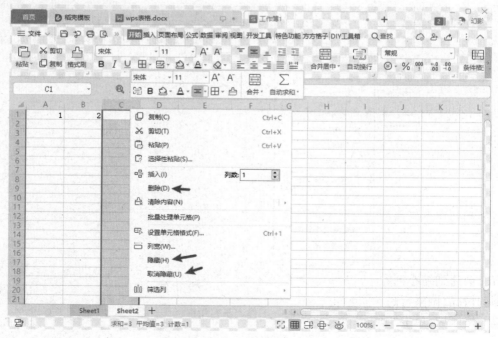

图 4-7　列的基本设置

（3）调整行高列宽

调整行高列宽的最基础办法是将鼠标定位到行号/列标分割线,拖动调整行高/列宽,但这种方式调整,表格很难做到行高列宽完全统一,而且比较麻烦。快速将表格调整到相同的行高和列宽有两种方法,具体如下所述。

方法一:单击单元格左上三角形标志全选表格区域。此时任意拖动一个行高和列宽,整个表格的行高和列宽都会进行同样的调整,如图 4-8 所示。

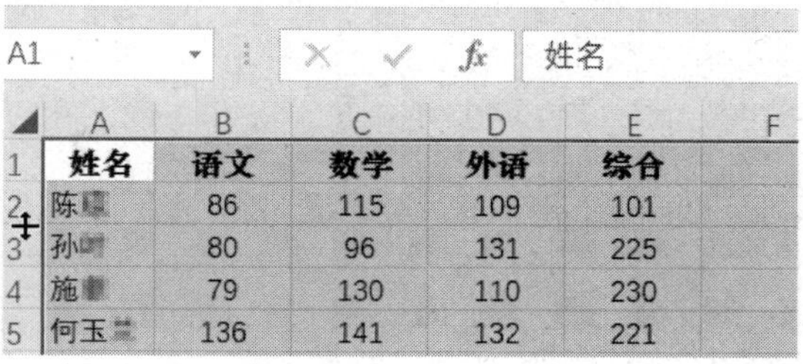

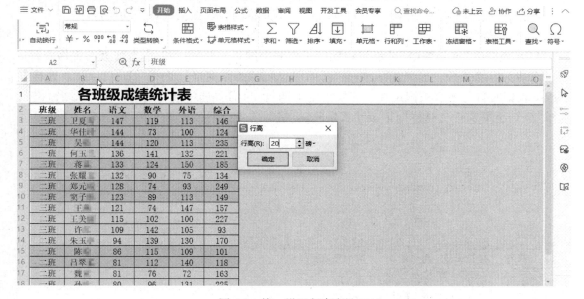

图 4-8　统一行高设置方法一

方法二:调整好一个合适单元格的行高列宽后,在"开始选项"卡中单击"行和列"→"行高"查看该行行高数据。框选要调整的表格区域,在"开始"→"行和列"→"行高",输入一个该行高数值进行调整即可,如图 4-9 所示。列宽的调整方式相同。

图 4-9　统一设置行高方法二

行高和列宽页可通过双击行列交叉处"＋"进行调节,可为单元格内容显示最合适的行高列宽,既可以展开单元格,也可以缩小单元格。

（4）自动换行设置

有时会遇到缩小列宽单元格内容显示不完全,但展开单元格列宽后,会出现超出打印排版范围的情况,调整行高、列宽配合"自动换行"可解决此类问题。具体操作如图 4-10 所示,选中单元格区域,单击"开始"→"自动换行",表格中的内容就会配合列宽自动换行了。

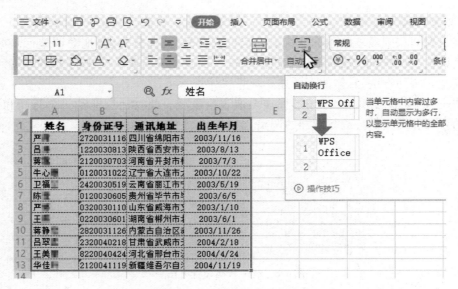

图 4-10　自动换行设置

当某单元格要输入内容较多时,要实现单元格内换行,有两种方法。

方法一:使用快捷键 Alt+Enter(又称 Return/回车键)单元格内就可以换行输入了。

方法二:点击菜单栏"开始"→"自动换行",单元格内容会根据列宽自动换行。

(5)冻结窗格

WPS 表格的"冻结窗格"功能可以锁定工作表中的某一部分行和列,方便查阅表格内容。

冻结首行或多行。选中首行,单击"开始"选项卡"冻结窗格",选择"冻结首行"。这样向下滚动表格时首行就会被固定住了。要固定前四行,只需要选中前 4 行。单击"冻结窗格",选择"冻结至第 4 行",这样向下滚动表格时,表格的前 4 行就会被固定住,如图 4-11 所示。

图 4-11　冻结至第 4 行

冻结首列或多列。要固定工作表首列,只需要选中首列,单击"开始"选项卡"冻结窗格",选择"冻结首列",这样向右滚动表格时首列就会被固定住了。要固定前 4 列,只需要选中前 4 列。单击"冻结窗格",选择"冻结至第 D 列",这样向右滚动表格时前 4 列就会被固定住了。

冻结多行和多列。想冻结表格的前 4 行和前 3 列,把鼠标放到第 4 行和第 3 列的交叉处,即 D5 单元格,点击"开始"选项卡下"冻结窗格",选择"冻结至 4 行 C 列",这样表格的前 4 行和前 3 列就会被固定住了。

取消冻结。要取消被冻结、被固定的表格,只需要单击"开始"→"冻结窗格",选择"取消冻结窗格",就可以取消被冻结的表格。

3．单元格格式设置

在 WPS 表格中可以设置多种格式类型。选中要进行格式设置的单元格,单击鼠标右键即可弹出"设置单元格"(或按 Ctrl+1 组合键),在菜单栏也可快捷调整单元格格式。

①数值格式用于一般的"数字"显示的同时可以调整数字小数位数的显示。

②货币格式、会计专用格式可以对数值添加货币符号。

③日期、时间格式用于将日期和时间系列数字显示为日期、时间类型。在表格内输入日期时,年月日用分隔符英文横杠"-"或者斜杠"/",表格就可以自动识别日期,如图 4-12 所示。

图 4-12　日期格式

④百分比格式可以将数值转换成百分比。

⑤分数格式可以将数值转化为分数。

⑥科学计数会显示为带小数的个位数,即 E+10 的几次方。

⑦文本型格式会将数字作为字符串处理。在单元格里的内容是"2019-10-17",表格会自动将其识别为日期类型。如果是将"2019-10-17"输入文本格式的单元格,该日期将其作为字符串来处理,当进行日期计算时会无法运算。

⑧特殊格式可以将数字转换成中文、人民币大写等。

4. 工作表布局基础

在表格中进行数据录入后,为便于查看和打印,通常还需要进行一些基本的内容布局。

1) 添加序号

在表格输入数据后,通常会在首列添加序号,让表格内容更方便查看。如图 4-13 所示,可以在首列添加一列"序号"。

序号	姓名	语文	数学	外语	综合	总分
1	陈■	86	115	109	101	411
2	孙■	80	96	131	225	532
3	施■	79	130	110	230	549
4	何玉■	136	141	132	221	630

图 4-13　添加序号列

2) 添加边框

选中表格区域,使用快捷键"Ctrl+1",在弹出的菜单中单击"设置单元格格式",在"边框"中可调整内外边框线条、颜色。如图 4-14 所示,添加一个比内边框稍粗一些的外边框。

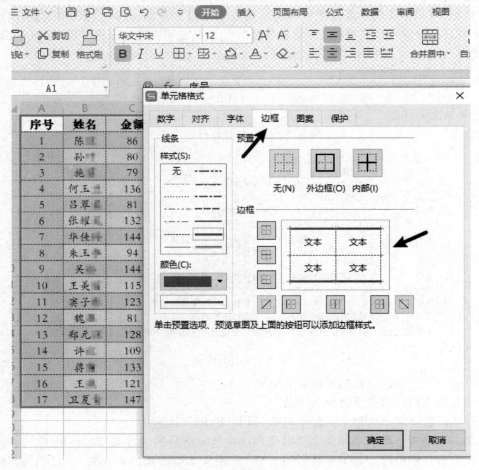

图 4-14　添加内外边框

3）添加标题

表格的大标题一般添加在小标题上方，在小标题上方插入一行。选择标题区域的单元格，单击菜单栏"开始"→"合并居中"，输入大标题"班级成绩统计表"，如图4-15所示。

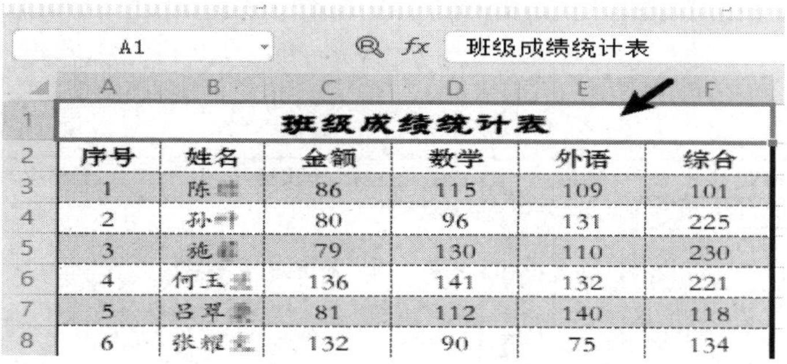

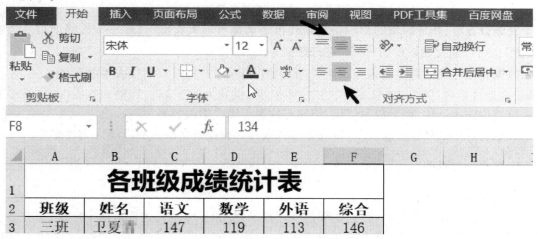

图4-15　输入表格标题

4）设置对齐

对齐方式分为"居左""居右""居中""两端对齐"。标题已经设置了居中，对于表格正文内容也可设置"居中"，选中数据区域，在"开始"选项卡中选择"垂直居中""水平居中"，如图4-16所示。

图4-16　设置正文内容居中

5）调整字体

在菜单栏"开始"选项卡中，可调整表格内的字体。较常用的是"微软雅黑"，正文字号常使用12或14号字体，标题字号常使用20或24号字体，通常用"加粗"进行强调，具体情况可根据表格需求调整，列宽不够显示数据时，会显示"#"字，此时调整列宽即可。

5．数据有效性设置

通过"数据有效性"设置可以提高输入数据的速度和准确性，如要在这一列中输入性别的数据，需按住Shift键，单击要输入数据的单元格区域中第一个单元格和最后一个单元格，可快速选中单元格区域。单击菜单栏"数据"→"有效性"，在设置中填写"有效性条件"，选择"序列"。在"来源"中输入"男,女"，注意此处要用英文逗号，如图4-17所示，单击"确定"。

图 4-17　数据有效性序列设置

完成设置后,相应区域的单元格不需要再手动进行输入数据,直接下拉选择即可。数据"来源"也可以通过拾取按钮" "进行数据导入。

数据有效性还可避免输入错误数据,如手机号码的长度为 11 位,选中单元格区域,设置数据"有效性条件"为"文本长度"。将"文本长度"设置为等于 11。当输入数据时,如果多输入一位或少输入一位,都会提示错误,能够有效避免输入错误数据。

数据有效性的功能很强大,可以设置多种条件以确保数据录入的准确性和规范性。

6. 数据处理基础

1) 通配符的使用

通配符即通用的匹配字符,它能够代替任意字符。问号(?)代表任意单个字符,即有多少个"?"就匹配多少个字符。若想查看名字长度是两个字的王姓学生,使用查找快捷键"Ctrl+F",此时弹出查找对话框,在查找内容中输入"王?"。单击"选项",勾选"单元格匹配",即可查找到王燕,如图 4-18 所示。

星号(*)代表任意多个字符,包括 0 个字符,若想查看所有王姓的学生。使用查找快捷键"Ctrl+F",此时弹出查找对话框,在查找内容中输入"王*",单击"选项",勾选"单元格匹配",结果可以看到王燕、王美丽。

2) 数据排序

数据排序即将数据按照某种规律进行排列。以班级期末成绩表为例,想要将学生信息按照"语文"成绩由高到低进行排序,首先框选需要排序的数据,单击"开始"→"排序"下拉菜单选择"降序",在排序编辑框中可选择"扩展选定区域"或"以当前选定区域"("以当前选定区域排序"只对当前列的数据排序,其他列保持现有状态不变;"扩展选定区域"即整行数据都会随当前排序位置一起变化),此处选择"扩展选定区域",如图 4-19 所示。

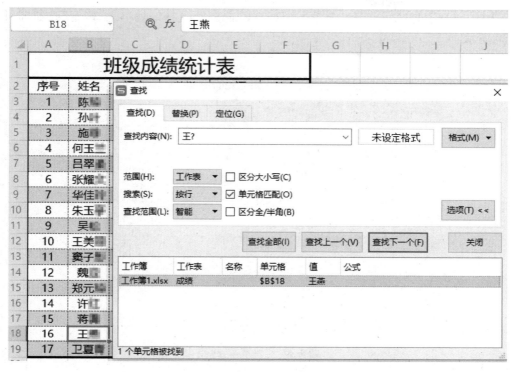

图 4-18 通配符"?"的使用

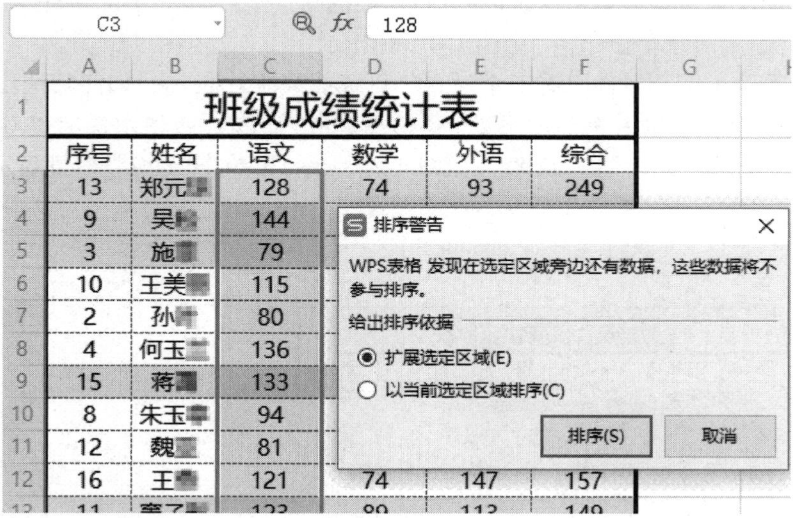

图 4-19 数值排序

如需要按照学生名单姓氏首字母 A 到 Z 排序该表格,只需要选中姓名所在区域,单击"开始"→"排序",在下拉菜单中选择"升序"或"降序"即可。

如果排序的条件在 2 个或者 2 个以上时则需要使用自定义排序功能。如要将"班级成绩表"中将学生姓名按照升序排列,在此基础上将语文成绩按降序排列。单击"开始"→"排序"在下拉菜单中选择"自定义排序",在弹出的自定义排序编辑框中,"主要关键字"选择"姓名",排序依据选择"数值",次序选择"升序",再单击菜单左上角"添加条件"按钮,在"次要关键字"选择"语文"排序依据选择"数值"次序选择"降序",选择好后单击"确定"按钮即可,如图 4-20 所示。

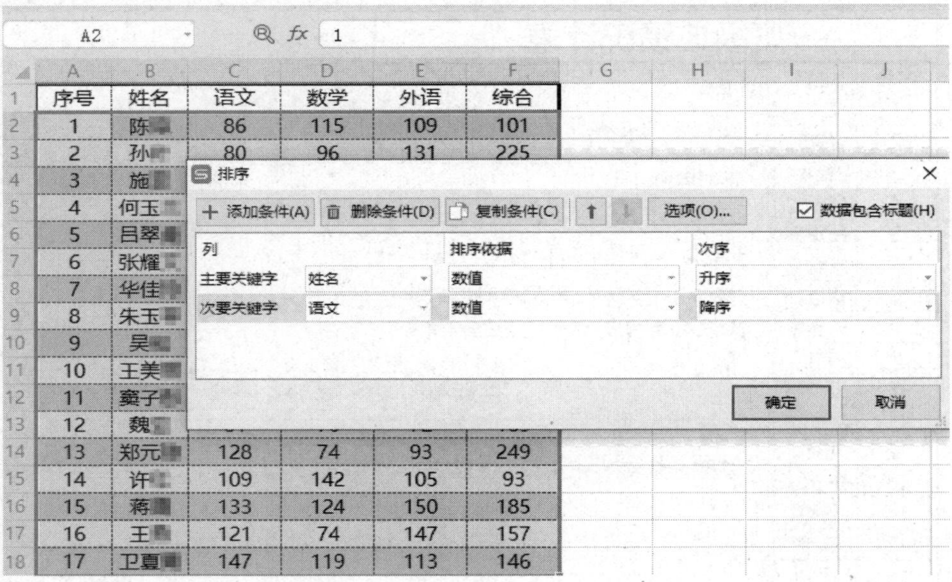

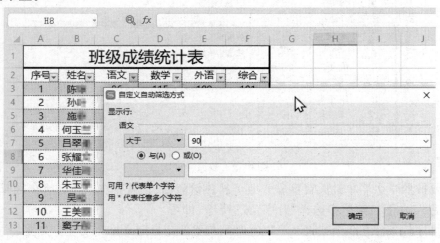

图 4-20 "自定义"排序

3）数据筛选及重复项处理

数据筛选能快速呈现表格中有价值的信息,根据筛选条件多少分为单条件筛选和多条件筛选。

①单条件筛选即筛选条件只有 1 个,如在"班级成绩统计表"中,如何筛选出"语文"高于 90 分数据？选中"语文"所在列,在"开始"菜单栏单击"筛选"(或使用快捷键 Ctrl+Shift+L),单击"数字筛选"选择"大于"输入"90",如图 4-21 所示,再单击"确定"即可显示语文成绩高于 90 分的学生。

图 4-21 单条件筛选

②多条件筛选即有多个筛选条件,进行筛选时需要使用高级筛选功能,如筛选出"语文"高于 90 分且"数学"高于 90 分的数据。在空白区域输入筛选条件,如图所示。在菜单栏"开

始”找到“筛选”点击“高级筛选”,”列表区域”选择 A2:F19,“条件区域”选择 H3:I4,如图 4-22 所示,单击“确定”即可。

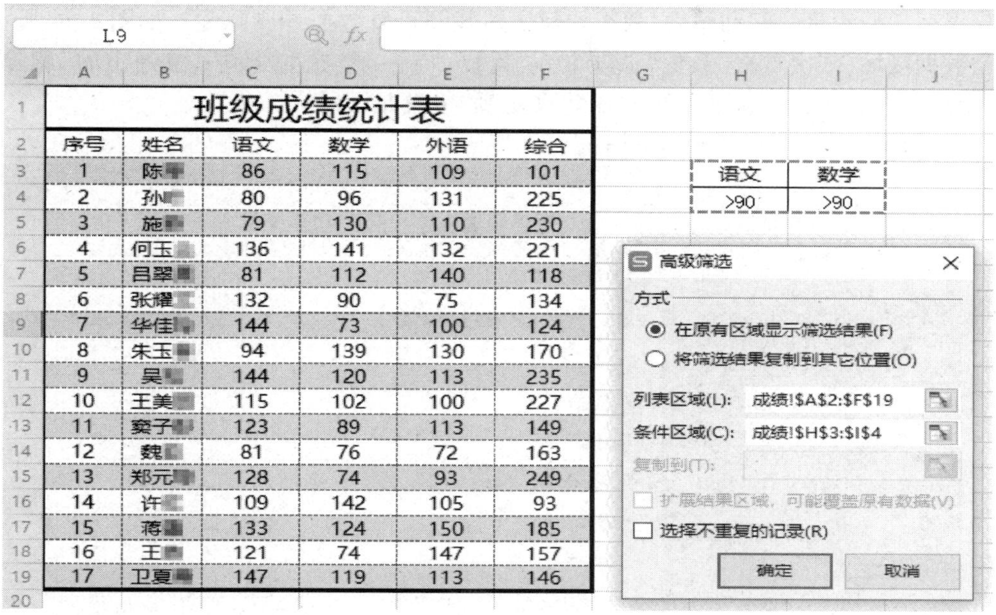

序号	姓名	语文	数学	外语	综合
1	陈	86	115	109	101
2	孙	80	96	131	225
3	施	79	130	110	230
4	何玉	136	141	132	221
5	吕翠	81	112	140	118
6	张耀	132	90	75	134
7	华佳	144	73	100	124
8	朱玉	94	139	130	170
9	吴	144	120	113	235
10	王美	115	102	100	227
11	窦子	123	89	113	149
12	魏	81	76	72	163
13	郑元	128	74	93	249
14	许	109	142	105	93
15	蒋	133	124	150	185
16	王	121	74	147	157
17	卫夏	147	119	113	146

图 4-22　并列条件筛选

在“班级成绩统计表”中,如何筛选出“语文”低于 90 分或者“数学”低于 90 分的数据呢?在空白区域输入筛选条件,如图 4-23 所示。在菜单栏“开始”找到“筛选”点击“高级筛选”,“列表区域”选择 A2:F19,“条件区域”选择 H3:I5,单击“确定”即可。

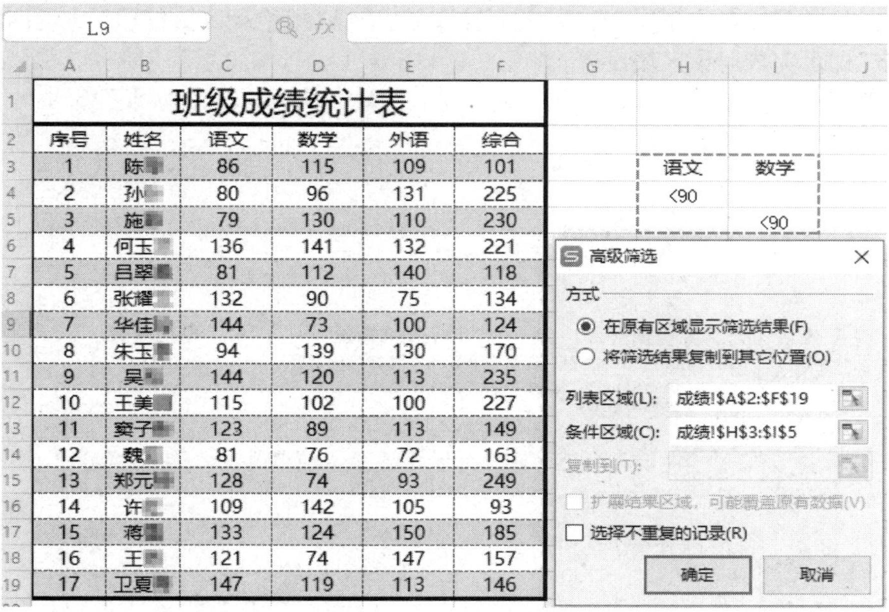

序号	姓名	语文	数学	外语	综合
1	陈	86	115	109	101
2	孙	80	96	131	225
3	施	79	130	110	230
4	何玉	136	141	132	221
5	吕翠	81	112	140	118
6	张耀	132	90	75	134
7	华佳	144	73	100	124
8	朱玉	94	139	130	170
9	吴	144	120	113	235
10	王美	115	102	100	227
11	窦子	123	89	113	149
12	魏	81	76	72	163
13	郑元	128	74	93	249
14	许	109	142	105	93
15	蒋	133	124	150	185
16	王	121	74	147	157
17	卫夏	147	119	113	146

图 4-23　“或”条件筛选

在使用高级筛选时要注意条件“且”“或”在表格中的录入方式(并列条件并列写,或者条件错位写）。

③重复项处理。在处理表格数据时，有时会遇到大量重复数据的情况，如果要手动找到并删除需要耗费大量时间和精力，那么如何快速找到重复数据并删除呢？如图4-24所示，选中整个数据区域，依次点击"数据"选项卡→"重复项"→"删除重复项"，在弹出的"删除重复项"对话框中选择所有列标题，单击"删除重复项"按钮即可删除。

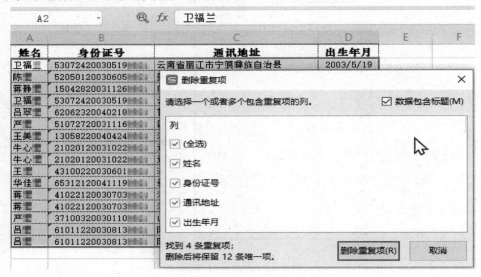

图4-24　删除重复数据

④避免数据重复录入技巧。

步骤1　鼠标选中要防止数据重复输入的单元格区域，以学生基本信息表为例，选中"姓名"列，单击"数据"选项卡下"重复项"的下拉菜单，选择"拒绝录入重复项"，如图4-25所示，单击"确定"即可完成对该区域设置。

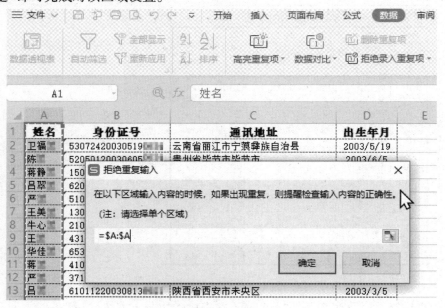

图4-25　设置"拒绝重复录入"

步骤2　在该列中输入重复内容时会弹出"重复"警告框,但双击回车键可继续输入,如图4-26所示。

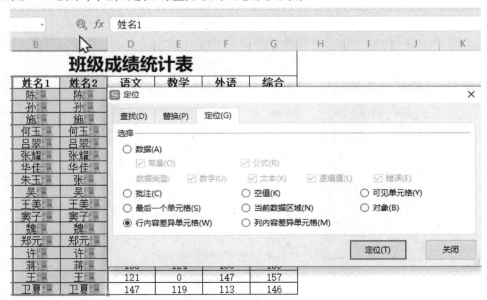

图4-26　重复录入数据警示

若需设置成禁止输入重复项,单击"数据"选项卡下的"有效性"按钮,在弹出的对话框中,出错警告页面会将样式选择为禁止,此时再双击回车键也无法在该列输入任何重复项了。

要清除该设置,选中"重复项"下的"清除拒绝录入限制"即可。

⑤数据比对。要快速核对某些行或列数据是否相同,如要核对"姓名1""姓名2"各行数据是否相同,需选中要进行比较的数据区域,使用"Ctrl+G"打开定位,选择"行内容差异单元格",如图4-27所示,单击"定位",差异项即可被找出来。

图4-27　查找行数据差异

【知识小贴士】

如果对比 2 个工作表的数据该怎么做呢？

"Ctrl+A"全选第一个表格，"Ctrl+C"复制，再切换到另一张表格，"Ctrl+A"全选该表格数据，单击鼠标右键，在弹出的菜单中单击"选择性粘贴"，选择"减"。

这时表格数据会发生变化，显示的是 2 个表格数据相减的结果。数值为非 0 的数据表示为 2 个工作表数据不相同的地方。

4) 数据分列

如何快速进行数据整理(图 4-28)实现分列呢？

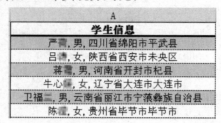

图 4-28　要分列的数据表

选中需要分列的数据列，单击"数据"→"分列"，选择"分隔符号分列"，单击"下一步"，选择"分隔符号"，如图 4-29、图 4-30 所示，即可实现数据分列。

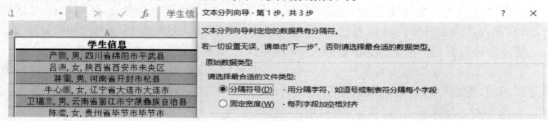

图 4-29　数据分列步骤 1

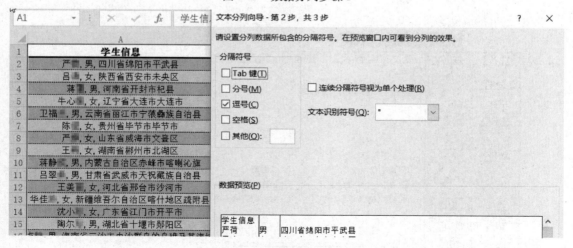

图 4-30　数据分列步骤 2

此时在表格首行更改对应列的名称，表格数据就整理好了。

需要注意的是,此处是默认选项逗号,是半角输入法下的逗号(英文逗号),如果录入数据时,使用的是全角逗号(中文逗号),要勾选"其他"输入中文逗号,在数据预览区域可看到分列后的效果,点击"下一步",对各列数据类型进行设置,点击"完成",即可实现对数据的分列。

5)数据标识

(1)突出显示单元格规则使用方法

在"班级成绩统计表"中将分数大于120的数据标记颜色。选中数据区域,单击"开始"→"条件格式"→"突出显示单元格规则",在弹出的菜单中可以选择大于、小于、介于、等于等规则,单击"大于",在条件中输入"120"设置为"浅红色填充深红色",如图4-31所示,即可筛选出大于120的数据并且标记为红色。

图4-31　条件格式设置

(2)项目选取规则使用方法

也可以筛选排在前10的数据并标记颜色,单击"项目选取规则"。在弹窗中可见有前10、后10、前10%、后10%等,选择"前10项",在对话框中将"10"设置为"浅红色填充深红色",单击"确定",即可筛选排在前10的数据并标记红色了。

(3)数据条使用方法

数据条可以更加直观地看到数据趋势。选中数据区域,单击"数据条",可选渐变填充、实心填充和其他规则。设置后单元格内部会根据数值大小进行颜色填充,这样可以更加直观地看到此列数据的趋势。

(4)色阶使用方法

色阶的作用与数据条使用方法类似,选中数据区域单击"色阶",单击"绿-黄色阶",就可以将数据趋势以色阶的方式呈现。

(5)图形集使用方法

图形集也是体现数据趋势的表现方式之一,选中数据区域,单击"图形集",可见有方向、形状、标记、等级等,选择等级"3个星形",数据趋势就会以"☆"内部填充效果的形式呈现。

(6)自定义显示规则

自定义显示规则可以设置任何想要的数据显示效果,选中数据区域,单击"新建规则",在对话框中可选择"规则类型和规则说明"。例如,在规则类型中选择"仅对排名靠前或靠后的数值设置格式",在规则说明中输入"前5",在预览中选择"格式"(在"格式"中可以选择数字、字体、边框和图案),在此选择"图案"→"黄色",单击"确定",就可以将前5标记为黄色。

在管理规则中可以新建规则、编辑规则和删除规则,也可以清除规则中选择清除所选单元格规则和清除所有规则。

6）数据汇总

WPS 表格的计算功能很强大。在名称框旁边就是计算的公式显示栏，如在 A1 中输入 1，A2 中输入 2，然后将光标定位在 A3 处，在公式显示栏中输入"＝A1＋A2"，回车确定即可计算。也可在 A3 单元格，直接输入"＝A1＋A2"，回车确定得出答案。此时可以单击 A3 单元格，在公式显示栏处查看公式。

（1）自动求和

如要在"班级成绩统计表"中计算每位学生的"总成绩"，单击"开始"→"求和"，系统会自动选中此行数据，此时按一下回车键，数据就自动求和了，如图 4-32 所示。

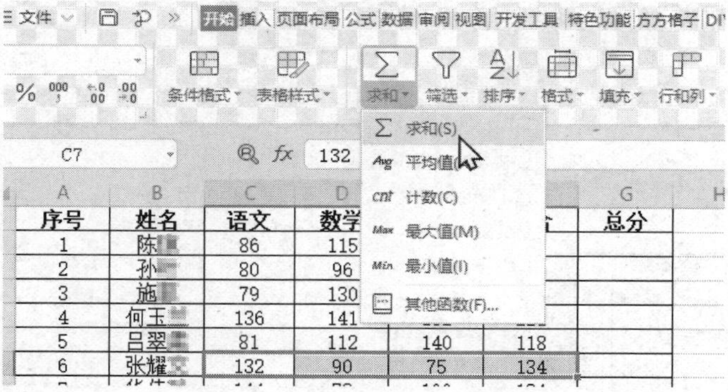

图 4-32　设置自动求和

在"求和"下拉菜单中，还可以求平均数、计数、最大值、最小值。

（2）分类汇总

在"成绩统计表"中有一班、二班、三班学生成绩信息，要快速计算出每个班级各科成绩的平均分，这里就需要使用分类汇总功能。

步骤 1　点击"数据"→"升序"，对"班级"所在列进行排序，这一步是必要的，否则分类汇总可能出错。

步骤 2　选中表格中所有数据，点击"数据"→"分类汇总"。

步骤 3　分类字段选择"班级"，汇总方式选择"平均值"，汇总项选择各个科目，即可汇总出各班各科目平均成绩，其余设置保持默认，单击"确定"，表格自动分成三级，如图 4-33、图 4-34 所示。

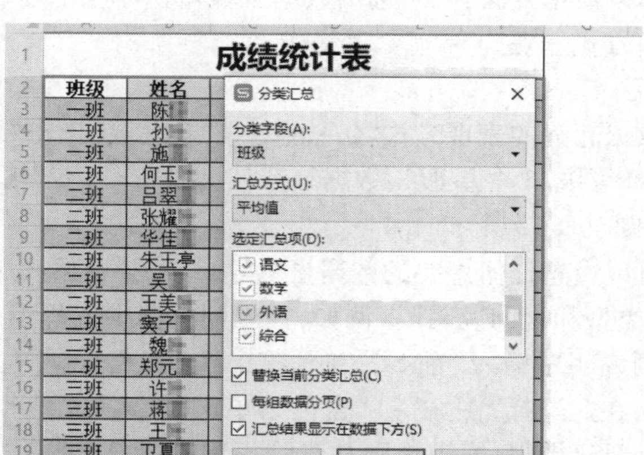

图 4-33　分类汇总设置

成绩统计表

班级	姓名	语文	数学	外语	综合
一班	陈█	86	115	109	101
一班	孙█	80	96	131	225
一班	施█	79	130	110	230
一班	何玉█	136	141	132	221
一班 平均值		95.25	120.5	120.5	194.25
三班	许█	109	142	105	93
三班	蒋█	133	124	150	185
三班	王燕	121	74	147	157
三班	卫夏█	147	119	113	146
三班 平均值		127.5	114.75	128.75	145.25
二班	吕翠█	81	112	140	118
二班	张耀█	132	90	75	134
二班	华佳█	144	73	100	124
二班	朱玉█	94	139	130	170
二班	吴█	144	120	113	235
二班	王美█	115	102	100	227
二班	窦子█	123	89	113	149
二班	魏█	81	76	72	163
二班	郑元█	128	74	93	249
二班 平均值		115.78	97.22	104.00	174.33
总平均值		113.71	106.82	113.71	172.18

图 4-34　分类汇总效果

要删除分类汇总,再单击"分类汇总"→"全部删除"即可。

（3）合并计算

当要汇总的数据在不同工作表时就需要用到合并计算功能。在"数据"选项卡中选择"合并计算",在弹出的"函数"菜单中选择计算方式,在"引用位置"通过"■"拾取按钮逐一选择要进行运算工作表的相应数据区域,并单击"添加"按钮进行区域添加,在"标签位置"勾选"首行""最左列",单击"确定"即可。

7. 函数使用基础

1）数据引用模式

在表格计算中,使用复制公式,可以快速批量进行计算,复制公式时,会涉及相对引用、绝对引用、混合引用 3 种引用模式。

（1）相对引用

相对引用是最常见的引用方式,复制单元格公式时,公式随引用单元格的位置变化而变化。例如,在"班级成绩统计表"G2 单元格内输入"＝SUM(C2:F2)",然后下拉填充柄复制公式。可以看到每个单元格的公式不会保持 SUM(B2:C2),而是随着单元格的位置变化,复制的公式也发生变化了,如图 4-35 所示。

	G5				＝SUM(C5:F5)	
	A	B	C	D	E	F	G
1	序号	姓名	语文	数学	外语	综合	总分
2	1	陈█	86	115	109	101	411
3	2	孙█	80	96	131	225	532
4	3	施█	79	130	110	230	549
5	4	何玉█	136	141	132	221	630

图 4-35　单元格相对引用

（2）绝对引用

复制公式不随引用单元格的位置变化而变化。例如，要将所有学生的总成绩统一加上 H2 中的数据"20"，即要让公式"=G2+H2"中 H2 保持不变，在公式中选中 H2 按"F4"键将 H2 设置为绝对引用状态。看到公式出现绝对引用的符号"$"就是添加成功了，此时再下拉复制公式，发现 H2 单元格被绝对引用了，如图 4-36 所示。

姓名	语文	数学	外语	综合	总分	加分	调整后总分
陈	86	115	109	101	411	20	431
孙	80	96	131	225	532		552
施	79	130	110	230	549		569
何玉	136	141	132	221	630		650
吕翠	81	112	140	118	451		471
张耀	132	90	75	134	431		451
华佳	144	73	100	124	441		461
朱玉	94	139	130	170	533		553
吴	144	120	113	235	612		632

（公式栏：=G9+$H$2）

图 4-36 绝对引用单元格

（3）混合引用

只固定了行或列的情况就是混合引用，相对引用和绝对引用比较简单，混合引用相对复杂，需视具体情况选择使用。

按键盘上的"F4"键就可实现在相对引用和绝对引用之间的快速切换，引用符号"$"在哪里就表示固定哪里。D2 表示没有固定，即为相对引用状态；$D$2 行号列标前都添加了符号，表示行和列都被固定了，即为绝对引用；D$2 符号只添加在行号前，表示只固定了行；$D2 符号只添加在列号前，表示只固定了列。

2）常用函数

（1）SUM 函数

SUM 函数主要用于数据求和，即返回某一单元格区域中所有数字之和。语法：SUM（数值1，数值2，…）。

如要计算"班级成绩统计表"中每个学生总成绩，选中"G2"单元格，依次点击"公式"选项卡，点击插入函数按钮"fx"，选择求和函数"SUM"，在数值项中以此选择"C2""D2""E2""F2"（或在"数值1"中选中连续单元格"C2:F2"），然后单击"确定"即可，如图 4-37 所示。

在运算时，可能会出现公式没有问题却无法正确进行计算的情况，出现此种情况的原因是数值区域所在单元格格式为"文本"状态，只需选中该数值区域，然后鼠标左键单击黄色"!"选择"转化为数字"即可解决问题，如图 4-38 所示。

（2）AVERAGE 函数

AVERAGE 函数能快速求出一组数据的平均数。语法：AVERAGE（数值1，数值2，…）。

要在 C20 单元格中计算"班级成绩统计表"中语文平均成绩，只需要在 C20 单元格，输入"=AVERAGE（ ）"，选择"C3:C19"数据区域，即可计算完成。

在菜单栏单击"开始"→"求和"折叠框→"平均值"也可快速求值。

（3）MAX、MIN 函数

MAX、MIN 函数用于计算数据区域最大、最小值。语法：MAX（数值1，数值2，…）、MIN（数值1，数值2，…）。

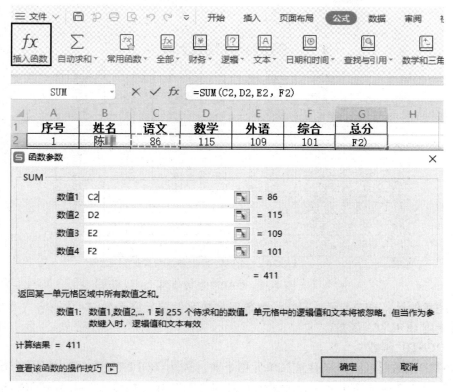

图 4-37 SUM 函数参数设置

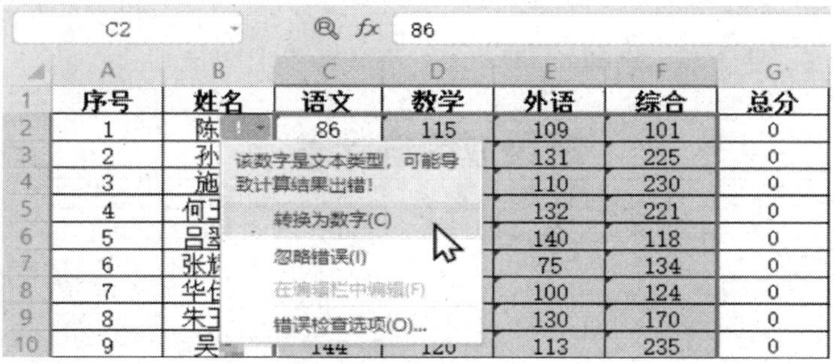

图 4-38 文本转换为数字

如要在 C20 单元格中计算班级语文最高分,只需要在 C20 单元格,输入"=MAX( )",选择"C3:C19"数据区域,即可计算完成。

MIN 函数使用方法与 MAX 函数类似,同样在"求和"折叠框中也可快速求最大值和最小值。

(4)COUNT 函数

COUNT 函数的作用是统计数据区域有效数据的个数。语法:COUNT(数值 1,数值 2,…)。

如有部分学生未参加考试,在"班级成绩统计表"中对应的单元格为空值,要统计各科参考人数,只需在"C20"单元格输入"=COUNT( )",选择"C3:C19"数据区域,如图 4-39 所示,再利用填充柄填充其他科目即可。

167

C20　=COUNT(C3:C19)

序号	姓名	语文	数学	外语	综合	总分
1	陈	86	115	109	101	411
2	孙		96	131	225	452
3	施	79	130	110	230	549
4	何玉	136	141	132	221	630
5	吕翠	81	112	140	118	451
6	张耀	132	90	75		297
7	华佳		73	100	124	297
8	朱玉	94	139		170	403
9	吴	144	120	113	235	612
10	王美	115	102	100	227	544
11	窦子	123		113		236
12	魏	81	76	72	163	392
13	郑元		74	93	249	416
14	许	109	142	105		356
15	蒋	133	124	150	185	592
16	王	121	74	147	157	499
17	卫夏	147	119	113	146	525
		14	16	16	14	

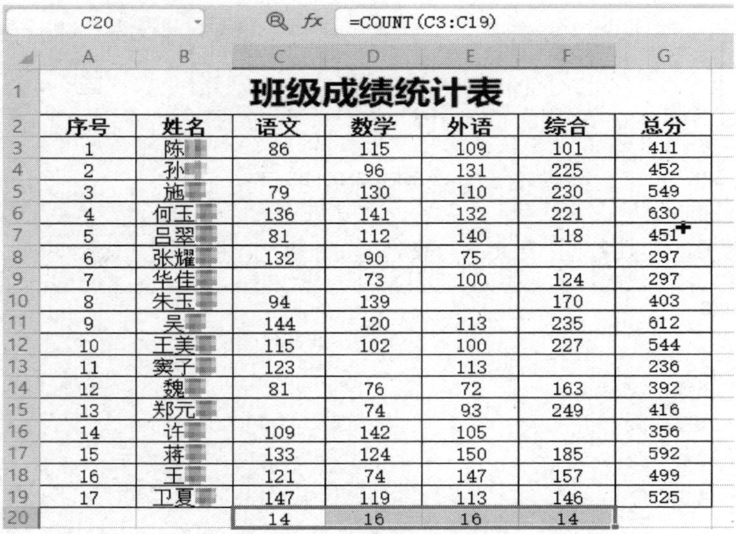

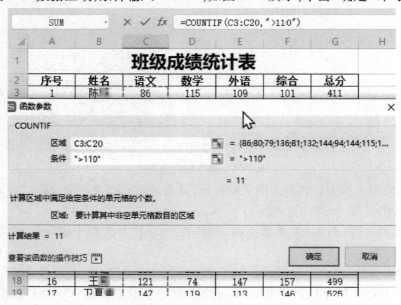

图 4-39　COUNT 函数使用

需要注意的是，COUNT 函数只能计数数值型数字的单元格个数，对其他格式类型数据进行计数可使用 COUNTA 函数。

(5) COUNTIF 函数

COUNTIF 函数是按一定条件统计单元格个数。语法：COUNTIF(区域，条件)。

如要统计语文成绩高于 110 分的学生人数，在“C20”单元格输入“=COUNTIF( )”，在“区域”选择“C3:C20”数据区域，条件输入“>110”，如图 4-40 所示，单击“确定”即可。

图 4-40　COUNTIF 函数设置

(6) RIGHT、LEFT、MID 函数

RIGHT、LEFT、MID 函数为 3 个适用的文本函数。

RIGHT 函数是从右往左计算字符个数来截取字符。语法：RIGHT(字符串，字符个数)。

如要截取 B2 单元格中身份证号码后 6 位，在 C2 单元格输入“=RIGHT(B2,6)”，如图 4-41 所示。

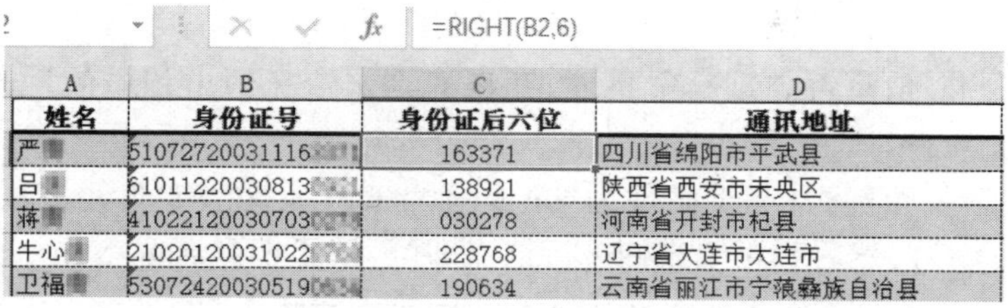
=RIGHT(B2,6)

姓名	身份证号	身份证后六位	通讯地址
严	51072720031116	163371	四川省绵阳市平武县
吕	61011220030813	138921	陕西省西安市未央区
蒋	41022120030703	030278	河南省开封市杞县
牛心	21020120031022	228768	辽宁省大连市大连市
卫福	53072420030519	190634	云南省丽江市宁蒗彝族自治县

图 4-41　RIGHT 函数应用

LEFT 函数是从左往右计算字符个数来截取字符。语法：LEFT(字符串，字符个数)。

使用方法与 RIGHT 一致。

MID 函数可以从中间的某一位开始，截取任意位数字符。语法：MID(字符串，开始位置，字符个数)。

如要提取身份证信息中的出生年月日，在 C2 单元格中输入“=MID(B2,7,8)”，然后使用填充柄进行填充即可，如图 4-42 所示。

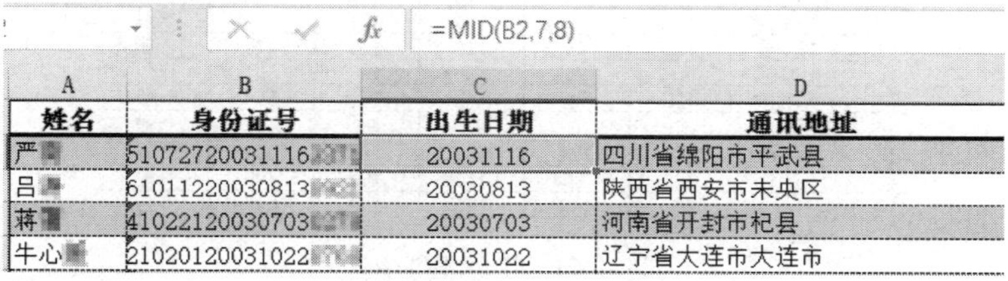
=MID(B2,7,8)

姓名	身份证号	出生日期	通讯地址
严	51072720031116	20031116	四川省绵阳市平武县
吕	61011220030813	20030813	陕西省西安市未央区
蒋	41022120030703	20030703	河南省开封市杞县
牛心	21020120031022	20031022	辽宁省大连市大连市

图 4-42　MID 函数应用

(7) VLOOKUP 函数

VLOOKUP 函数主要用于数据的查找匹配，可以找到指定区域内的值。语法：VLOOKUP(查找值，数据表，列序数，匹配条件)。

如查找王美丽的外语成绩。在 D22 单元格输入“=VLOOKUP(C22,B2:G19,4,FALSE)”，如图 4-43 所示。

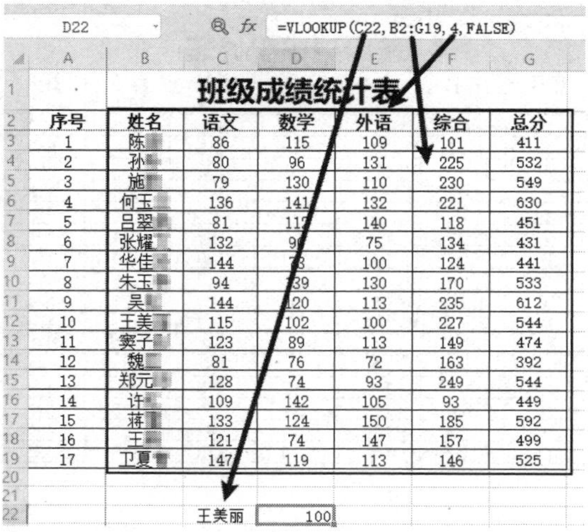
D22　=VLOOKUP(C22,B2:G19,4,FALSE)

班级成绩统计表

序号	姓名	语文	数学	外语	综合	总分
1	陈	86	115	109	101	411
2	孙	80	96	131	225	532
3	施	79	130	110	230	549
4	何玉	136	141	132	221	630
5	吕翠	81	112	140	118	451
6	张耀	132	90	75	134	431
7	华佳	144	73	100	124	441
8	朱玉	94	139	130	170	533
9	吴	144	120	113	235	612
10	王美	115	102	100	227	544
11	窦子	123	89	113	149	474
12	魏	81	76	72	163	392
13	郑元	128	74	93	249	544
14	许	109	142	105	93	449
15	蒋	133	124	150	185	592
16	王	121	74	147	157	499
17	卫夏	147	119	113	146	525

王美丽	100

图 4-43　VLOOKUP 函数应用

在数据区域查找匹配多个数据时,需选中数据区域并按下“F4”键将数据区域设置为绝对引用状态。

(8)IF 函数

IF 函数用于判断值是否满足给定条件,并根据判定情况给出相应值。语法:IF(测试条件,真值,假值)

如判断总成绩是否优秀,测试条件为“总成绩>=600”。在 H2 单元格输入“=IF(G3>=600,“优秀”,“一般”),然后利用填充柄进行填充即可,如图 4-44 所示。

H3　=IF(G3>=600,"优秀","一般")

序号	姓名	语文	数学	外语	综合	总分	成绩等级
1	陈	86	115	109	101	411	一般
2	孙	80	96	131	225	532	一般
3	施	79	130	110	230	549	一般
4	何玉	136	141	132	221	630	优秀
5	吕翠	81	112	140	118	451	一般
6	张耀	132	90	75	134	431	一般
7	华佳	144	73	100	124	441	一般
8	朱玉	94	139	130	170	533	一般
9	吴	144	120	113	235	612	优秀
10	王美	115	102	100	227	544	一般
11	窦子	123	89	113	149	474	一般
12	魏	81	76	72	163	392	一般
13	郑元	128	74	93	249	544	一般
14	许	109	142	105	93	449	一般
15	蒋	133	124	150	185	592	一般
16	王	121	74	147	157	499	一般
17	卫夏	147	119	113	146	525	一般

图 4-44　IF 函数应用

(9)AVERAGEIF 函数

AVERAGEIF 函数是一个求和函数,可以根据条件来求和。语法:AVERAGEIF(区域,条件,求平均区域)。

如在“班级成绩统计表中”计算姓王的学生的语文平均分。在 C21 单元格输入“=AVERAGEIF(B3:B19,“王＊”,C3:C19)”即可,如图 4-45 所示。

C21　=AVERAGEIF(B3:B19,"王*",C3:C19)

	A	B	C	D	E	F	G
1	班级成绩统计表						
2	序号	姓名	语文	数学	外语	综合	总分
3	1	陈	86	115	109	101	411
4	2	孙	80	96	131	225	532
5	3	施	79	130	110	230	549
6	4	何玉	136	141	132	221	630
7	5	吕翠	81	112	140	118	451
8	6	张耀	132	90	75	134	431
9	7	华佳	144	73	100	124	441
10	8	朱玉	94	139	130	170	533
11	9	吴	144	120	113	235	612
12	10	王美	115	102	100	227	544
13	11	窦子	123	89	113	149	474
14	12	魏	81	76	72	163	392
15	13	郑元	128	74	93	249	544
16	14	许	109	142	105	93	449
17	15	蒋	133	124	150	185	592
18	16	王	121	74	147	157	499
19	17	卫夏	147	119	113	146	525
20							
21		王*	118				

图 4-45　AVERAGEIF 函数应用

8.常用图表制作

图表可以更直观地反映数据间的关系,比用数据和文字描述更清晰、更易懂。常见的图表类型及应用场景:柱状图用于表示数据的对比及比较;折线图用于表示数据的变化及趋势;饼形图用于表示数据的占比;条形图用于表示数据的排名。

1)饼图使用

要在"班级成绩统计表"中查看陈琼成绩组成情况,选中数据区域"B2:F3",依次单击"插入"→"全部图表"→"饼图",在"图表工具"选项卡中点击"快速布局",选择"布局4",在"添加元素"中单击"图表标题"选择"图表上方",如图4-46所示。

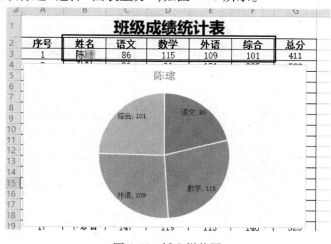

图4-46　插入饼状图

2)堆积柱形图使用

既要反映出"班级成绩统计表"中各学生成绩组成情况,又要对比各学生的成绩差异,可以选用"堆积柱形图"。以前5位学生为例,选中数据区域"B2:F5",依次单击"插入"→"全部图表"→"柱形图"→"堆积柱形图",在"图表工具"选项卡中点击"快速布局",选择"布局4",在"添加元素"中单击"图表标题"选择"图表上方",在图表标签中输入"成绩对比图",如图4-47所示。

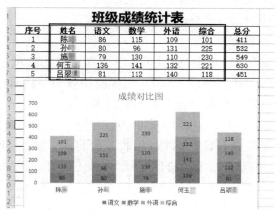

图4-47　插入堆积柱形图

9. 工作表保护与打印设置

1) 工作表保护

如何锁定 WPS 表格的单元格,可以保护数据不被更改呢?"锁定单元格"可实现此功能,以"班级成绩统计表"为例。首先,框选"A2:G2"单元格,在"审阅"选项卡中单击"锁定单元格"按钮,点击后"锁定单元格"呈现灰色底纹,单击"保护工作表"按钮,在"允许此工作表的所有用户进行"勾选"选定未锁定单元格"并设置密码。单击"确定"按钮,再次输入保护密码,这时再单击单元格则无法编辑内容,如图 4-48 所示。

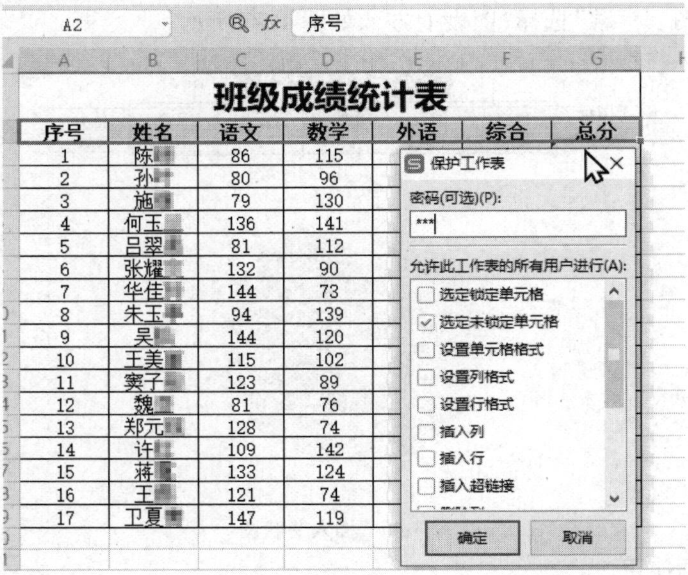

图 4-48　保护工作表

若想解除此单元格的保护状态。单击"撤消工作表保护"按钮,输入密码单击"确定"按钮即可。

2) 工作表打印设置

在工作中,会遇到打印大量的数据集,而这些数据多数时候不一定能在打印出来的纸张上很好地呈现,因此打印前的页面效果设计极为重要。

(1)页边距与纸张方向设置

在菜单栏的"页面布局"选项卡中,提供了关于页面设置的选项。"页边距"可设置工作表内容与页面之间的距离。"纸张方向"可用于切换页面纵向与横向布局。"纸张大小"用于设置工作表纸张大小,如 A4 纸张 20.9 厘米×29.6 厘米。

(2)打印区域设置

"打印区域"用于设置需要打印的区域,而非完全打印。如"打印班级成绩统计表"中"A1:G6"区域,首先框选该区域,点击"打印区域",在"打印预览"中可查看打印效果,如图 4-49 所示。

(3)页面综合设置

单击"页面设置"对话框可显示"页面"选项卡,如图 4-50 所示,在"页面"选项卡中可对页面"方向""缩放""打印"相关信息进行设置,如图 4-51 所示。

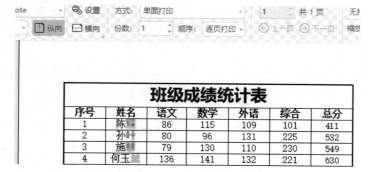

图 4-49　打印预览显示效果

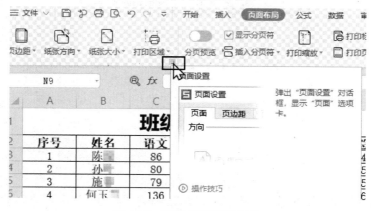

图 4-50　"页面设置"选项卡

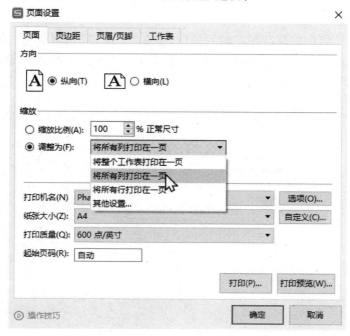

图 4-51　页面设置内容

（4）页边距设置

在"页边距"中可设置数据区域、页眉和页脚与页面相应位置的距离，通过"居中方式"可设置数据区域在页面中的相对位置。

（5）页眉页脚设置

在"页眉/页脚"中可通过"自定义页眉""自定义页脚"对表格页眉、页脚的显示内容进行设置，如图 4-52 所示，设置完成后可通过"打印预览"查看设置效果。

图 4-52　简单页眉设置

若对首页、奇偶页设置不同的页眉、页脚样式，则需要勾选"首页不同""奇偶页不同"，然后通过自定义选项对各页面进行分别设置。

（6）打印标题设置

在打印时每页均打印出顶端和左侧的标题，需在"工作表"选项卡对"打印标题"进行设置即可，在"顶端标题行（R）"选择表格中的标题行，在"左端标题列（L）"选择表格中标题所在的行列即可，如图 4-53 所示。

图 4-53　打印标题设置

任务 4-2　制作学生基本信息表

根据任务,首先完成学生基本信息表的录入。其具体要求如下:

①创建、保存学生基本信息表。

②信息表的页面设置:页边距上、下均为 2.5 厘米,左、右均为 2 厘米;纸张方向为纵向,纸张大小为 A4。

③数据录入及填充。

④工作表格式设置,包括表格框线设置、行高设置、宽度设置、标题底纹设置、字体设置、对齐方式设置。

⑤学生信息表打印设置。

要求学生基本信息表包括"学号""姓名""性别""出生日期""身份证号""家庭地址""联系电话"等项目信息,如图 4-54 所示。

姓名	学号	班级	性别	出生日期	身份证号	家庭住址	联系电话	备注
郑█	202000101	一班	男	2003/5/2	23052420030502██	黑龙江省双鸭山市饶河县	1337153██	
严█	202000102	一班	女	2003/1/10	37100320030110██	山东省威海市文登区	1877608██	
穆树█	202000103	一班	男	2003/4/6	42108120030406██	湖北省荆州市石首市	1357146██	
华欣█	202000104	一班	女	2004/10/21	41048220041021██	河南省平顶山市汝州市	1364586██	
王█	202000105	一班	男	2003/6/1	43100220030601██	湖南省郴州市北湖区	1382059██	
吕翠█	202000106	一班	男	2004/2/18	62062320040218██	甘肃省武威市天祝藏族自治县	1864267██	
赵█	202000107	一班	男	2004/6/10	14092920040610██	山西省忻州市岢岚县	1318414██	
陶尔█	202000108	一班	男	2004/3/20	42030420040320██	湖北省十堰市郧阳区	1362661██	
魏█	202000109	一班	男	2003/8/18	15043020030818██	内蒙古自治区赤峰市敖汉旗	1519072██	
魏花█	202000110	一班	女	2004/3/19	37152120040319██	山东省聊城市阳谷县	1378291██	

图 4-54　学生基本信息表

1. 新建学生信息工作簿

1) 插入工作表

方法 1:创建空白 WPS 表格,单击"Sheet1"工作表标签旁的"+"按钮即可新建一个名为"Sheet2"的工作表,继续单击"+"按钮可依次新建工作表,如图 4-55 所示。

图 4-55　插入工作表

方法 2:创建空白 WPS 表格,选中某个工作表标签并右击,在弹出的如图 4-7 所示的快捷菜单中,单击"插入"命令,在弹出的如图 4-56 所示的对话框中,选择"工作表",在弹出的菜单中输入要插入的工作表数目,选择插入位置,即可在对应位置插入相应数目的工作表,它的标签名会自动命名为"Sheetn"。

图 4-56　工作表快捷菜单

本项目需要使用到 7 张工作表,创建后对每张工作表通过"重命名"进行重命名,并可通过"工作表标签颜色"为工作表标签指定颜色,如图 4-57 所示。

图 4-57　"插入"对话框

2)删除工作表

在图 4-56 所示工作表快捷菜单中单击"删除工作表"命令,即可删除选定工作表。

3)移动或复制工作表

移动或复制工作表则同样单击需要进行移动或复制的工作表,单击右键选择"移动或复制工作表"命令则可以进行同一工作簿的工作表移动或复制。

在 WPS 表格中,不仅可在同一工作簿中移动或复制工作表,还可以跨工作簿进行移动或复制。操作方法:首先,选定要移动或复制的工作表,单击鼠标右键,在弹出的快捷菜单中,单击"移动或复制工作表"命令,系统弹出"移动或复制工作表"对话框,如图 4-58 所示。在"工作簿"下拉列表中,选定用来接收工作表的工作簿,如果单击了"样例工作簿 1",则将选定的工作表移动或复制到新工作簿中。然后,在"下列选定工作表之前"列表框中,选定其中一个,则将把要移动或复制的工作表放在其左侧。如果只复制而不移动工作表,可选中"建立副本"选项。最后,单击"确定"按钮,完成移动或复制工作表。

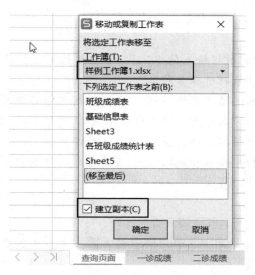

图 4-58　"移动或复制工作表"对话框

【知识小贴士】

工作表标签的左边有2个标签滚动按钮,它们的作用是在工作表数目较多时,若工作表标签栏不能全部显示,则通过单击按钮左右浏览显示,如图4-59所示。

图 4-59　查看工作表

2. 录入学生信息

1)输入表格标题、列标题

在"基本信息"工作表中,单击 A1 单元格,输入表格标题"XX 中学高三年级学生基本信息表",按 Enter 键,使 A2 单元格成为活动单元格。

在 A2 单元格中,输入第一列列标题"姓名",按 Tab 键或者方向键,使 B2 单元格成为活动单元格。

按照同样操作方法,在 B2、C2、D2、E2、F2、G2、H2、I2 单元格中分别输入列标题"学号""性别""出生年月""身份证号""家庭地址""联系电话""备注"等信息,如图4-60所示。

图 4-60　录入信息

【知识小贴士】

在输入数据之前要确定数据输入的单元格,否则默认为当前单元格,如不是在当前单元格中录入数据,则需要使用鼠标选择单元格。

在 WPS 表格中选择不连续单元格,按住 Ctrl 键同时选择各单元格即可;在不连续单元格中输入相同的数据,先在选中的任意一单元格输入数据,再按 Ctrl+Enter 组合键即可完成。

在 WPS 表格中选择连续单元格,鼠标单击第一个单元格,按住 Shift 键选择区域最后一个单元格即可;在连续单元格中输入相同的数据,先在连续区域的第一个单元格输入数据,再按 Ctrl+Shift+Enter 组合键即可完成。

2)录入学生姓名

录入"姓名"列数据的操作步骤如下所述。

步骤 1　单击 A3 单元格,在 A3 单元格中输入第一个学生的姓名"郑×",按 Enter 键,使 B4 单元格成为活动单元格。

步骤 2　在 A4 单元格中输入第二个学生的姓名"严×",按 Enter 键。

步骤 3　用同样的方法,在"姓名"列中输入余下各学生的姓名,如图 4-61 所示。

图 4-61　录入姓名

3)录入学号

在 B3 单元格中输入学号"202000101"后移动鼠标,使其指向 B3 单元格的"填充柄",此时鼠标会变成黑色实心十字,按住鼠标左键向下拖动,在鼠标拖动的过程中,填充柄的右下角处将会出现填充的数据,如图 4-62 所示。

使用填充柄填充的数据一般为重复值或顺序填充,此处各班学号是不同的,使用填充柄时可分段进行填充。

图 4-62　单元格的填充

4）录入班级

"班级"列的数据只有"一班""二班""三班"3 种情况。参照姓名列进行"班级"列的录入，如图 4-63 所示。

图 4-63　录入学生班级

5）录入性别

"性别"列的数据只有"男"和"女"两种。参照"姓名"列进行"性别"列的录入,如图 4-64 所示。

图 4-64　录入性别

录入姓名时也可以使用"下拉列表"进行选择录入。

步骤 1　首先选择录入性别的区域"D3:D52",然后依次单击"数据"→"下拉列表",手动添加"男""女"选项,如图 4-65 所示。

图 4-65　添加下拉选项

步骤2 在"性别"列进行性别选择，如图4-66所示。

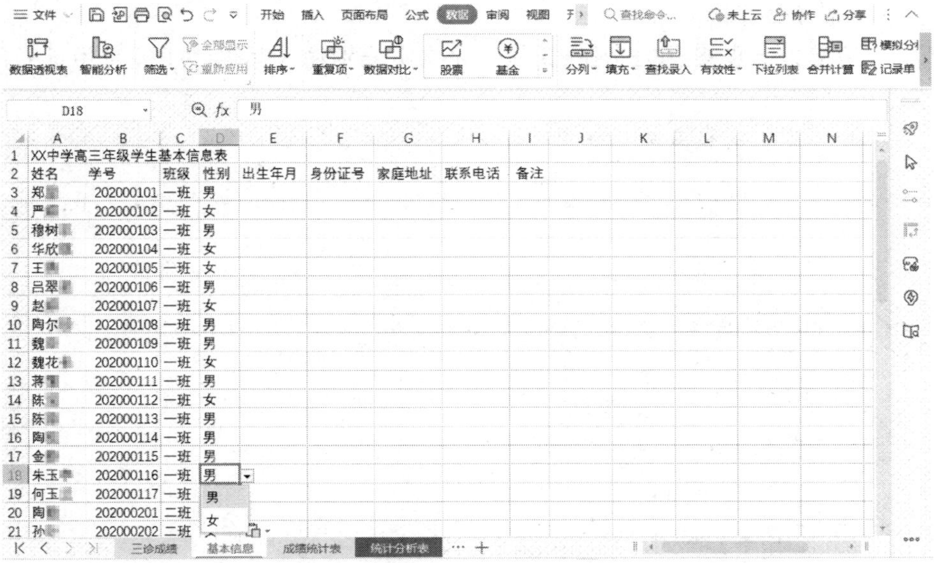

图4-66 下拉列表的效果

6) 录入身份证号码

当单元格数据长度超过11位时，录入数据后则为科学记数法显示。身份证号码长度超过18位，录入身份证号码时需要将"身份证号码"列的数据设置为文本型数据，同时因每个学生的身份证号码是分散的，不便使用拖动填充柄填充数据的方法录入，需要逐一录入每个学生的身份证号码。其操作步骤如下：

步骤1 移动鼠标至F列的列标处，当鼠标呈下箭头状时，单击F列的列标，选择整个F列，单击鼠标右键，在弹出的菜单中选择"设置单元格格式"，打开"单元格格式"对话框，在"数字"选项卡的"分类"列表框中选择"文本"，如图4-67所示。

图4-67 选中整列

步骤 2　单击 F3 单元格,在 F3 单元格中输入第一个学生的身份证号码,按"Enter"键,使 F4 单元格成为活动单元格。

步骤 3　重复以上步骤,在 F 列的其他单元格中分别输入其他学生的身份证号码,如图 4-68 所示。

图 4-68　录入学生身份证号码

步骤 4　调整 F 列的列宽。录入身份证号码后,数据长度超出列默认宽度,需要调整其列宽,方法如下:

方法 1,将鼠标移至 F 列与 G 列之间的分界线上,当鼠标呈"╋"状时双击,这时系统会自动将 F 列的列宽调整为最合适的宽度。

方法 2,将鼠标移动至 F 列标处单击鼠标右键选择"列宽"命令,系统会弹出"列宽"对话框,如图 4-69 所示。"列宽"对话框中显示了当前列的宽度,其单位为磅。在"列宽"文本框中输入所需的列宽值,单击"确定"按钮。此方法可以将列宽精确地设置为任意正值。

7)录入出生日期

将 E2 单元格更改为"出生日期",并可通过以下方法进行出生日期录入。

方法 1,在 WPS 表格中输入的日期或时间在单元格中默认为右对齐,常见格式为 2020/01/01、2020-08-01、19-03-17、19/05/07。选中"E3:E52"单元格区域,单击鼠标右键,在弹出的菜单中选择"设置单元格格式",打开"单元格格式"对话框。在"单元格格式"对话框中,单击"数字"选项卡,在"分类"列表框中选择"日期",在"类型"列表框中选择所需的显示类型,单击"确定"按钮,如图 4-70 所示。

设置好单元格格式后,在相应的单元格区域进行数据录入即可。

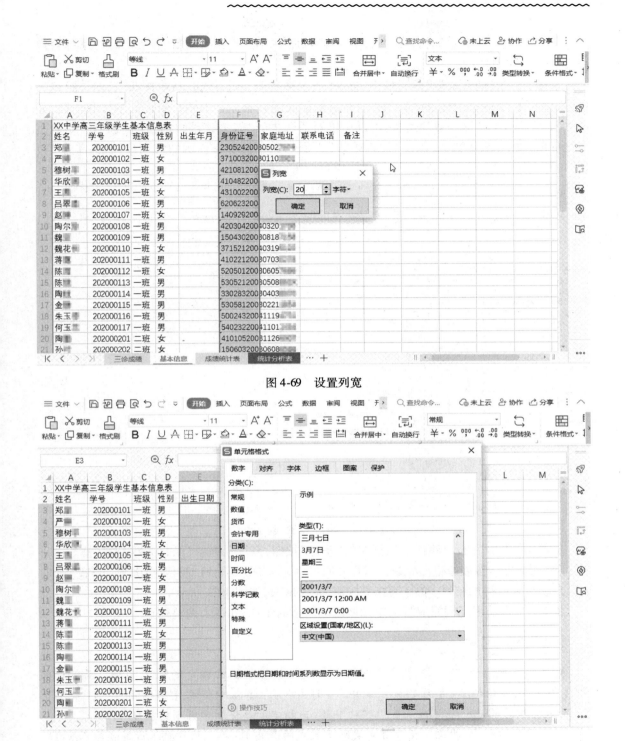

图 4-69　设置列宽

图 4-70　设置日期格式

方法 2，目前使用的第二代居民身份证（18 位身份证号码）中，从第 7 位开始的 4 位数字为出生年号，从第 11 位开始的 2 位数字为出生月号，从第 13 位开始的 2 位数字为出生日号。利用 WPS 表格提供的 MID 函数可以从身份证号码中获取出生日期，具体操作步骤如下所述。

步骤1　单击 D3 单元格,在"公式"→"函数库"中单击"插入函数"按钮"fx",系统会弹出"插入函数"对话框。

步骤2　在"插入函数"对话框中,单击"或选择类别"下拉按钮,从中选择"日期与时间",在"选择函数"列表框中选择"DATE"。对话框的底部就会显示 DATE 函数的参数和功能,如图 4-71 所示。了解该函数的用法,可以单击对话框中的"有关该函数的帮助"选项。如果不清楚应该使用什么函数,可以在"搜索函数"下面的文本框中输入函数的简要功能,单击"转到"按钮即可。

图 4-71　"插入函数"对话框

步骤3　单击"插入函数"对话框中的"确定"按钮,系统会弹出"函数参数"对话框。分别在"年""月""日"参数值空白处录入"MID(F3,7,4)""MID(F3,11,2)""MID(F3,13,2)",右边会自动出现所得的结果,单击"确定"按钮,完成录入,如图 4-72 所示。

步骤4　拖动填充柄完成相应单元格区域数据的录入,并适当调整列宽。

【知识小贴士】

MID 函数功能为:从文本字符串中指定的起始位置起返回指定的长度字符。函数格式 MID(字符串,开始位置,字符个数),其中"字符串"为准备从中提取字符串的文本,"开始位置"表示提取的第一个字符的位置,"字符个数"为指定所要提取字符串的长度。

上述操作过程中,步骤1至步骤4实际上完成的是在 D3 单元格中插入运算函数(公式)。在实际应用中,如果对 WPS 表格的函数比较熟悉,可以直接在单元格中或编辑栏中输入所需插入的公式。其操作方法如下:

DATE 函数是常用的日期函数,其功能是将年、月、日数据拼装成一个日期型数据。函数的格式是 DATE(年,月,日),其中"年"为年号,"月"为月号,"日"为日号。

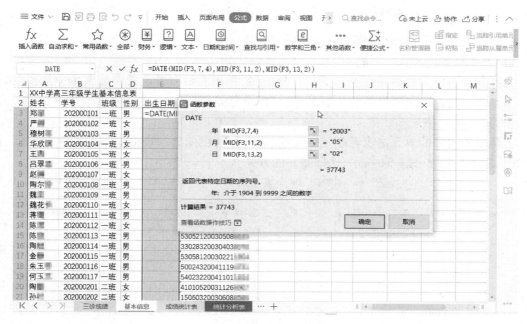

图 4-72　"插入函数"对话框

在 WPS 表格公式和函数中等号"＝"是不可缺少的一个运算符,如果没有输入"＝",则 WPS 表格会将所输入的内容理解成一个字符串。

8)录入家庭地址和联系电话

家庭地址和联系电话均为文本数据,并且数据分散,无规律可循,只能逐一录入,录入方法与姓名的录入方法相同。

全部数据录入完成后,适当调整列宽,并保存,如图 4-73 所示。

图 4-73　数据录入效果

9）删除数据

删除数据有清除数据和删除单元格两种方式。

（1）清除数据

选择需要清除数据的单元格或者单元格区域，单击右键在弹出的快捷菜单中选择"清除内容"或者直接按 Delete 键，需要注意的是，该操作只能清除数据，单元格的格式不变。

（2）删除单元格

选择需要删除的单元格或者单元格区域，单击右键在弹出的快捷菜单中选择"删除"，弹出"删除"对话框，如图 4-74 所示，选择删除的方式。

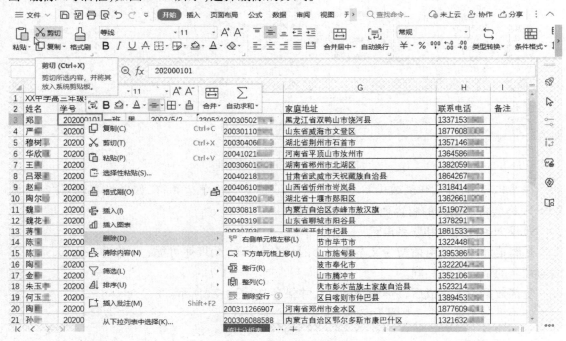

图 4-74 "删除"对话框

3. 设置工作表的格式

1）表格标题居中显示

表格标题需要在表格的顶端居中显示，在 WPS 表格中，表格标题居中是通过合并单元格并居中显示实现的。其操作步骤如下：

步骤 1 选定单元格区域 A1:I1。单击 A1 单元格，并按住鼠标左键向右拖至 I1 单元格。

步骤 2 选择"开始"选项卡中"合并居中"按钮，这时 A1 至 I1 共 9 个单元格合并为一个单元格，并且 A1 单元格中的文字"学生信息表"自动地在合并单元格中居中显示，如图 4-75 所示。

2）设置工作表的行高

表格中标题行和表内各行的行高是不同的，标题行的行高为 30 磅，其他各行的行高均为 20 磅，它们与 WPS 表格默认的行高不同，需要分别设置。

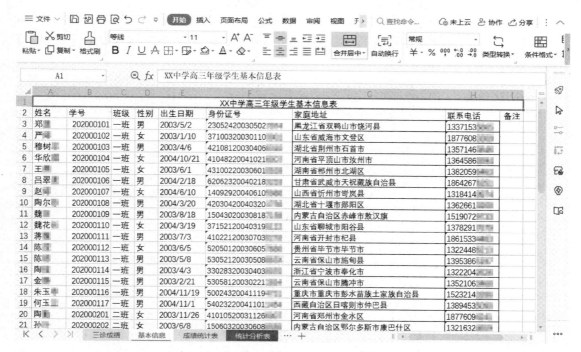

图 4-75　单元格合并居中

（1）设置标题行的行高

移动鼠标使其指向第一行的标记数字"1"，此时鼠标指针变为向右的实心箭头"➡"，单击，如图 4-76 所示。

图 4-76　选择行

单击鼠标右键,系统弹出如图4-29所示的快捷菜单,在快捷菜单中单击"行高"命令,出现如图4-77和图4-78所示的"行高"对话框。然后在"行高"对话框中输入数字"30",单击"确定"按钮。

图 4-77 "行高"选项

（2）设置其他行的行高

表格中其他行的行高均为20磅,可以按前面介绍的方法逐行设置,也可以对这些行高值相同的行进行批量设置。其操作步骤如下:

图 4-78 "行高"对话框

步骤1 选定设置区域。单击行号"2"后,按住鼠标左键往下拖至第52行,如图4-31所示,单击鼠标右键,选择"行高"命令,将行高设置为20磅。行高设置后的效果,如图4-79所示。

步骤2 按照步骤1的方法,将行高设置为20磅,行高设置后的效果如图4-80所示。

3）设置工作表宽度

表格中各列的列宽要求如下:

姓名设置为10磅,学号设置为15磅,班级设置为10磅,性别设置为5磅,出生日期设置为15磅,身份证号设置为20磅,家庭地址设置为35磅,联系电话设置为15磅,备注设置为10磅。

表格中相同列宽的列可以同时进行设置,如A列、C列、I列的列宽相同,列宽的设置步骤如下:

步骤1 A列、C列、I列设置列宽。按住Ctrl键依次单击列标号A列、C列、I列,单击鼠标右键,系统弹出快捷菜单,在快捷菜单中选择"列宽"命令,如图4-81所示。

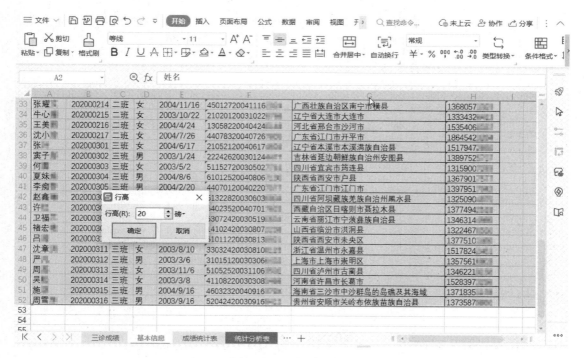

图 4-79　选定设置区域

图 4-80　设置后的行高

图 4-81　设置不连续单元格设置列宽

步骤 2　在弹出的"列宽"对话框中输入数字"10"，单击"确定"按钮，如图 4-82 所示。

步骤 3　重复上述操作，将 B 列("学号"列)、E 列("出生日期"列)、H 列("联系电话"列)的列宽设置为"15"，将 F 列("身份证号"列)的列宽设置为"20"，将 G 列("家庭地址"列)的列宽设置为"35"。

图 4-82　设置列宽数值

4）设置表格的边框线

WPS 表格中，单元格边框默认显示一种网格线，用于显示定位，在打印表格时，系统不会输出这些网格线，因此打印表格之前需要对表格设置打印的边框线。本例中，表格的外边框线为蓝色双线，内边框线为黑色单实细线。设置表格边线框线的操作步骤如下：

步骤 1　选定 A2:I52 单元格区域，这时 A2:I52 单元格区域呈反相显示。

步骤 2　单击鼠标右键，在弹出的菜单中选择"设置单元格格式"命令，如图 4-83 所示。弹出"设置单元格格式"对话框。

步骤 3　设置外边框线。在"设置单元格格式"对话框中，单击"边框"选项卡，然后在"边框"选项卡的线条"样式"列表框中选择双线型样式，在线条"颜色"下拉列表中选择"蓝色"，再单击"预置"框架中的"外边框"按钮，如图 4-84 所示。

步骤 4　设置内边框线。在线条"样式"列表框中选择单实细线样式，在线条"颜色"下拉列表中选择"自动"，再单击"预置"框架中的"内部"按钮，单击"确定"按钮，如图 4-85 所示。

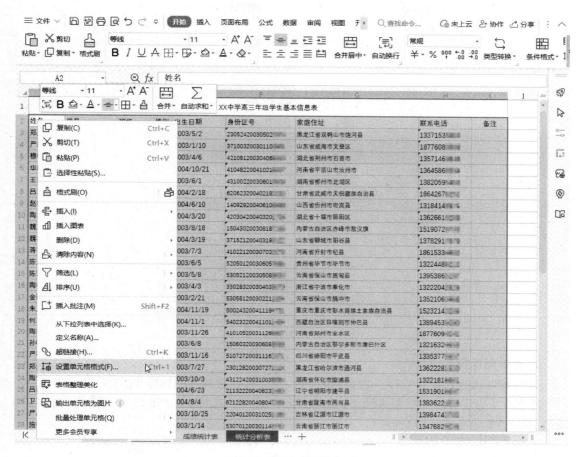

图 4-83　设置单元格格式

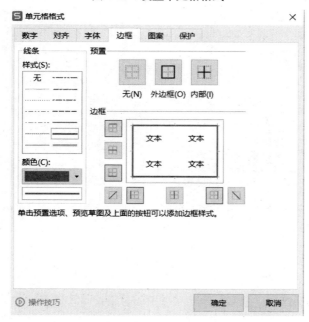

图 4-84　设置外边框线

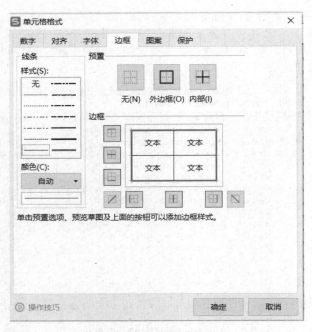

图 4-85　设置内边框线

5) 设置列标题底纹

表格列标题的底纹为"灰色-25%"的颜色,设置列标题底纹的操作步骤如下;

步骤 1　选定 A2:I2 单元格区域,单击鼠标右键,在快捷菜单中选择"设置单元格格式"命令,弹出"单元格格式"对话框。

步骤 2　在"单元格格式"对话框中单击"图案"选项卡,在"图案样式"下拉列表中选择第一行第四个图案,即"25%灰色",如图 4-86 所示,单击"确定"按钮。

图 4-86　设置列标题底纹

6) 设置工作表字体

工作表中字体设置操作步骤如下:

步骤1   单击 A1 单元格,在"开始"→"单元格"→"格式"下拉列表中选择"设置单元格格式"命令,弹出"单元格格式"对话框或者单击"开始"→"字体"功能区右下角的对话框启动器按钮"⬚"。

步骤2   在"单元格格式"对话框中单击"字体"选项卡,在"字体"选项卡的"字体"列表框中选择"宋体",在"字形"列表框中选择"粗体",在"字号"列表框中选择"28",单击"颜色"下拉按钮,从下拉列表中选择"深红色",单击"下划线"下拉按钮,从下拉列表中选择"单下划线",如图 4-87 所示。单击"确定"按钮,就完成了标题的字体设置。

图 4-87   设置标题字体

步骤3   重复上述步骤,对列标题和正文部分按如图 4-88 所示,设置其文字格式。

7) 设置单元格的对齐方式

表格正文的对齐,要求除学生的出生日期、家庭地址的水平对齐不同以外,其他各部分的对齐要求相同。设置对齐的方法是,先将表格的正文对齐方式设置成水平居中、垂直居中、自动换行,然后再将学生的家庭住址部分的水平方向设置成左对齐。其操作步骤如下:

步骤1   选定表格区域 A2:I52,"开始"→"单元格"→"格式"下拉列表中选择"设置单元格格式"命令,在"单元格格式"对话框中,单击"对齐"选项卡,单击"水平对齐"下拉按钮,从下拉列表中选择"居中",单击"垂直对齐"下拉按钮,从下拉列表中选择"居中",在"文本控制"框架中,勾选"自动换行"复选框,单击"确定"按钮,如图 4-88 所示。

图 4-88　设置列标题和正文格式

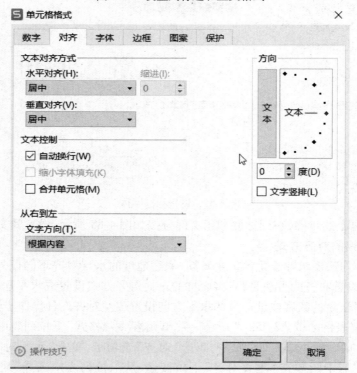

图 4-89　设置文本对齐方式

步骤2　选定表格区域 E3:E52、G3:G52,按照前面的步骤,将上述两个区域的水平对齐方式设置成"靠左(缩进)",完成表格对齐方式的设置,如图 4-90 所示。

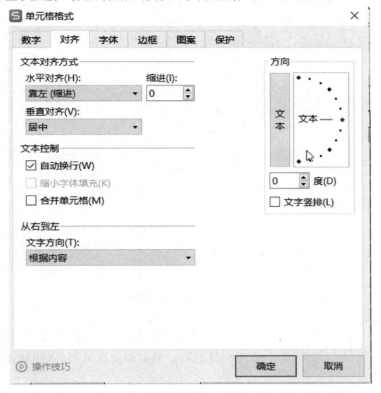

图 4-90　设置水平对齐方式

4.打印工作表

1)设置打印纸张大小和页面输出方向

步骤1　单击"页面布局"→"页面设置"功能区右下角的对话框启动器按钮,系统会弹出"页面设置"对话框,如图 4-91 所示。

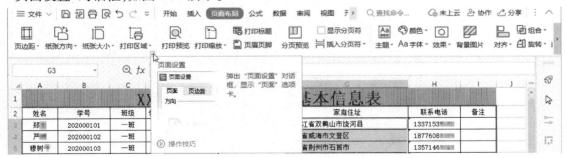

图 4-91　打开"页面设置"选项

步骤2　在"页面"选项卡中,单击"方向"框架中的"横向"单选按钮,单击"纸张大小"下拉按钮,从下拉列表中选择"A4",如图 4-92 所示。

图 4-92 "页面设置"对话框

2) 设置页边距

步骤 1 在"页面设置"对话框中,单击"页边距"选项卡。在"页边距"选项卡中,"上" "下""左""右""页眉""页脚"3 个数值框分别用于显示和设置页眉、页脚及页边距的大小,其单位默认为厘米。

步骤 2 在"上""下"数值框中分别输入数字"2.00""1.50",在"左""右"数值框中输入数字"0.50",页眉、页脚采用默认值,勾选"居中方式"框架中的"水平"复选框,如图 4-93 所示。

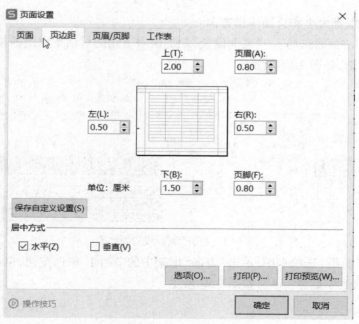

图 4-93 设置页边距

3) 设置页眉和页脚

步骤1　设置页眉。单击"页面设置"→"页眉/页脚"按钮,单击"自定义页眉",WPS 表格将页眉分成"左""中""右"3 个部分,在"左"区域输入××中学高三年级学生信息表",在"中"区域选择上方的日期和时间按钮。

步骤2　设置页脚。单击"页面设置"→"页眉/页脚"按钮,单击"自定义页脚",系统将页脚也分成"左""中""右"3 个部分,在中间插入页码和总页数,并输入相应的文字,如图 4-94 所示。

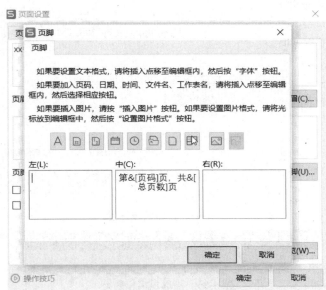

图 4-94　编辑页脚页码

4) 设置打印工作表顶端标题行

设置顶端标题行,即设置打印时每页都有的表格标题行。设置顶端标题行的操作步骤如下:

步骤1　在"页面布局"→"页面设置"选项卡中选择"工作表",在"工作表"选项卡中,单击"顶端标题行"编辑区右侧的"▦"拾取按钮。系统会弹出"页面设置-顶端标题行:"对话框,如图 4-95 所示。

步骤2　单击工作表第 1 行的行标"1",单击鼠标拖至第 2 行,这时"页面设置-顶端标题行:"对话框的编辑区中就会显示" $1: $2",表示顶端标题行已被拾取,如图 4-96 所示。

步骤3　在"页面设置-顶端标题行:"对话框中,单击"▦"拾取按钮,返回"页面设置"对话框,单击"确定"按钮完成设置(即打印出来每页都有相同的标题行)。

5) 设置打印区域

设置打印区域的操作步骤如下:

步骤1　选定待打印的单元格区域 A1:I52。单击 A1 单元格,当鼠标呈空心十字状时,按住鼠标左键往右下方拖动,拖至 I52 单元格时释放鼠标。

步骤2　在"页面布局"→"页面设置"功能区"打印区域"下拉列表中选择"设置打印区域"命令,完成设置,如图 4-97 所示。

图 4-95　打印区域设置

图 4-96　拾取顶端标题行

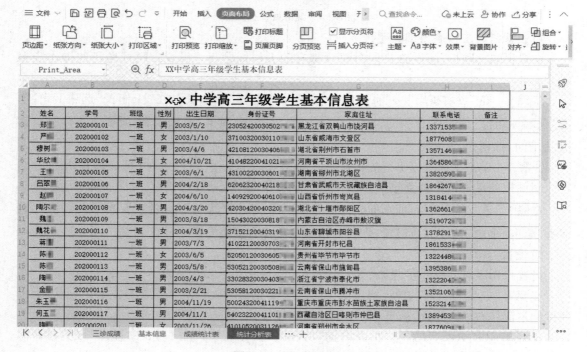

图 4-97　设置打印区域

6）打印预览

打印预览即查看当前设置后的打印效果，在"页面布局"中单击"打印预览"按钮查看当前设置后的打印效果，如图 4-98 所示。

图 4-98　页面设置打印预览

7）打印工作表

打印工作表的操作步骤如下：

选择"文件"→"打印"命令，系统会弹出如图 4-99 所示的界面，该界面中可以设置打印的相关参数。此处选择默认参数，在实际使用时可根据需要进行调整。

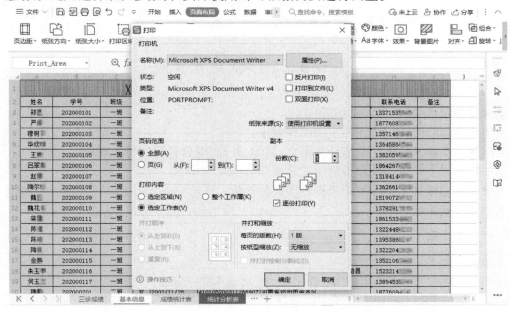

图 4-99　打印工作表界面

【知识小贴士】

当工作表内数据过多时,为了更好地查看数据,WPS 表格提供了冻结窗格的功能,用来保证一部分窗口内容能始终显示,具体操作步骤如下:

在"视图"选择"冻结窗格"下拉列表中的"冻结至第 2 行 A 列",即可始终查看第 1、2 行及 A 列的数据;而其他冻结方式,表示始终显示相应区域内容,如图 4-100 所示。

图 4-100　冻结窗格

要撤销冻结窗格,则重复上述步骤即可。

任务4-3　制作成绩统计表

制作成绩统计表,具体要求如下:
- 将三次诊断性成绩导入相应的工作表中。
- 根据三次诊断性考试成绩计算语文、数学、外语、综合科目的平均成绩。
- 根据各科平均成绩计算各学生的总成绩。
- 根据总成绩计算学生的年级排名即成绩等级。
- 制作成绩系统查询页面。

1. 打开工作簿

操作步骤如下:

步骤 1　单击"开始"→"WPS Office"命令,启动 WPS Office。

步骤 2　在 WPS Office 工作窗口中,选择"文件"→"打开"命令,在"打开"对话框中选择前一任务完成的工作簿,即"D:\学生管理"下的"学生管理系统"工作簿,单击"打开"按钮打开工作簿。

2. 录入基础数据

1) 在工作表"一诊成绩"中录入数据

此处通过数据导入方式进行:

步骤1　在"一诊成绩"工作表中,选择"数据"选项卡,单击"导入数据"→"导入数据"按钮,在弹出的菜单中单击"选择数据源",如图 4-101 所示。

图 4-101　设置数据导入

步骤2　单击"选择数据源",找到数据源所在文件夹,选择文本文件"一诊成绩",WPS表格支持多种数据来源,此处选择"文本文件",单击"打开",如图 4-102 所示。

图 4-102　选择导入文件

步骤3　在弹出的"文件转换"菜单中,选择"其他编码"→"UTF-8",单击"下一步",如图
4-103 所示。

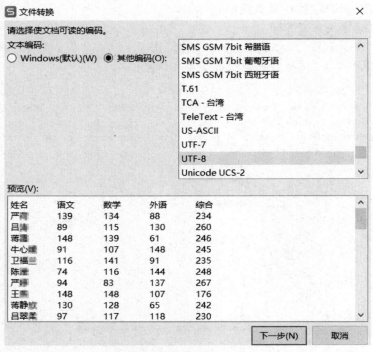

图 4-103　导入文件转换

步骤4　在"文本导入向导-3 步骤之 1"→"原始数据类型"中选择"分隔符号","导入起
始行"选择"1",设置后单击"下一步",如图 4-104 所示。

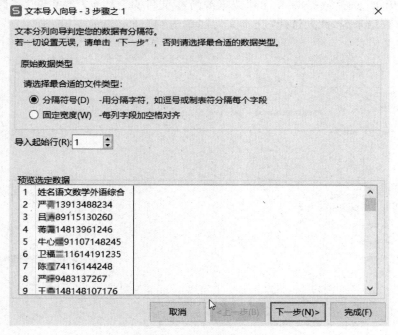

图 4-104　数据分隔方式选择

步骤5　在"文本导入向导-3步骤之2"→"分隔符号",系统会自动识别导入数据来源的分隔符号,如识别有误可在此处进行修改,此处选择"Tab键",单击"下一步",如图4-105所示。

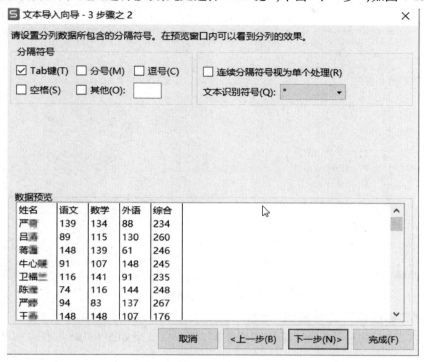

图4-105　分隔符号选择

步骤6　在"文本导入向导-3步骤之3"→"列数据类型",可对每列数据类型进行设置。单击"数据预览"中对应的列,在"列数据类型"中选中相应的类型即可,此处选择"常规",单击"完成",如图4-106所示。

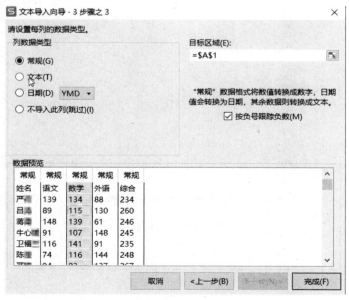

图4-106　设置列数据类型

数据导入后的效果,如图 4-107 所示。

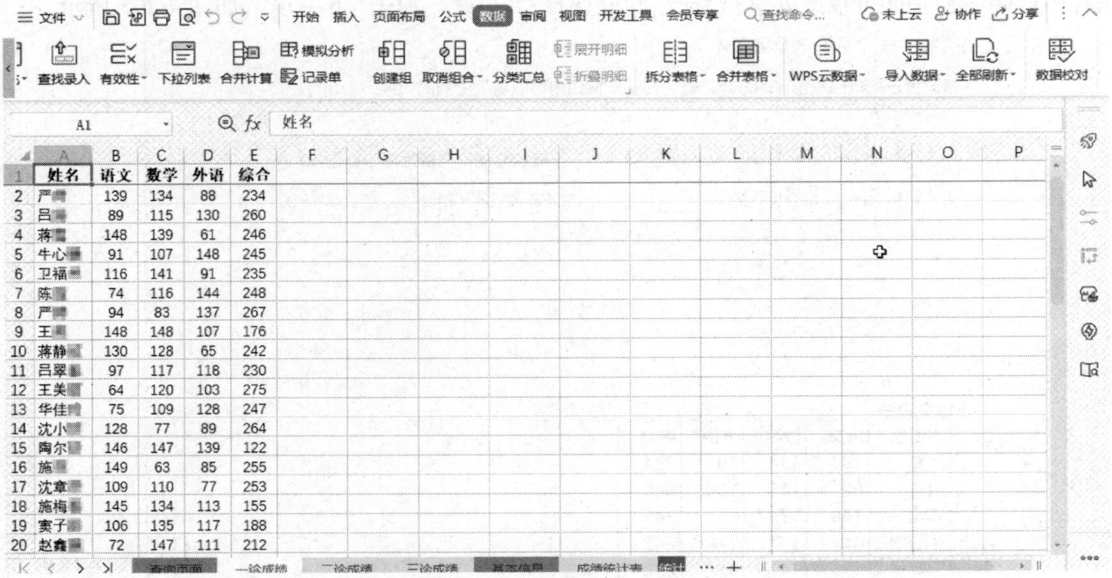

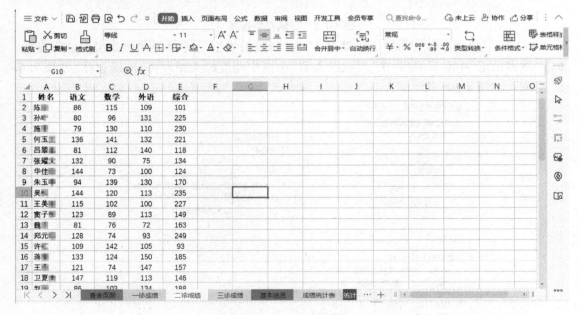

图 4-107　一诊成绩

2) 录入"二诊成绩""三诊成绩"数据

数据录入方法与"一诊成绩"录入方法相同,录入后效果如图 4-108 和图 4-109 所示。

图 4-108　二诊成绩

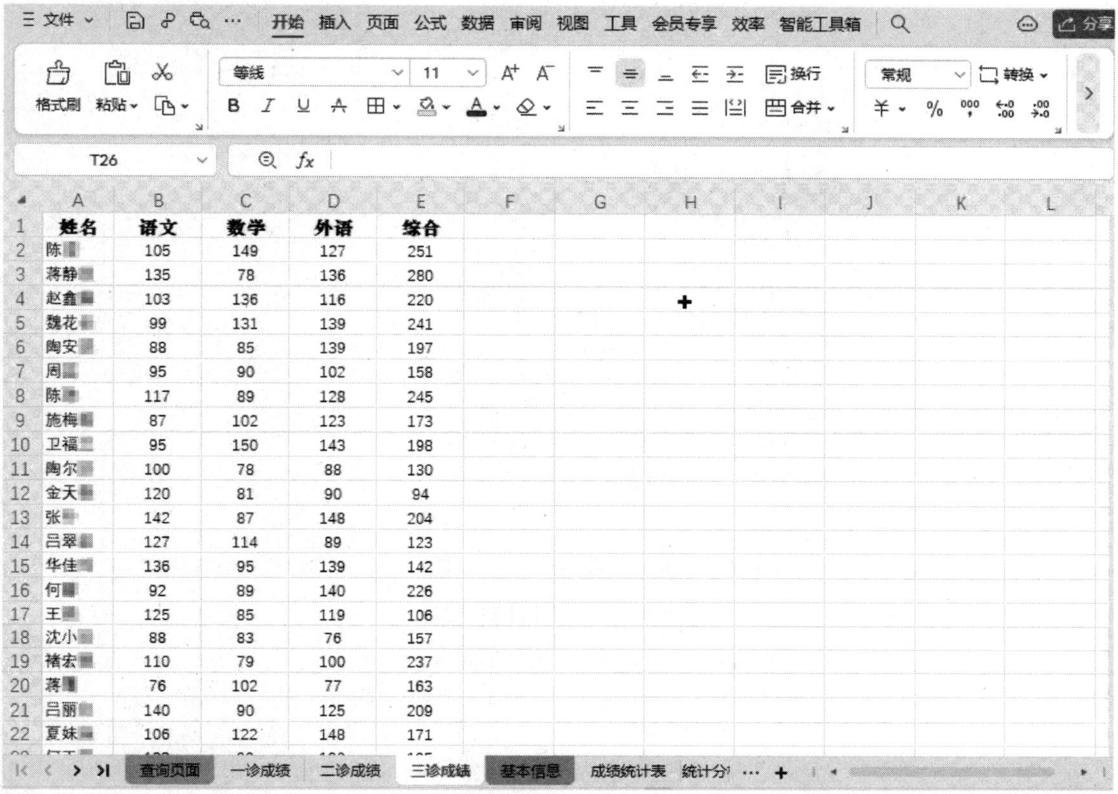

图 4-109　三诊成绩

3.录入统计数据

根据任务要求,在"成绩统计表"中应包含"姓名""学号""语文""数学""外语""综合""总成绩"7 项类内容,"语文""数学""外语""综合"成绩来源为前 3 次诊断性考试的平均成绩,如图 4-110 所示。

图 4-110　成绩统计表基本结构

1)计算 3 次诊断性考试成绩

在成绩统计表"数据"选项卡中选择"合并计算",在弹出的菜单中"函数"选择"平均值",在"引用位置"通过"📷"拾取按钮选择"一诊成绩""二诊成绩""三诊成绩"表中全部数据区域,单击"添加"按钮,在"标签位置"勾选"首行""最左列",如图 4-111 和图 4-112 所示。

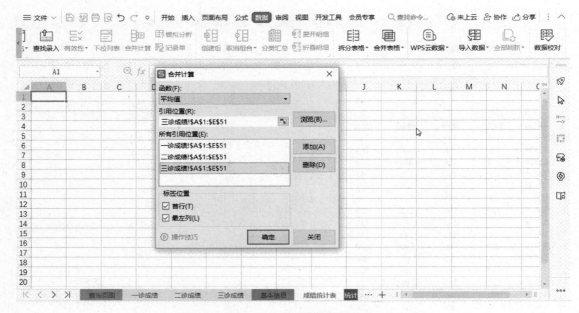

图 4-111 合并计算设置

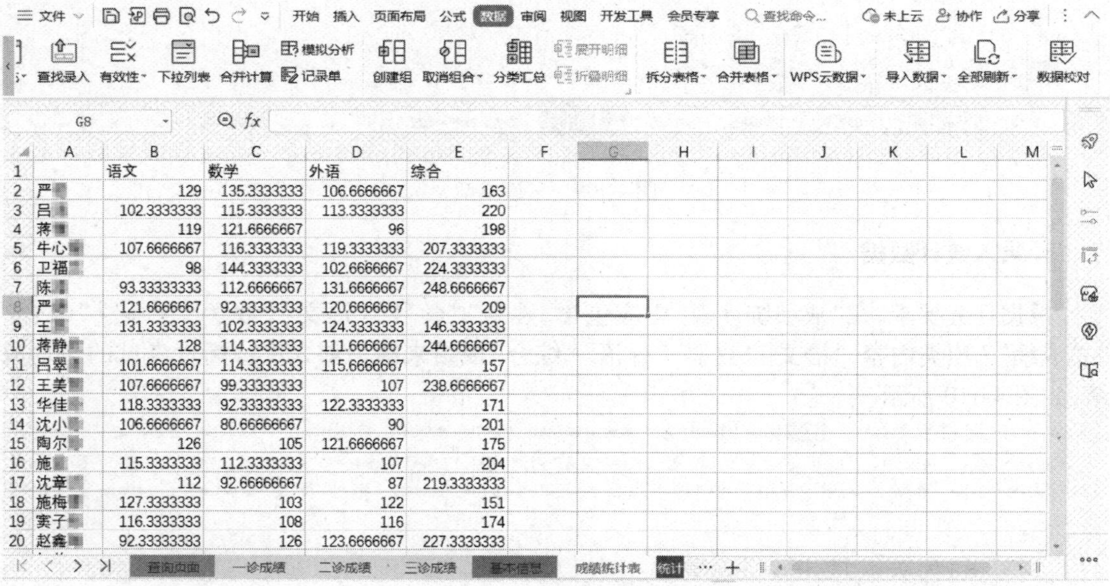

图 4-112 合并计算结果

2) 计算总成绩

步骤 1 计算第一个学生总成绩。在 F1 单元格中添加列标题"总成绩",在 F2 单元格中计算"严×"各科成绩之和,单击"公式"→"插入函数",在"选择类别"中选择"常用函数"→"SUM",单击"确定",在弹出的菜单中单击"数值 1"后的"$\blacksquare$"拾取按钮,选择 B2:E2 数据区域,如图 4-113 和图 4-114 所示。

步骤 2 计算全部学生总成绩。使用填充柄填充其他学生总成绩,如图 4-115 所示。

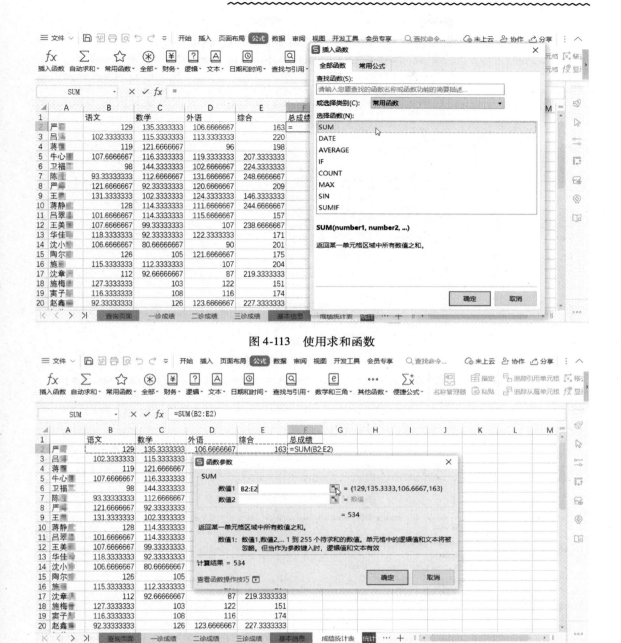

图 4-113　使用求和函数

图 4-114　使用 SUM 函数求和

3) 录入学号信息

步骤 1　在 B 列("语文"列)前插入一列,并将列标题设置为"学号",如图 4-116 所示。

步骤 2　在 B2 单元格中录入"严×"的学号信息,此处通过 VLOOKUP 函数进行查找匹配。单击"公式"→"插入函数",在"选择类别"中选择"查找与引用"→"VLOOKUP",如图 4-117 所示,再单击"确定"。

步骤 3　在弹出的菜单中通过"▦"拾取按钮在"查找值"中选择 A2 单元格,"数据表"选择"基本信息表"中 A2:B52,并按"F4"将该区域设置为绝对引用状态,在"列序数"中输入

"2",在"匹配条件"中输入"FALSE",如图 4-118 所示,再单击"确定"。

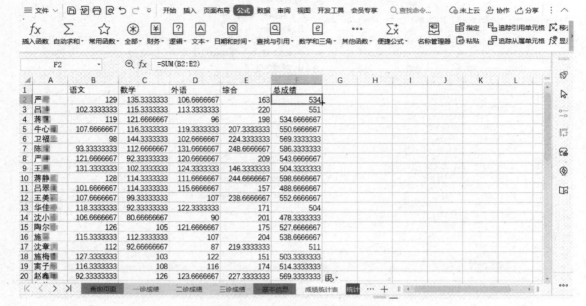

图 4-115　计算全部学生总成绩

图 4-116　插入"学号"列

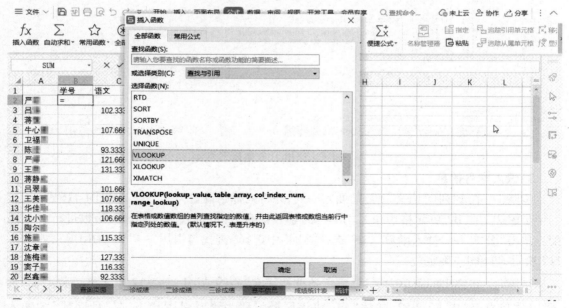

图 4-117　选择 VLOOKUP 函数

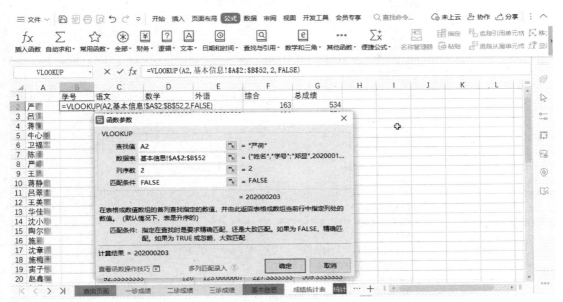

图 4-118 录入第一个学生学号

步骤 4 录入所有学生学号信息。此处使用填充柄快速进行学号填充，填充效果如图 4-119 所示。

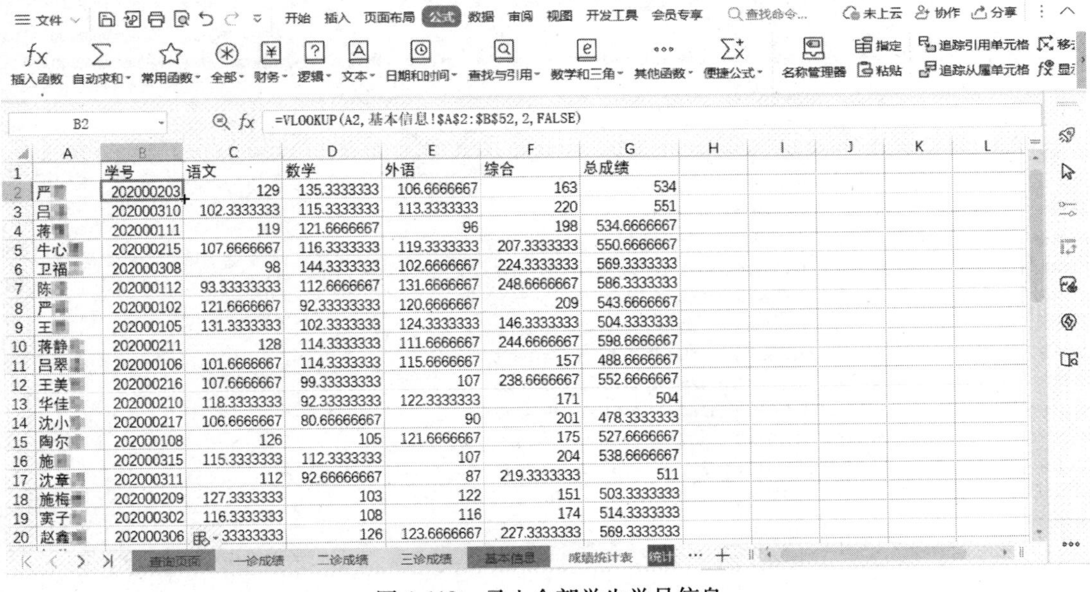

图 4-119 录入全部学生学号信息

4）计算年级排名

步骤 1 通过总成绩计算第一个学生年级排名。在 G1 单元格中添加列标题"年级"，在 G2 单元格中计算"严荷"年级排名，单击"公式"→"插入函数"，在"选择类别"中选择"统计"→"RANK"，单击"确定"，在弹出的菜单中单击"数值"选项后的""拾取按钮，选择 G2 单元格，"引用"区域选择 G2：G51，并设置为绝对引用状态，"排位方式"后的文本框输入 0（降序），如图 4-120 所示，再单击"确定"。

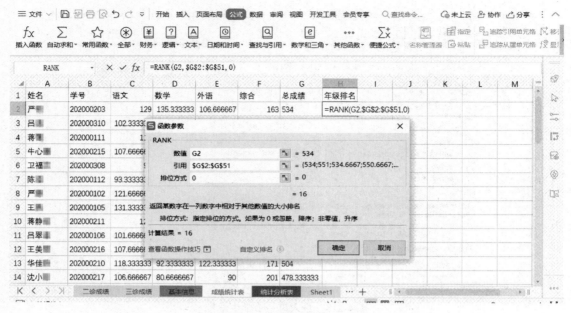

图 4-120　设置第一个学生排名

步骤 2　计算全部学生年级排名。使用填充柄填充其他学生年级排名,如图 4-121 所示。

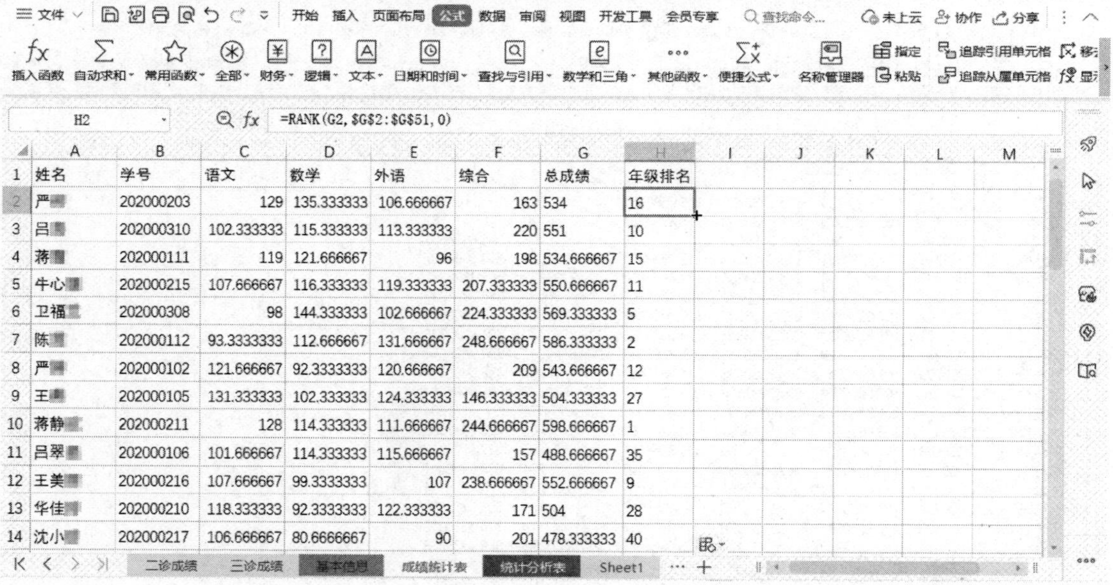

图 4-121　计算全部学生年级排名

5)计算成绩等级

成绩等级规则见表 4-1。

表 4-1　成绩等级规则

等级	优秀	良好	中等	及格	不及格
分数段	675～750	600～674	525～599	450～524	0～449

步骤 1　通过 IF 函数套用实现对第一个学生成绩等级判断。在 I2 单元格中输入"＝IF（G2>=675，"优秀"，IF（G2>=600，"良好"，IF（G2>=535，"中等"，IF（G2>=450，"及格"，"不及格"）)))"，单击回车键，如图 4-122 所示。

图 4-122　设置第一个学生成绩等级

步骤 2　计算全部学生成绩等级情况。使用填充柄填充其他学生成绩等级，如图 4-123 所示。

图 4-123　计算全部学生成绩等级

除 IF 函数外，还可以使用 VLOOKUP、INDEX+MATCH 等实现成绩等级判定。

6）完善表格信息,美化工作表

步骤 1 在 A1 单元格中输入"姓名",将标题行(第一行)字体设置为等线、14 号,加粗。

步骤 2 将 A2:G51 所有数据字体设置为等线、11 号。

步骤 3 将 C2:G51 区域小数位数设置为 1 位小数。

步骤 4 将所有单元格行高设置为 20 磅,列宽设置为 12 字符。

步骤 5 将数据区域所有数据设置为"垂直居中""水平居中"。

步骤 6 使用表格样式修饰工作表。在"开始"选项卡中单击"表格样式"选择"表格样式浅色 10",如图 4-124 所示,在弹出的菜单中将"表的数据来源"设置为 A1:I51,如图 4-125 所示,再单击"确定"。

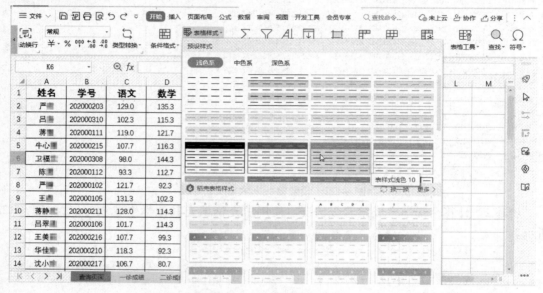

图 4-124 选择表格样式

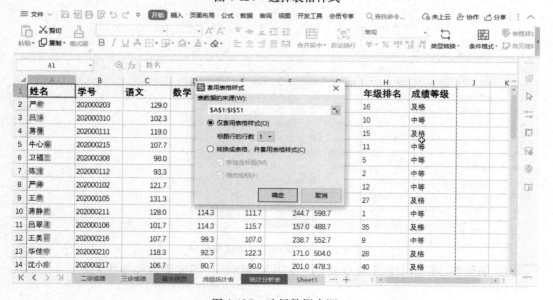

图 4-125 选择数据来源

设置后的效果，如图 4-126 所示。

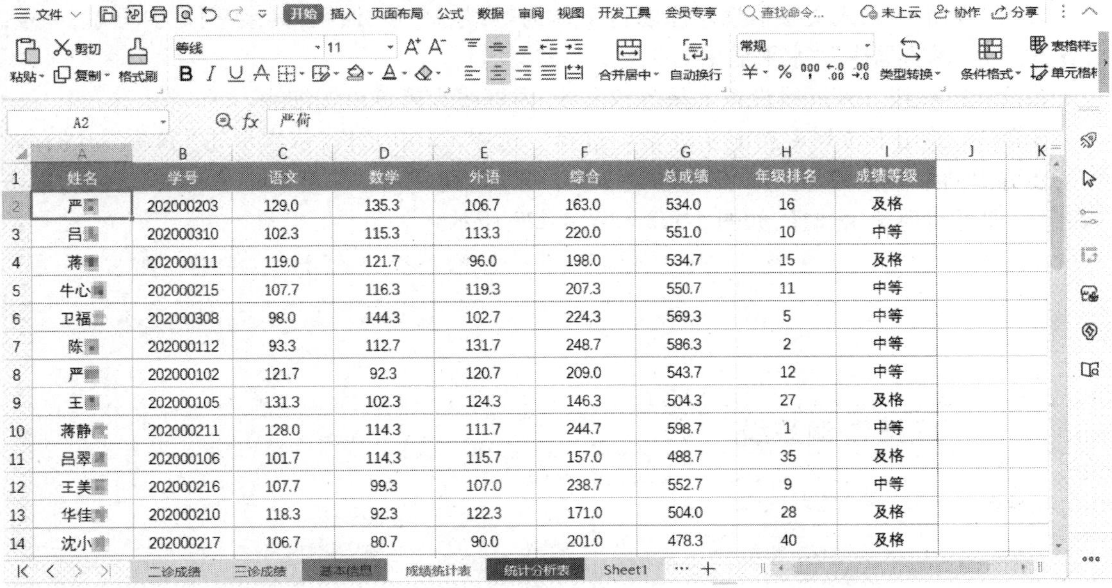

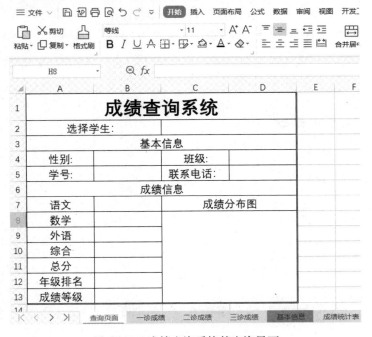

图 4-126   套用样式后的效果

4.制作学生成绩查询界面

要完成以姓名为主要关键字的查询功能，主要会使用到下拉列表及 VLOOKUP 函数。具体步骤如下：

步骤 1   在"查询页面"表中制作成绩查询系统的查询界面，如图 4-127 所示。

图 4-127   成绩查询系统的查询界面

①参照图 4-127 合并相应的单元格。

②在单元格中录入文字信息。标题行字体为等线、24 号，加粗，其余字体为等线、14 号，对齐方式为"垂直居中""水平居中"。

③设置边框线。外框线设置为黑色双实线，内框线为黑色单实细线。

步骤 2 使用下拉列表功能实现学生选择。选中 C2 单元格，依次单击"数据"→"有效性"，在弹出的菜单中将"允许"设置为"序列"，"来源"选择基本信息表中 A3：A52 区域，单击"确定"，即可实现学生选择，如图 4-128 和图 4-129 所示。

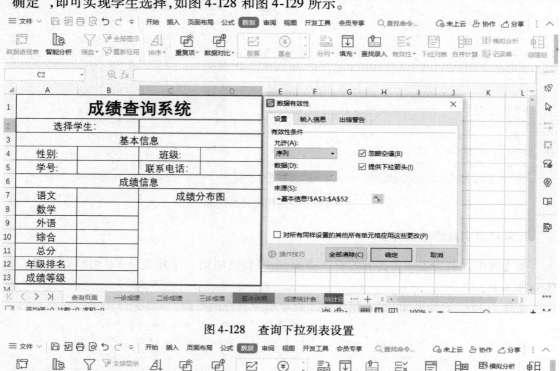

图 4-128　查询下拉列表设置

图 4-129　下拉列表设置效果

步骤 3　"基本信息"查询项设置。在 B4 单元格中输入函数"＝VLOOKUP（C2，基本信息！＄A＄2：＄H＄52,2,0）"，其余单元格参照 B4 单元格进行函数输入，如图 4-130 所示。

图 4-130　"基本信息"查询项设置

步骤 4　"成绩信息"查询项设置。在 B7 单元格中输入函数"＝ROUND（VLOOKUP（C2，成绩统计表！＄A＄1：＄I＄51,5,0），0）"，如图 4-131 所示，其余选项参照 B7 单元格进行函数输入。

图 4-131　"成绩信息"查询项设置

步骤 5　根据"语文""数学""外语""综合"成绩插入成绩分布图。选择 A7：B10 单元格区域，在"插入"选项卡中依次单击"全部图表"→"饼图"，如图 4-132 所示。

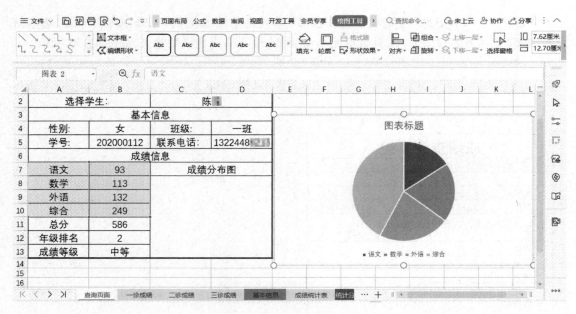

图 4-132　插入饼图

步骤 6　调整图表并放置到对应位置。在"图表工具"中，单击"快速布局"选择"布局 3"，"预设样式"选择"样式 1"，"添加元素"→"数据标签"选择"数据标签内"。调整图表大小，放置到 C8 单元格，如图 4-133 所示。

图 4-133　查询系统效果

【知识小贴士】

ROUND 函数是 WPS 表格中的一个返回某位数字取整后的数字（保留小数位数），语法格式如下：ROUND（数值，小数位数）。

如在单元格中输入"=ROUND(985.985,2)",返回结果为985.99,即通过"四舍五入"的方式对985.985保留两位小数。

任务4-4　制作统计分析表

为了解高三年级各班成绩情况,需对各班各项数据进行对比分析,主要包括排序、筛选、汇总和数据透视等操作。

1.在成绩统计分析表中录入数据

(1)将"成绩统计表"数据复制到"统计分析表"中。复制"成绩统计表"中A2:I51单元格区域数据,在"统计分析表"中单击A1单元格,单击鼠标右键,在弹出的菜单中单击"选择性粘贴"→"粘贴值和数字格式",如图4-134和图4-135所示。

图4-134　选择性粘贴数据

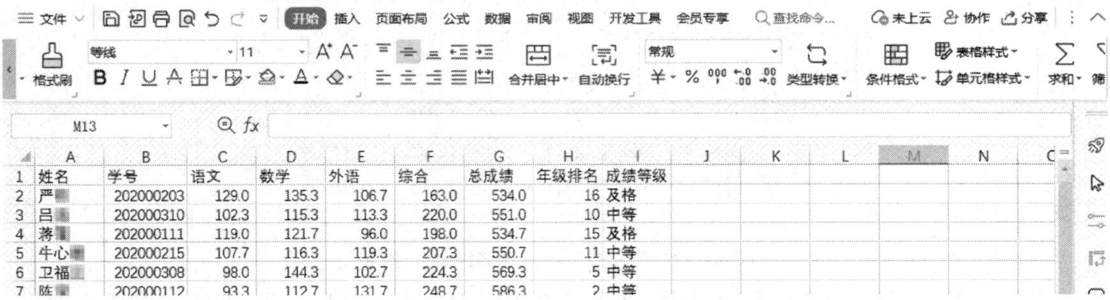

图4-135　粘贴效果

(2)在A列("姓名"列)前插入列,列标题为"班级",通过VLOOKUP函数输入该列数据,如图4-136所示。

图 4-136　录入班级信息

在"统计分析表"创建 3 张新的工作表,并命名为"数据筛选""对比分析""数据透视",将"统计分析表"中的数据复制到"数据筛选"和"对比分析"工作表中。

2. 对"统计分析表"进行数据处理

(1)将表中数据按照一班、二班、三班的顺序进行排序,在此基础上各班学生按总成绩降序排列。

知识准备:

步骤 1　首先对"班级"列按照降序排列。选中 A 列在开始菜单中选择"排序"→"降序",在"给出排序依据"中选择"扩展选定区域",如图 4-137 所示,单击"排序",效果为一班、三班、二班,如图 4-138 所示。

图 4-137　"班级"列按照降序排列设置

再尝试对"班级"列进行升序排序,排序最终顺序为二班、三班、一班,无法达到排序效果。

图 4-138　"班级"列降序排列效果

步骤2　对"班级"列进行自定义排序。选中 A 列,在开始菜单中依次单击"排序"→"自定义排序",在弹出的菜单中选择"扩展选定区域",弹出自定义排序界面,在"主关键字"中依次选择"班级""数值""自定义序列",在弹出的"自定义序列"界面中依次输入"一班""二班""三班",如图 4-139 所示,单击"添加",再单击"确定"。

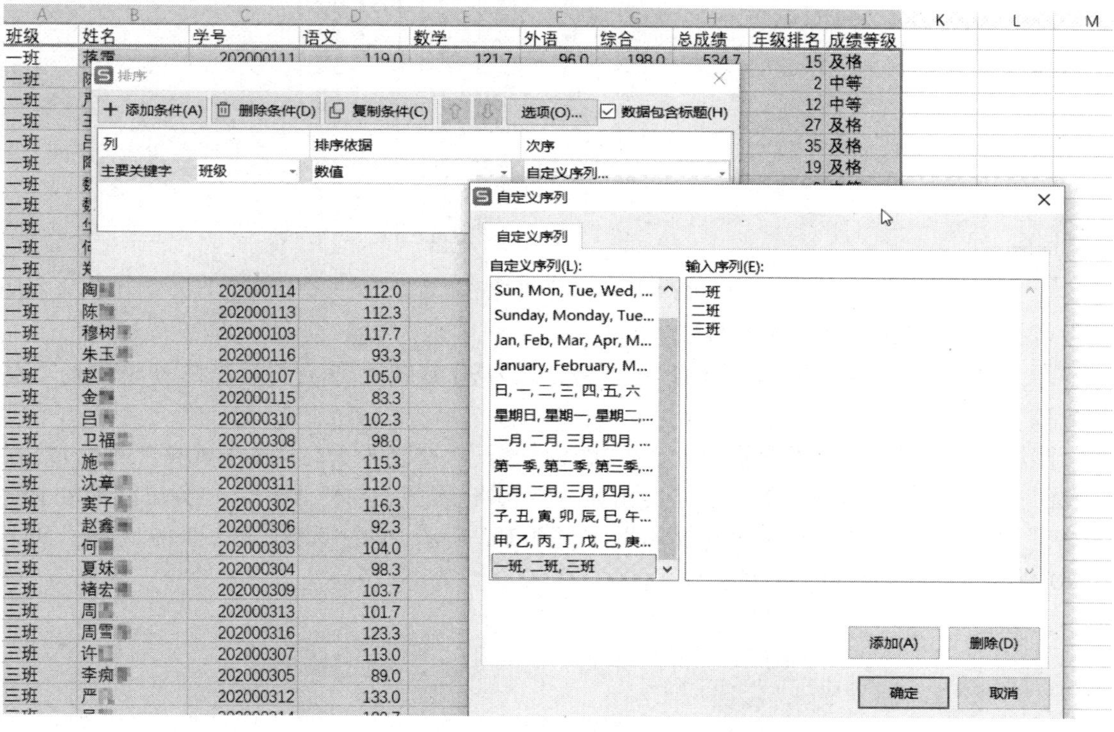

图 4-139　自定义序列

步骤3　添加排序次要关键字。在"排序"菜单中单击"添加条件",在"次要关键字"中依次选择"总成绩""数值""降序",如图 4-140 所示。

通过以上步骤即可实现项目要求,效果如图 4-141 所示。

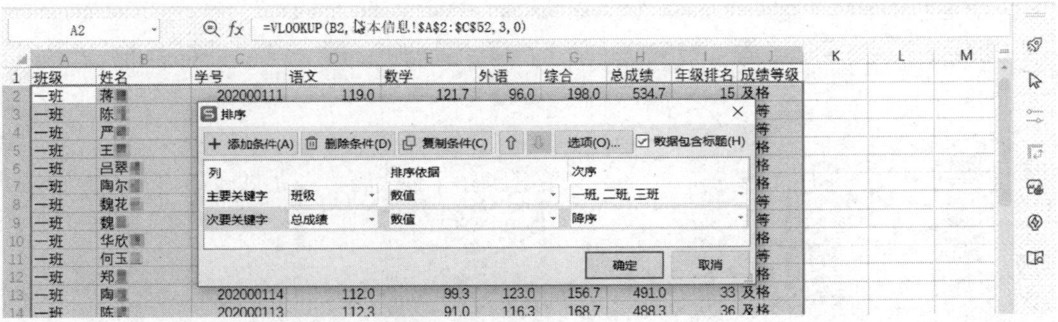

图 4-140　次要关键字设置

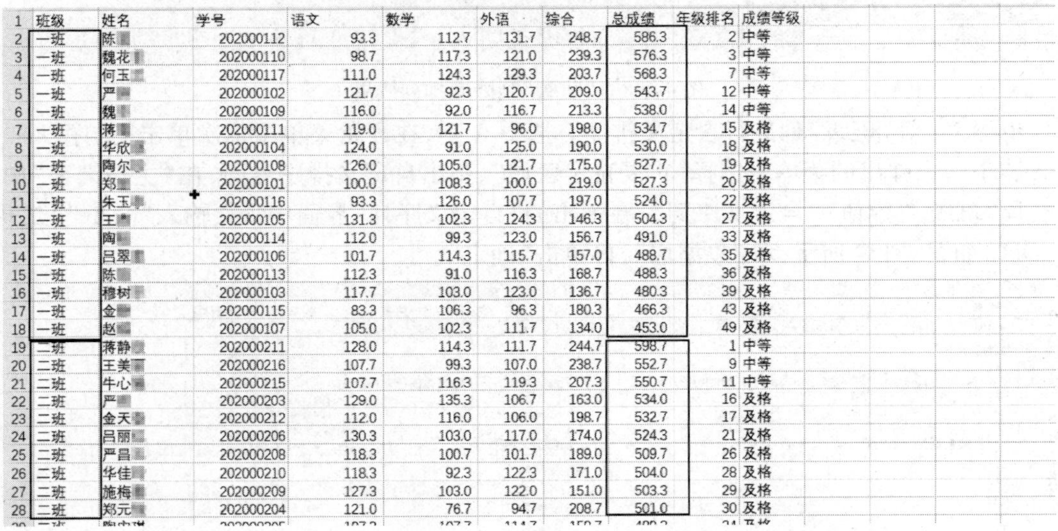

图 4-141　多条件排序效果

（2）标识各科成绩中不及格分数。

语文、数学、外语总成绩为 150 分，不及格分数为 90 分以下，综合科目总称为 300 分，不及格分数为 180 分以下。

步骤 1　标识出语文不及格分数。在"统计分析表"中选中 D2：D51 单元格数据区域，在"开始"选项卡中单击"条件格式"→"突出显示单元格规则"，选择"小于"，在弹出的菜单中输入"90"并选择"浅红填充色深红色文本"，如图 4-142 所示，单击"确定"后，即将"语文"列小于 90 分的数据设置为对应的显示样式。

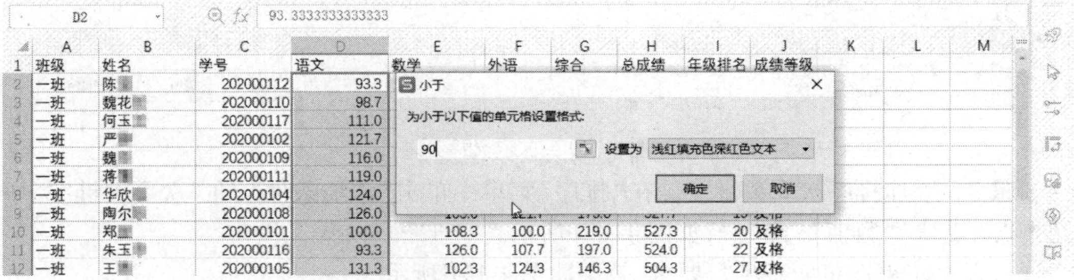

图 4-142　设置语文小于 90 分的显示格式

步骤 2　参照"语文"列设置方法，对数学、外语、综合科目进行设置，设置效果如图 4-143 所示。

	A	B	C	D	E	F	G	H	I	J
1	班级	姓名	学号	语文	数学	外语	综合	总成绩	年级排名	成绩等级
2	一班	陈	202000112	93.3	112.7	131.7	248.7	586.3	2	中等
3	一班	魏花	202000110	98.7	117.3	121.0	239.3	576.3	3	中等
4	一班	何玉	202000117	111.0	124.3	129.3	203.7	568.3	7	中等
5	一班	严	202000102	121.7	92.3	120.7	209.0	543.7	12	中等
6	一班	魏	202000109	116.0	92.0	116.7	213.3	538.0	14	中等
7	一班	蒋	202000111	119.0	121.7	96.0	198.0	534.7	15	及格
8	一班	华欣	202000104	124.0	91.0	125.0	190.0	530.0	18	及格
9	一班	陶尔	202000108	126.0	105.0	121.7	175.0	527.7	19	及格
10	一班	郑	202000101	100.0	108.3	100.0	219.0	527.3	20	及格
11	一班	朱玉	202000116	93.3	126.0	107.7	197.0	524.0	22	及格
12	一班	王	202000105	131.3	102.3	124.3	146.3	504.3	27	及格
13	一班	陶	202000114	112.0	99.3	123.0	156.7	491.0	33	及格
14	一班	吕翠	202000106	101.7	114.3	157.0	488.7		35	及格
15	一班	陈	202000113	112.3	91.0	116.3	168.7	488.3	36	及格
16	一班	穆树	202000103	117.7	103.0	123.0	136.7	480.3	39	及格
17	一班	金	202000115	83.3	106.3	96.3	180.3	466.3	43	及格
18	一班	赵	202000107	105.0	102.3	111.7	134.0	453.0	49	及格
19	二班	蒋静	202000211	128.0	114.3	111.7	244.7	598.7	1	中等

图 4-143　设置其他科目显示格式

（3）找出年级各科最高分、最低分、平均分，以及各成绩等级占比。在工作表中添加相应内容，如图 4-144 所示。

	A	B	C	D	F	G
49	三班	周	202000313	101.7	107.3	113.0	138.0	460.0		47	及格
50	三班	李痴	202000305	89.0	124.3	95.7	149.0	458.0		48	及格
51	三班	张	202000301	107.3	79.0	112.7	148.7	447.7		50	不及格
52						
53		最高分	最低分	平均分	等级	占比
54	语文				优秀	
55	数学				良好	
56	外语				中等	
57	综合				及格	
58					不及格	

图 4-144　添加运算内容

步骤 1　求出语文的最高分、最低分和平均分。在 B54 单元格中输入"= MAX（D2：D51）"，在 C54 单元格中输入"= MIN（D2：D51）"，在 D54 单元格中输入"= AVERAGE（D2：D51）"。

步骤 2　求出数学、外语、综合的最高分、最低分和平均分。参照语文输入函数求各分数。

步骤 3　将各分数小数位数设置为 1 位。最终效果如图 4-145 所示。

	A	B	C	D		G
50	三班	李痴	202000305	89.0	124.3	95.7	149.0	458.0
51	三班	张	202000301	107.3	79.0	112.7	148.7	447.7
52						
53		最高分	最低分	平均分	等级	占比
54	语文	133.0	83.3	110.9	优秀	
55	数学	144.3	76.7	107.6	良好	
56	外语	131.7	87.0	111.8	中等	
57	综合	256.0	101.0	183.2	及格	
58					不及格	
59						

图 4-145　设置小数位数为 1 位

步骤 4　求出"优秀"占比。在 G54 单元格中输入"= COUNTIF（J2：J51，F54）/COUNTA（J2：J51）"即可求出优秀占比。

步骤 5　参照步骤 4 求出其他等级占比情况。

步骤 6　将占比情况数据小数位数设置为 2 位，效果如图 4-146 所示。

50	二班	李娟	202000305	89.0	124.3	95.7	149.0	458.0	48	及格
51	三班	张	202000301	107.3	79.0	112.7	148.7	447.7	50	不及格
52								
53		最高分	最低分	平均分		等级	占比
54	语文	133.0	83.3	110.9		优秀	0.00
55	数学	144.3	76.7	107.6		良好	0.00
56	外语	131.7	87.0	111.8		中等	0.25
57	综合	256.0	101.0	183.2		及格	0.74
58						不及格	0.02
59							

图 4-146　运算结果

（4）在"数据筛选表"中筛选出总成绩大于 500 且单科至少有一门不及格的学生。

步骤 1　在 M2：Q6 区域中列出筛选条件，如图 4-147 所示。

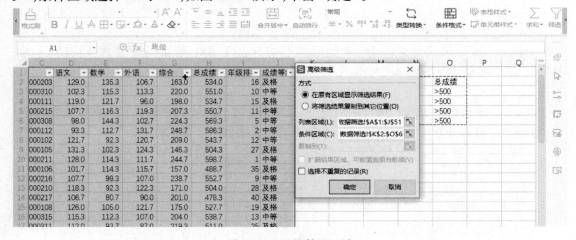

图 4-147　设置筛选条件

步骤 2　筛选符合条件的数据。在"数据筛选"表"开始"选项卡中单击"筛选"→"高级筛选"，弹出"高级筛选"菜单，"方式"选择"在原有区域显示筛选结果"，"列表区域"选择 A1：J51，条件区域选择"K2：O6"，如图 4-148 所示，单击"确定"。

图 4-148　选取筛选区域

筛选结果，如图 4-149 所示。

（5）在"对比分析"表中计算一班、二班、三班各科平均成绩，并绘制图表。

①求各班平均成绩。

步骤 1　将"班级"列按照一班、二班、三班进行排序。

步骤 2　按班级对各科成绩进行分类汇总。选中数据区域 A1：J51，在"数据"选项卡中单击"分类汇总"，在弹出的菜单中将"分类字段"设置位"班级"，"汇总方式"设置为"平均值"，在“选定汇总项”中勾选“语文”“数学”“外语”“综合”，如图 4-150 所示，单击“确定”。

班级	姓名	学号	语文	数学	外语	综合	总成绩	年级排名	成绩等级
二班	严	202000203	129.0	135.3	106.7	163.0	534.0	16	及格
一班	王	202000105	131.3	102.3	124.3	146.3	504.3	27	及格
二班	华佳	202000210	118.3	92.3	122.3	171.0	504.0	28	及格
一班	陶尔	202000108	126.0	105.0	121.7	175.0	527.7	19	及格
三班	沈章	202000311	112.0	92.7	87.0	219.3	511.0	25	及格
二班	施梅	202000209	127.3	103.0	122.0	151.0	503.3	29	及格
三班	宾子	202000302	116.3	108.0	116.0	174.0	514.3	24	及格
二班	郑元	202000204	121.0	76.7	94.7	208.7	501.0	30	及格
三班	周雪	202000316	123.3	104.7	116.0	156.7	500.7	31	及格
三班	许	202000307	113.0	138.7	107.0	164.7	523.3	23	及格
二班	吕丽	202000206	130.3	103.0	117.0	174.0	524.3	21	及格

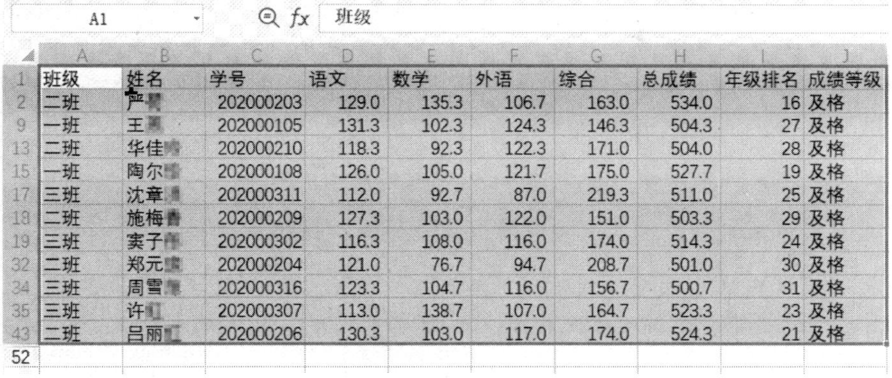

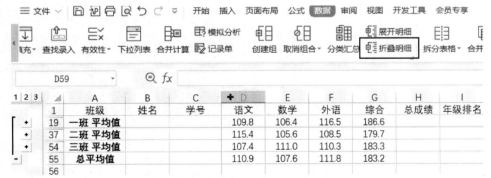

图 4-149　多条件筛选结果

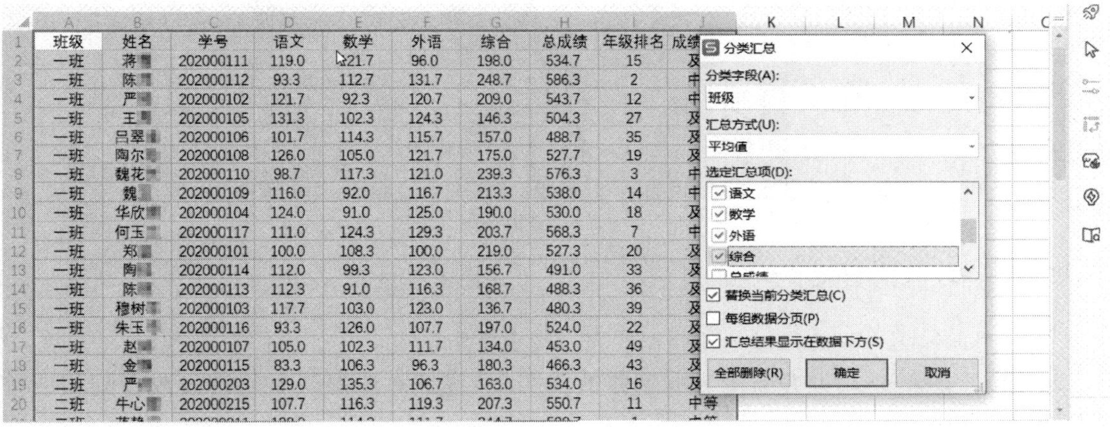

图 4-150　分类汇总设置

步骤 3　隐藏分类明细。数据分类汇总后单击“折叠明细”可隐藏明细数据，如图 4-151 所示。

班级	姓名	学号	语文	数学	外语	综合	总成绩	年级排名
一班 平均值			109.8	106.4	116.5	186.6		
二班 平均值			115.4	105.6	108.5	179.7		
三班 平均值			107.4	111.0	110.3	183.3		
总平均值			110.9	107.6	111.8	183.2		

图 4-151　折叠分类汇总明细

②根据分类汇总情况插入图表。

步骤 1　在 A 列中框选“班级”“一班平均值”“二班平均值”“三班平均值”，并框选“语文”“数学”“外语”“综合”列相应数据，在“插入”选项卡中，单击“全部图表”，在弹出的图表选项中选择"柱形图",如图 4-152 所示。

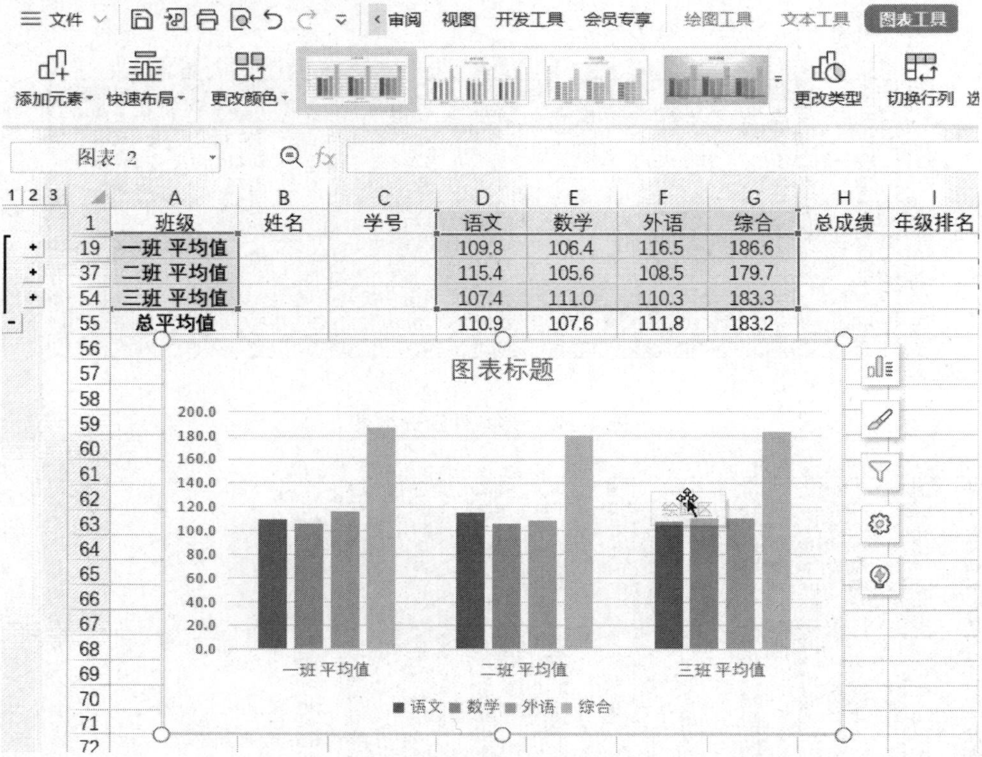

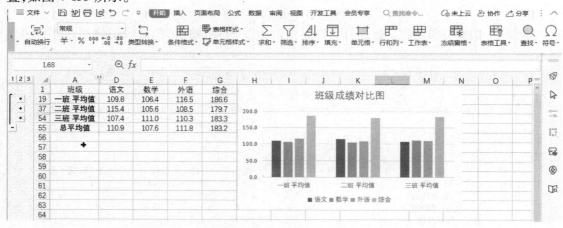

图 4-152　选择图表数据区域

步骤 2　隐藏 B、C 列并将图表标题修改为"班级成绩对比图",并将图表放置到相应位置,如图 4-153 所示。

图 4-153　插入班级成绩对比图

(6)在"数据透视"表中插入数据透视表。

步骤 1　单击"数据透视"表,在"插入"选项卡中单击"数据透视表",在"请选择要分析的数据"中单击"请选择单元格区域"选择"统计分析表"中 A1：J51 数据区域,如图 4-154 所示,单击"确定"。

图 4-154　选择数据分析区域

步骤 2 设置数据透视表。将"成绩等级"拖入"筛选器","班级"拖入"行","语文""数学""外语""综合"拖入"数值",如图 4-155 所示。

图 4-155　设置数据透视表

步骤3　将值字段设置为各科成绩平均值,单击"求和项:语文"后的" ▼ "在弹出的菜单中单击"值字段设置",将"值字段汇总方式"更改为"平均值",调整显示区域小数位数,更改后如图 4-156 所示。

图 4-156　更改"值字段汇总方式"

在 B1 单元格中可以选择不同成绩等级,在数据区域将显示该等级的各科成绩平均值,如图 4-157 所示。

图 4-157　透视各成绩等级数据

习　题

一、单项选择题

1. 关于 WPS 表格工作表的说法正确的是(　　)。
A. 工作表的行列数可以无线增加
B. 工作表跟文件一样可以进行重命名、删除、移动、复制操作
C. 工作表名称不能更改,只能是 Sheet1 ,Sheet2 ,Sheet3
D. 工作表的顺序位置不能拖动

2. 在 WPS 表格中,默认情况下,单元格名称使用的是(　　)。
A. 相对引用　　　　　　B. 绝对引用　　　　　　C. 混合应用　　　　　　D. 三维相对引用

3. 在 WPS 表格中,如果在 F5 单元格中输入了数值 20,在 F6 单元格中输入了公式" = F5> =30",则 E5 单元格的值为(　　)。
A. 20　　　　　　　　B. 30　　　　　　　　C. False　　　　　　　D. True

4. WPS 表格中的统计图表是(　　)。
A. 使用者自行绘制的插图
B. 使用者选择使用的对电子表格的一种格式修饰
C. 根据电子表格数据做出的,并随时与该数据动态对应
D. 根据电子表格数据做出的,但做成后与该数据没有联系了

5. 在 WPS 表格的单元格中,若要输入字符串"0510101",则应输入(　　)。
A. ' 0510101　　　　B. "0510101"　　　　C. 0510101　　　　D. # 0510101

6. 在 WPS 表格中,在打印学生成绩表时,对不及格的成绩用醒目的方式表示(如用红色表示等),当要处理大量的学生成绩时,利用(　　)功能最为方便。
A. 查找　　　　　　　B. 条件格式　　　　　　C. 数据筛选　　　　　　D. 定位

7. 在 WPS 表格工作表 D12 单元格中有公式" = $ B $10 ∗ $ C $10",删除第 6 行后,D11 单元格中的公式是(　　)。
A. = $ B $9 ∗ $ C $9　　　　　　　　　　　B. = $ B $9 ∗ $ C $8
C. = $ B $10 ∗ $ C $10　　　　　　　　　　D. = $ B $9 ∗ $ C $10

8. 下图是一张在 WPS 表格中进行数据统计的工作表,该工作表的第一行图标"▾"表示该文档应用了(　　)功能。

序号	姓名	性别	部门	出勤
1	张玲	女	人事处	22
2	李静	女	行政部	25
3	高覃	男	行政部	22
4	陈力	男	技术部	22
5	黄川	男	技术部	22

A. 分类汇总　　　　　　B. 分页　　　　　　　C. 排序　　　　　　　D. 筛选

9. 在下图所示 WPS 表格工作表中,为了得到张一的总成绩在所有学生中的名次,并且便

于复制计算公式得到其他学生的名次,应该在 F2 单元格中输入的公式为(　　)。

	A	B	C	D	E	F
1	学生姓名	高数	计算机	英语	总分	名次
2	张一	90	99	89	278	
3	李四	95	91	87	273	
4	王三	89	97	95	281	
5	李五	87	86	89	262	
6	王四	92	90	87	269	

A. = RANK(E2,F2:F6)   B. = RANK($F2,$F2:F6)

C. = RANK(E2,$E2:$E6)   D. = RANK(F2,$F$2:$F$6)

10. 如果某单元格输入: = "计算机"&"WPS 表格",结果为(　　)。

A. 计算机 & WPS 表格   B. "计算机"&"WPS 表格"

C. 计算机 WPS 表格   D. 以上都不是

二、操作题

新建一个 WPS 表格工作簿,将 Sheet1 命名为"成绩表"并录入以下内容:

	A	B	C	D	E	F	G	H	I	J	K
1	学号	姓名	性别	班级	高等数学	大学英语	逻辑学	应用文写作	程序设计基础	总分	平均分
2	20200110	马▉	男	二班	94.5	70	77	75	61		
3	20200102	陈▉	女	一班	91	91	95	79.5	74		
4	20200105	柯景▉	男	一班	87.5	73	91	89	69.5		
5	20200213	朱娴▉	女	一班	83	84	77	75	73.5		
6	20200203	王梓▉	男	二班	82.5	88	86	84	81.5		
7	20200112	申雅▉	女	一班	82	65	87.5	85.5	91		
8	20200114	宋金▉	女	二班	82	81	62.5	60.5	92		
9	20200205	杨▉	女	二班	82	75	90	88	75		
10	20200104	黄维▉	女	一班	80.5	81	74	72	93		
11	20200206	杨烨▉	女	一班	79.5	78.5	74.5	72.5	73		
12	20200111	潘冠▉	男	二班	79	85.5	63.5	61.5	85.5		
13	20200106	李佳▉	女	二班	78.5	81.5	82	80	89.5		
14	20200103	陈▉	女	一班	77.5	67	62	60	84.5		
15	20200101	卜雨▉	男	一班	76.5	88	75.5	73.5	92		
16	20200212	赵▉	男	二班	76	92	95	93	67		
17	20200201	王嘉▉	女	二班	75.5	62.5	74.5	63	67		
18	20200204	许琴▉	女	一班	75.5	74	76	74	73.5		
19	20200107	刘佳▉	男	一班	74.5	87	92.5	90.5	74		
20	20200210	张孟▉	女	二班	72	64.5	69.5	67.5	60.5		
21	20200113	史▉	女	一班	71.5	88	81	85	82.5		
22	20200211	章怡▉	男	二班	71.5	79.5	75.5	73.5	87.5		
23	20200207	袁艳▉	女	二班	68.5	63	88	86	73		
24	20200209	张美▉	女	一班	67	72	83	81	51		
25	20200108	刘乃▉	男	二班	66	68.5	76.5	74.5	74.5		
26	20200202	王淇▉	男	一班	66	73	77	63	65		
27	20200208	张▉	女	二班	64.5	82.5	71.5	69.5	81.5		
28	20200109	刘祥▉	男	一班	57	85.5	88.5	86.5	70.5		
29											
30				统计综合成绩优秀人数							
31				男生							
32				女生							

在此工作簿中另外新建 3 张工作表,依次命名为"成绩筛选""成绩汇总""成绩排序",将成绩表 A1:I28 区域数据复制到"成绩筛选""成绩汇总"工作表对应的区域中。

1. 在"成绩表"中,完成以下计算:

①计算每个学生的"总分",将其放入 J2 到 J28 单元中。

②计算每个学生的"平均分",将其放入 K2 到 K28 单元中,并将区域 K2:K28 的数值格式设置为小数点后保留两位。

2. 为了给"按班级打印成绩"做准备,需要完成以下操作:

①将"成绩表"中 A1:K28 数据复制到"成绩排序"工作表中(从 A1 单元格开始存放),其数据的结构和内容与"成绩表"中数据一致。

②在"成绩排序"表中完成排序操作,具体要求为:主要关键字"班级",降序;次要关键字"学号",升序。

3. 在"成绩表"中,汇总分析学生人数,具体要求如下:

利用数据透视表功能,汇总各班级的男女生人数,要求"列"标签为"班级"字段,"行"标签为"性别"字段,且将数据透视表放置在当前工作表的 A33 单元格。

4. 在"成绩表"中,给出每个学生的排位情况,操作要求如下:

首先在 L1 单元格中输入文字"名次",其次利用 RANK 函数计算每个学生的"名次",将其放入 L2 到 L28 单元中。

5. 为了更好地分析学生的成绩情况,在"成绩表"中继续完成以下操作:

①首先,在 M1 单元格中输入文字"综合成绩";其次,按下面给定的标准计算每个学生的"综合成绩",并将其放入 M2 到 M28 单元中。

"综合成绩"标准:

"平均分"在 85 分以上(含 85 分)为"优秀";

"平均分"在 60~85 分(含 60 分)为"及格";

"平均分"在 60 分以下为"不及格"。

②在 F31 单元格中,利用函数统计"综合成绩"为"优秀"的男生人数。

③在 F32 单元格中,利用函数统计"综合成绩"为"优秀"的女生人数。

6. 现在需要筛选出平均分在 75~90 分(含 75 分和 90 分),且班级为"二班"的"男生"。请利用自动筛选功能在"成绩表"中实现这一操作。

7. "成绩筛选"表中存放的是所有学生的原始成绩,现需要一次性筛选出"高等数学"或"逻辑学"成绩在 85 分以上(含 85 分)的所有学生。

8. "成绩汇总"表中存放的是所有学生的原始成绩,现需要对表中数据进行分类汇总分析,具体要求是按"性别"分类统计男生和女生的"高等数学"和"应用文写作"这两门课程的平均分,隐藏分类明细。

项目 **5**
户外采风演示文稿设计与制作

小张同学要协助老师组织班级同学参加户外采风活动,需要制作一份介绍户外采风的演示文稿。演示文稿内容包括标题幻灯片、活动介绍、行程介绍、注意事项、总结等。

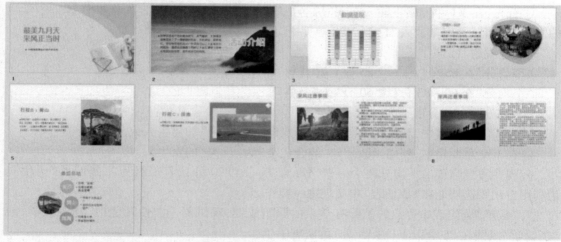

按以上要求,小张同学必须掌握以下技能:

- 会创建演示文稿,能打开、修改、保存演示文稿;
- 会在演示文稿中添加幻灯片,能根据需要合理地选择幻灯片版式;
- 能根据需要在幻灯片中插入文字、表格、图片、图表、艺术字、自选图形等对象,并能合理地设置所插入对象的格式;
- 能对演示文稿中的幻灯片进行复制、移动和删除等操作;
- 能给幻灯片中的对象设置超链接,会设置和修改幻灯片中的项目符号;
- 会应用母版、主题、配色方案等美化幻灯片,并能合理地设置幻灯片的背景;
- 会设置幻灯片的动画效果,能设置幻灯片的切换效果。

任务5-1　演示文稿基础知识

1.幻灯片的基础操作

1）认识PPT界面布局

PPT界面大致可以分为标题栏、菜单栏、快速访问栏、选项卡、幻灯片和大纲窗口、编辑区、状态栏、视图工具。

（1）标题栏

单击加号新建一个文档，选择"演示"→"新建空白文档"，即可新建了一个演示文稿（PPT），如图5-1所示。画框处会显示演示文稿的名称，如图5-2所示。

图5-1　WPS新建演示文稿

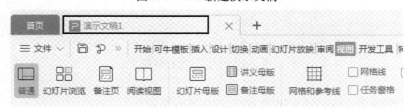

图5-2　WPS演示文稿标题栏

（2）菜单栏

菜单栏包括开始、插入、页面布局、引用、审阅、视图、章节、开发工具等选项卡。在菜单栏中单击不同的选项卡，会显示不同的操作工具，如图5-3所示。

图 5-3　WPS 演示文稿菜单栏

在菜单栏的左侧,这个小图标" ｡ "是"快速访问栏",在"快速访问栏"中,可以快速对PPT进行一些基础操作,如图 5-4 所示。

图 5-4　自定义快速访问工具栏

(3)幻灯片/大纲窗格

在演示文稿左侧可以查看所有幻灯片和切换幻灯片,如图 5-5 所示。

图 5-5　幻灯片/大纲窗格

(4)编辑区

编辑区可以在此编辑演示文稿的内容,如图 5-6 所示。

(5)状态栏、视图工具

在状态栏中可以看到 PPT 页数,如图 5-7 所示。

幻灯片默认是"普通视图"。可以调整是否显示备注面版,如图 5-8 所示。快速切换"幻灯片浏览"和"阅读"视图,如图 5-9 所示。以及创建"演讲实录",调整"放映方式",如图 5-10 所示。

232

图 5-6　WPS 演示文稿编辑区

图 5-7　WPS 状态栏

图 5-8　幻灯片备注面板

图 5-9　幻灯片视图

图 5-10　幻灯片放映方式

还可调整"页面缩放比例",拖动滚动条可快速调整,最右侧的是"最佳显示比例"按钮,如图 5-11 所示。

图 5-11　显示比例

2) 快速替换 PPT 的文字字体

以此 PPT 为例,若想快速将此 PPT 的微软雅黑替换为方正小标宋简体。

单击菜单栏"开始"→"替换"→"替换字体",如图 5-12 所示。此时弹出"替换字体"对话框,如图 5-13 所示。

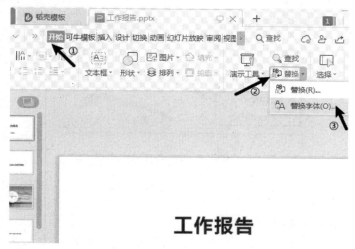

图 5-12　替换字体

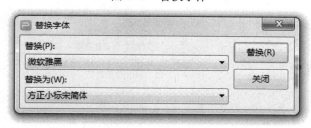

图 5-13　替换字体对话框

在"替换"中选择"微软雅黑"字体,在"替换为"中选择"方正小标宋简体"字体。单击"替换",就可以快速地将此 PPT 的微软雅黑字体替换为方正小标宋简体字体。

3) 快速替换 PPT 指定文本内容

以此 PPT 为例,若想快速将此 PPT 中"X 公司"替换为"公司"。

单击菜单栏"开始"→"替换",它的快捷键是"Ctrl+H",如图 5-14 所示。

图 5-14　替换

在弹出的"替换"对话框中设置查找替换限制,例如区分大小写、全字匹配、区分全/半角,如图 5-15 所示。在"查找内容"中输入 X 公司,在"替换为"中输入公司。单击"替换",可以替换当前查找到的文本。单击"全部替换"可以全部替换为指定的文本内容。

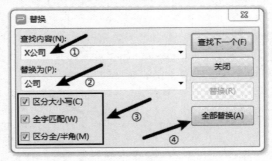

图 5-15 替换对话框

2. 幻灯片的排版

1)PPT 中格式统一小技巧

以下面文档为例,需要将字体统一为蓝色,首先选中蓝色字体的文本框。

在菜单栏"开始"列表左下方选择"格式刷",如图 5-16 所示。

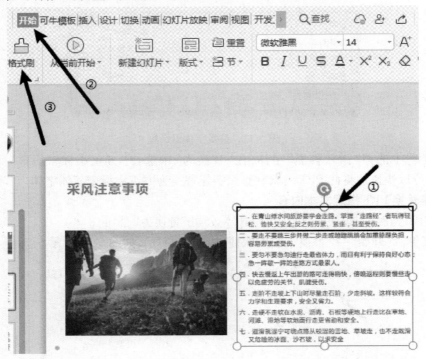

图 5-16 格式刷

可以看到鼠标变成一个刷子的形状,移动至黑色字体处,单击即可完成格式复制,如图 5-17 所示。

图 5-17　格式刷完成效果图

如果要改变多个对象的格式，多次单击格式刷非常麻烦；先选中蓝色字体，再双击两次"格式刷"按钮，如图 5-18 所示。

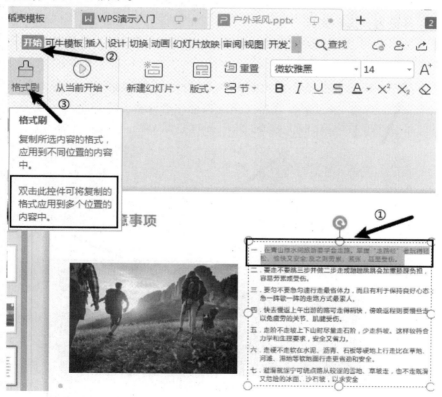

图 5-18　格式刷

此时即可连续使用该格式刷进行单元格格式修改，如图 5-19 所示。要退出"格式刷"可以按键盘上的"Esc"键即可。

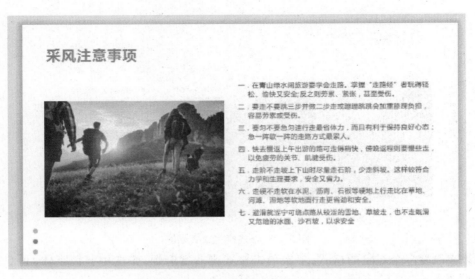

图 5-19　格式刷完成效果图

2）演示文件设置缩进和间距

以此演示文档为例，选中需要设置的内容，依次单击"开始"→"段落"角标，如图 5-20
所示。

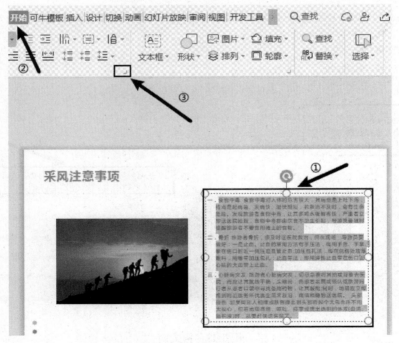

图 5-20　段落设置

在弹出的"段落"界面中选择"缩进和间距"，可以设置对齐方式、缩进和间距，如图 5-21
所示。

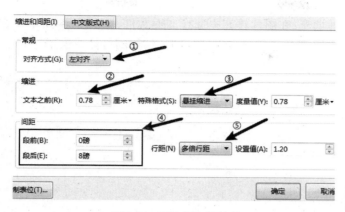

图 5-21　"段落"对话框

3）PPT 设置背景与颜色填充效果

单击菜单栏"设计"→"背景"，单击"背景"，如图 5-22 所示。

图 5-22　背景

在右侧的"对象属性"中有纯色填充、渐变填充、图片或纹理填充和图案填充等，如图 5-23 所示。

图 5-23　"对象属性"界面

选择图片和纹理填充,在图片填充中选择本地文件,如图 5-24 所示。在弹出的对话框中选择图片路径,单击"打开",这样就可以选择图片作为幻灯片背景了。

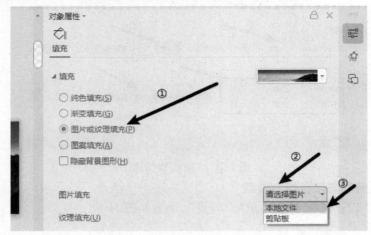

图 5-24 设置对象属性

4) PPT 给形状设置填充与轮廓

(1) 形状填充

选中形状,单击"绘图工具"选项卡。若需要设置形状的填充效果,单击"填充"按钮,弹出"填充"对话框,如图 5-25 所示。

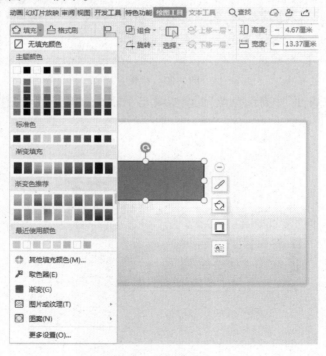

图 5-25 "填充"对话框

可以选择标准色:绿色颜色,也可以使用取色器取一样的颜色。或者采用图片或纹理、图案等进行填充。

（2）形状轮廓

选中形状，单击"绘图工具"选项卡，单击"轮廓"按钮，弹出"轮廓"对话框，可以选择颜色，也可以使用取色器取一样的颜色。若轮廓要设置成线型，可以在"线型""虚线线型"中进行选择，如图 5-26 所示。

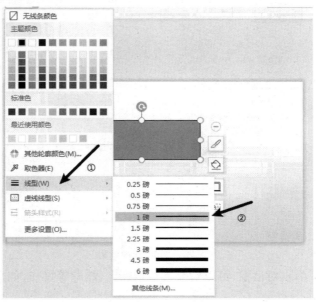

图 5-26　轮廓线型

5）巧用"节"功能整理演示文稿框架

选中要分节的幻灯片在"开始"选项卡中单击"节"按钮，单击"新增节"按钮，如图 5-27 所示。此时可以看到左侧已经区分成两节，如图 5-28 所示。

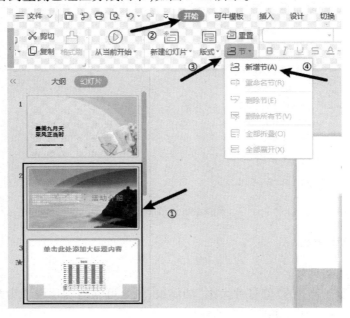

图 5-27　节

241

图 5-28 "节"设置效果

右键"无标题节"弹出对话框,可以对节进行重命名、删除等操作,如图 5-29 所示。

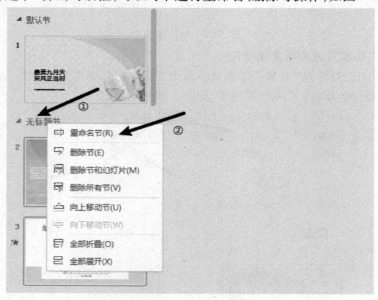

图 5-29 "节"设置

3. 幻灯片的页面布局

1)设置 PPT 页面尺寸

单击"设计"选项卡下的"幻灯片大小"功能组,此处可将幻灯片设置为常用的"标准尺寸4∶3"或"宽屏尺寸 16∶9",如图 5-30 所示。

242

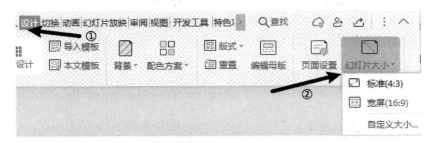

图5-30　设置幻灯片大小

如果需要设置其他尺寸,可单击"自定义大小"进行更详细的页面设置,如图5-31所示。

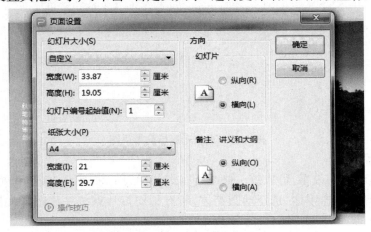

图5-31　设置幻灯片大小页面

2)PPT母版

单击"设计"→"编辑母版",如图5-32所示,其效果如图5-33所示。

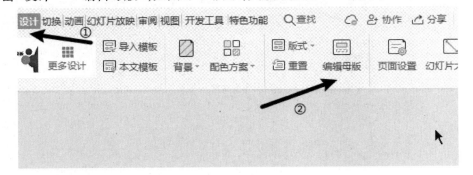

图5-32　编辑母版

母版分为"主母版"和"版式母版",更改主母版,则所有页面都会发生改变。设置主母版的"背景"颜色为白色,这样所有的幻灯片背景就变成了白色。

3)巧用PPT母版统一修改字体颜色与背景

以此幻灯片为例,单击菜单栏"视图"→"幻灯片母版",此时进入母版编辑模式。

插入母版的作用是插入一个新的幻灯片母版;插入版式的作用是插入一个包括标题样式的幻灯片母版。

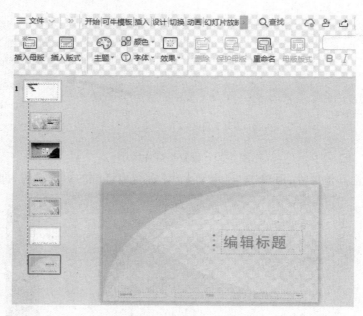

图 5-33　进入母版后的效果图

（1）修改字体颜色

主题、字体、颜色和效果，可以统一修改所有幻灯片的主题、字体、颜色和效果。

选中主题母版，单击字体，选择幼圆字体，所有的幻灯片就统一修改成幼圆字体了，如图 5-34 所示。

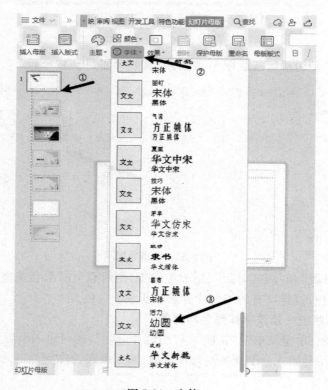

图 5-34　字体

选中主题模板,单击"幻灯片母版"中的"颜色",选中一种颜色,修改幻灯片统一颜色,如图 5-35 所示。

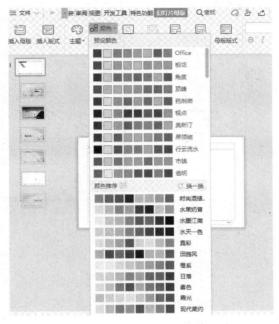

图 5-35 颜色

(2)修改背景

选中主题母版,单击"背景",如图 5-36 所示。弹出"对象属性"对话框,具体设置如图 5-37 所示。

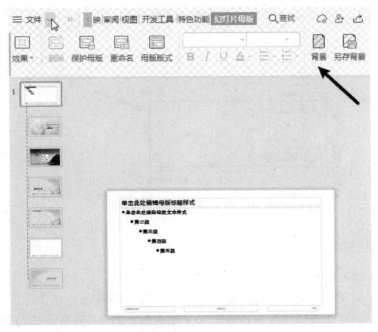

图 5-36 背景

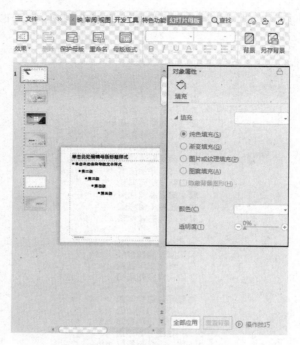

图 5-37 设置幻灯片母版

4）快速更改应用幻灯片中的不同母版

单击"设计"→"本文模板"，在弹出的"文本模板"中选择所需的母版，设置"应用当前页"或者"应用全部页"，单击即可替换，如图 5-38 所示。

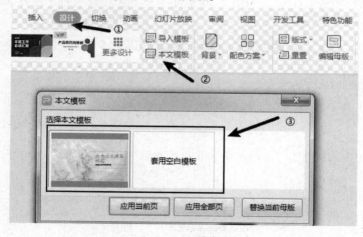

图 5-38 文本模板

4. 音视频表格与图形

1）在 PPT 中插入表格

单击"插入"→"表格"按钮，选择"插入表格"，如图 5-39 所示。

插入好表格后，可以通过设置表格样式来美化表格。单击"表格样式"选项卡，下拉根据所需的选择样式进行应用。

图 5-39 插入表格

2）PPT 表格的基本操作

（1）删除或添加表格的行和列

在"表格工具"中，使用"删除"键，可以删除表格的行和列，如图 5-40 所示。

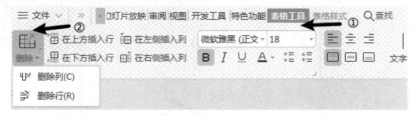

图 5-40 表格工具

将光标放在表格上，在"表格工具"中可以选择在上方插入行、在下方插入行、在左侧插入列、在右侧插入列，如图 5-41 所示。

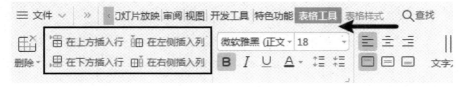

图 5-41 设置表格工具

（2）更改表格整体的行高列宽

方法一：直接拖动表格四周的位置按钮，改变表格的行高列宽，如图 5-42 所示。

247

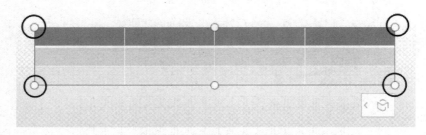

图 5-42　更改表格行高列宽

方法二：在"表格工具"中修改表格的高度与宽度进行改变，如图 5-43 所示。

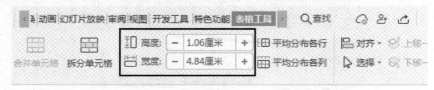

图 5-43　更改表格行高列宽

（3）改变表格中单元格的行高列宽

用鼠标选中需要改变行高列宽的单元格区域，在"表格工具"中修改高度宽度的数值即可，如图 5-44 所示。

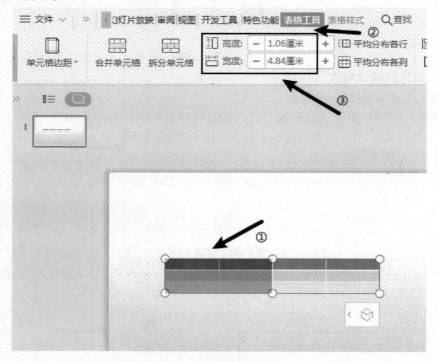

图 5-44　调整表格

（4）拆分表格单元格

将光标放在需要拆分的单元格上，单击"表格工具"→"拆分单元格"，在弹出的设置对话框中输入拆分的行数和列数，单击"确定"即可，如图 5-45 所示。

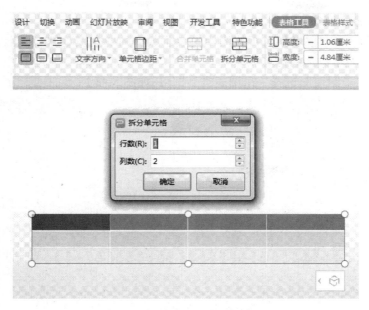

图 5-45　"拆分单元格"对话框

（5）合并单元格

选中需要合并的单元格，单击"表格工具"→"合并单元格"，如图 5-46 和图 5-47 所示。

图 5-46　合并单元格

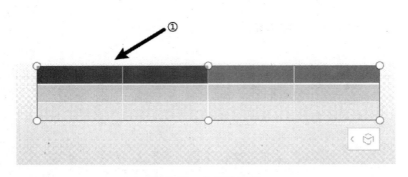

图 5-47　设置完的效果图

3）PPT 插入数据图表

柱状图用于表示数据的对比，折线图用于表示数据的变化及趋势，饼图用于表示数据的占比，条形图用于表示数据的排名。

单击"插入"→"图表"，选择一个图表类型即可，如图 5-48 所示。

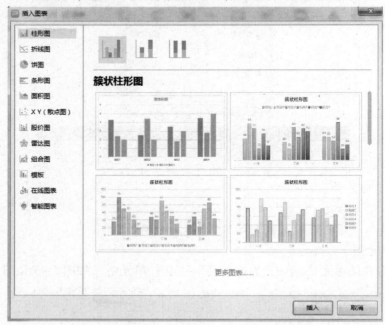

图 5-48　插入图表

4）在 PPT 中插入图表并编辑图表数据

单击"插入"→"图表"，选择柱状图，如图 5-49 所示。

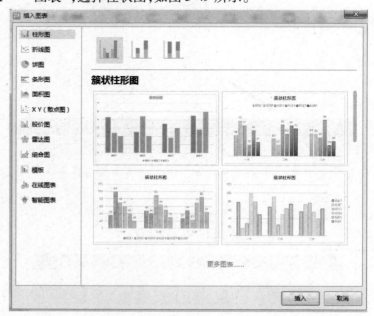

图 5-49　插入柱状图

插入簇状柱形图表后,单击"编辑数据",WPS 将打开 WPS 表格,在此修改数据,图表内容会进行同步,如图 5-50 所示。

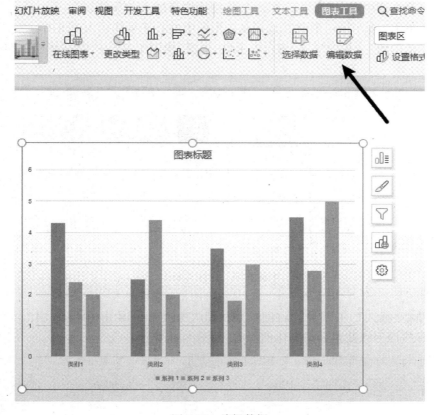

图 5-50　编辑数据

5) PPT 中插入音频和视频

单击菜单栏"插入"→"音频",在弹窗中有嵌入音频、嵌入背景音乐,链接到音频和链接到背景音乐。单击嵌入音频后,选中音频,选项卡中会出现"音频工具",如图 5-51 所示。可以在"音频工具"功能中设置"放映时隐藏""自动播放"等。

图 5-51　音频工具

单击"插入"→"视频",在弹窗中有嵌入本地视频、链接到本地视频、网络视频、Flash、开场动画视频。单击"嵌入本地视频"后,插入视频,插入视频成功后选项卡中会出现"视频工具",可以在"视频工具"功能中设置全屏播放,循环播放,直到停止等,如图 5-52 所示。

图 5-52　视频工具

6）PPT 图片的四种裁剪方法

（1）合并形状

步骤 1　单击菜单栏"插入"→"图片"，将图片素材插入 PPT 中。

步骤 2　单击"插入"→"形状"，选择基本形状中的心形形状插入 PPT 中。

步骤 3　单击图片，并按"Ctrl"键单击形状，选择"绘图工具"→"合并形状"单击"相交"，如图 5-53 所示。

图 5-53　合并形状

（2）裁剪图片形状

单击菜单栏"插入"→"图片"，将图片素材插入 PPT 中。单击"图片工具"→"裁剪"，在此处可以选择按照形状裁剪和按照比例裁剪，如图 5-54 所示。

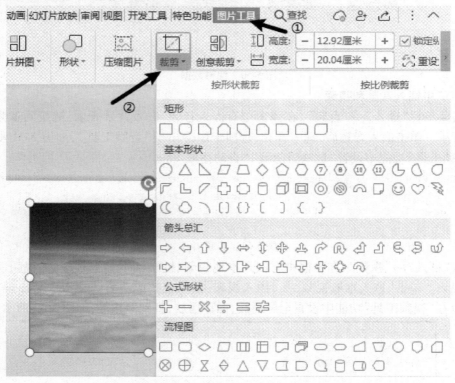

图 5-54　裁剪图片

（3）图片填充形状

步骤 1　插入形状。单击"插入"→"形状"，选择所需的形状，如图 5-55 所示。

图 5-55　插入形状

步骤 2　插入图片。选中插入的图形，在"绘图工具"中单击"填充"→"图片或纹理"，选择"本地图片"，插入所需的图片，如图 5-56 所示。图片插入成功后就会按照形状自动裁剪，如图 5-57 所示。

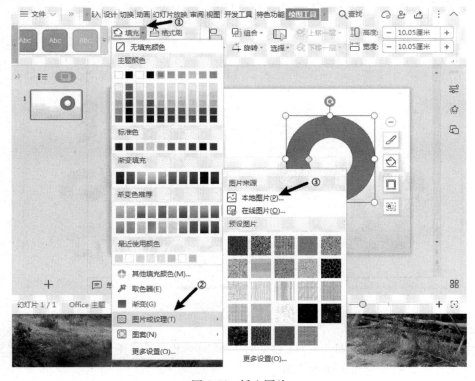

图 5-56　插入图片

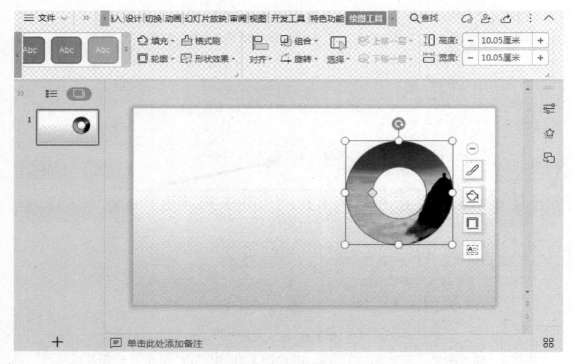

图 5-57　裁剪图片

（4）创意裁剪

单击"图片工具"→"创意裁剪"，如图 5-58 所示。

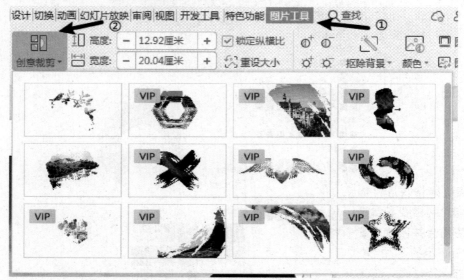

图 5-58　创意裁剪

7）压缩幻灯片中的图片

选中图片，单击"图片工具"→"压缩图片"，此时弹出"压缩图片"对话框，如图 5-59 所示。可以更改压缩图片对话框中的内容。

图 5-59　"压缩图片"对话框

8）设置形状对齐方式

选中需要设置对齐的形状，依次单击"绘图工具"→"对齐"，如图 5-60 所示。"对齐"方式有左对齐、水平居中等，可以根据所需设置对齐方式。

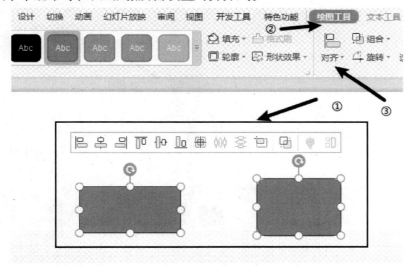

图 5-60　对齐设置

若需要网格线进行辅助，可以选择"对齐"下面的"网格线"。若需要对网格线格式进行设置，单击"网格线和参考线"，如图 5-61 所示。

9）使用合并形状功能

WPS 演示的合并形状功能，可以将所选的形状合并成一个或多个新的几何形状。可以运用此功能，将形状结合、组合、拆分、相交、剪除，制作新的形状图形。

（1）合并形状：结合

结合就是将所选的各个形状联合为一个整体。如在幻灯片中插入多个形状，形状相叠有部分重合。

选中所有形状，单击"绘图工具"→"合并形状"→"结合"，如图 5-62 所示。这样就可以将多个形状，合并成了一个形状，如图 5-63 所示。

255

图 5-61　网络线和参考线

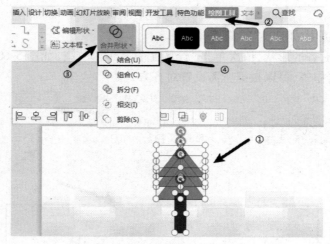

图 5-62　合并形状-合并

图 5-63　合并形状-合并效果

（2）合并形状：组合

　　组合是指将去除多个形状重叠部分，然后组成一个整体。如果在幻灯片中插入两个形状，两个形状中有重叠部分。单击"绘图工具"→"合并形状"→"组合"，如图 5-64 所示。

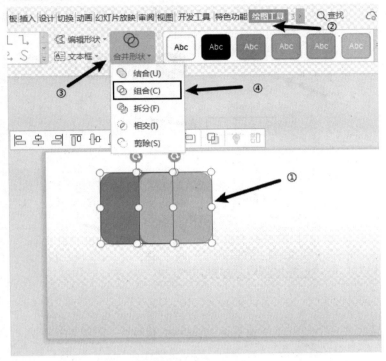

图 5-64　合并形状-组合

可以去除重叠部分，然后将两个形状组成一个整体，如图 5-65 所示。

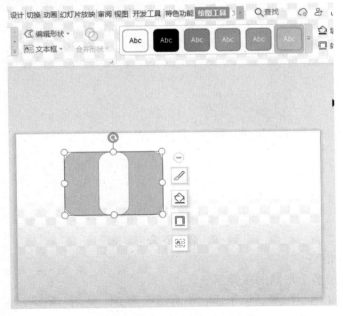

图 5-65　合并形状-组合效果

257

（3）合并形状：拆分

拆分是指将所选多个形状,拆分成多个组成部分。

在幻灯片中插入两个形状,两个形状中有重叠部分,使用"绘图工具"→"合并形状"→"拆分",如图5-66所示。这样就可以将这两个形状拆分成多个组成部分,如图5-67所示。

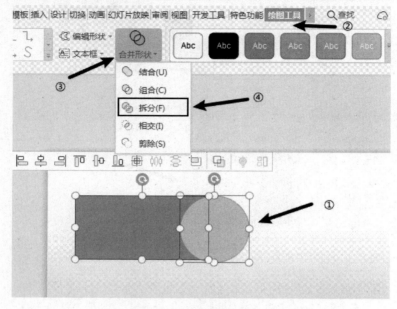

图5-66　合并形状-拆分

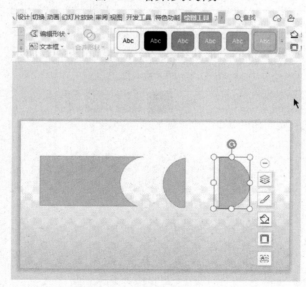

图5-67　合并形状-拆分效果

（4）合并形状：相交

相交是指只保留多个形状的重叠部分。

如在幻灯片中插入两个形状,两个形状中有重叠部分。使用"绘图工具"→"合并形状"→"相交",如图5-68所示,就可以只保留重叠部分,去除多余部分,如图5-69所示。

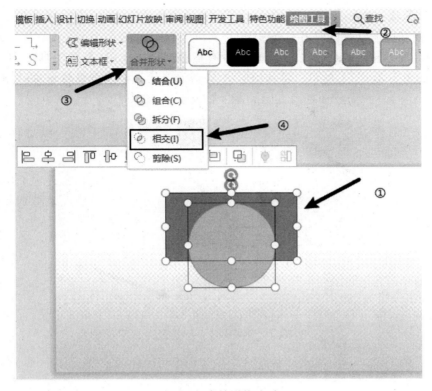

图 5-68 合并形状-相交

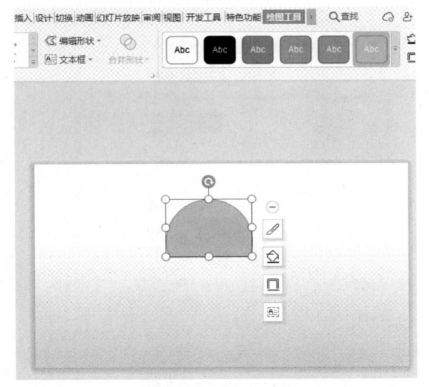

图 5-69 合并形状-相交效果

259

（5）合并形状：剪除

剪除是指利用形状去修剪另一个形状。

如在幻灯片中插入两个形状，两个形状中有重叠部分。使用"绘图工具"→"合并形状"→"剪除"，如图 5-70 所示，就可以将利用形状 A，剪除形状 B 中的重叠部分，如图 5-71 所示。

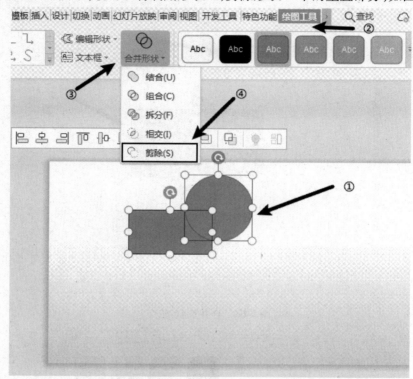

图 5-70　合并形状-剪除

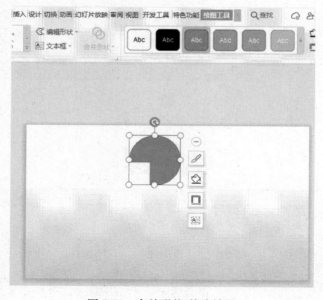

图 5-71　合并形状-剪除效果

5. 自定义动画

选中图片，单击"动画"选项卡，找到"百叶窗"效果，如图 5-72 所示，就可以给此图片添加"百叶窗"的展示效果了。

图 5-72　百叶窗动画

当幻灯片中的素材过多，想要做到鼠标单击以后，文本动画依次出现，该怎样操作呢？

步骤 1　单击"动画"选项卡→"动画窗格"按钮，如图 5-73 所示。此时弹出"动画窗格"侧边栏，如图 5-74 所示。

图 5-73　自定义动画窗格

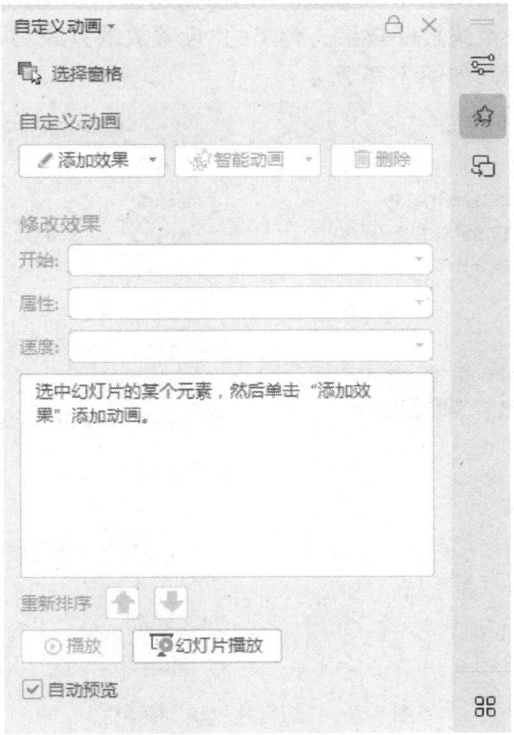

图 5-74　"自定义动画"对话框

选择第一张图片，单击"添加效果"，设置第一张图片的动画效果，设置效果的开始时间、方向和速度。

步骤2　选择第二张图片,单击"添加效果",设置第二张图片的动画效果。

由于想要达到的是"鼠标单击后文本图标逐一显示"效果,因此在第二张图片的动画开始设置中,选择"在上一动画之后"。意思是在第一张图片展示完动画效果后,第二张图片接着展示动画效果。设置完动画效果和速度后,单击鼠标,第一张图片、第二张图片依次展示动画效果。

6. 幻灯片放映

1) 设置放映模式

单击"幻灯片放映"→"设置放映方式"。下拉"设置放映方式",放映时可手动放映或者自动放映,如图 5-75 所示。

图 5-75　幻灯片放映设置

选择设置放映方式来设置放映效果。弹出的"设置放映方式"对话框,可以设置幻灯片放映的类型、多显示器放映等,如图 5-76 所示。

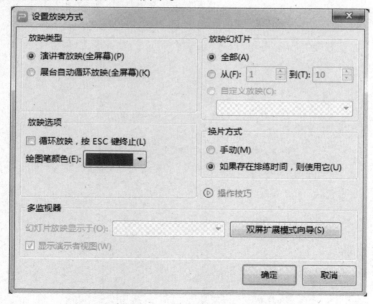

图 5-76　"幻灯片放映"对话框

在"放映类型"处可以选择"演讲者放映"和"展台自动循环放映"。两者共同之处都是全屏幕放映演示文稿。两者不同之处在于,"演讲者放映"模式由演讲者主要操控演示文稿。而"展台自动循环放映"模式则是展台系统自动循环放映。

放映幻灯片处可以设置需要放映的幻灯片,以放映全部幻灯片为例,如图 5-77 所示。

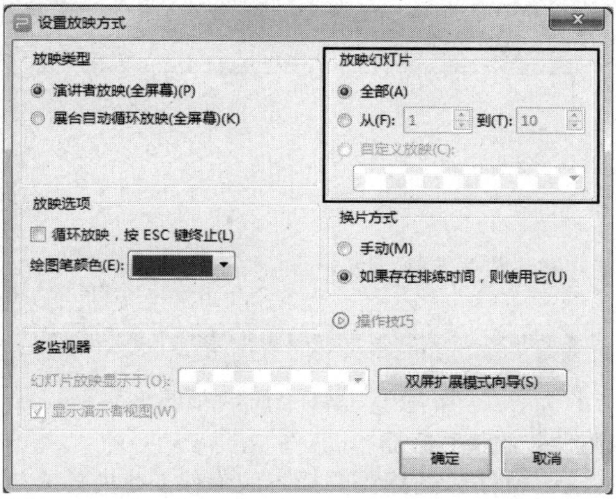

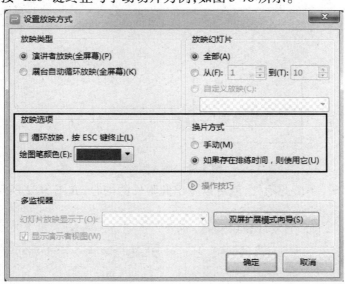

图 5-77 放映全部幻灯片

在放映选项与换片方式处可以对放映时是否需要循环放映及是否需要切片进行设置。在此以循环放映,按"Esc"键终止与手动切片为例,如图 5-78 所示。

图 5-78 放映选项

2)演讲备注的添加

单击"放映"→"演讲备注",如图 5-79 所示。在此处即可添加备注,单击"确定"即可,如图 5-80 所示。

图 5-79 演讲备注

图 5-80 "演讲备注"对话框

3)在 PPT 中插入附件并放映时打开

单击菜单栏"插入"→"附件",选择需要插入的附件。此处插入工作表为演示,单击打开,即可把此工作表插入 PPT 中,如图 5-81 所示。

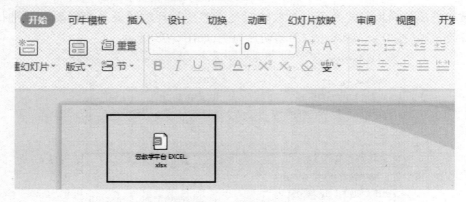

图 5-81 插入附件

当放映幻灯片时,单击此附件,就可以弹出此附件的内容,如图 5-82 所示。

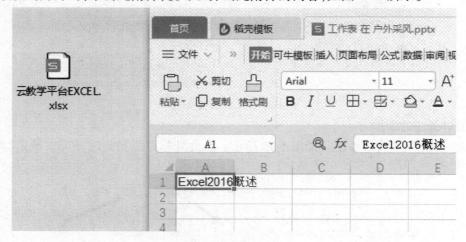

图 5-82 附件内容

4)隐藏幻灯片不被放映和打印

隐藏第三页的幻灯片。

选择第三页幻灯片,单击菜单栏"幻灯片放映"→"隐藏幻灯片",如图 5-83 所示。

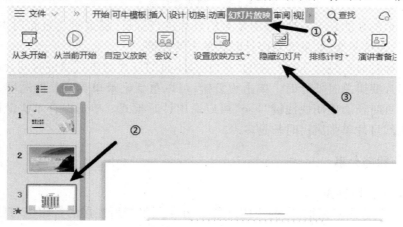

图 5-83　隐藏幻灯片

此时"隐藏幻灯片"状态呈暗色,代表已经隐藏了此幻灯片,如图 5-84 所示。当放映时,此幻灯片将不会被展示也不能被打印。

图 5-84　隐藏幻灯片效果

5)PPT 的演讲计时模式

单击"幻灯片放映"→"排练计时",如图 5-85 所示。可以选择"排练全部"或者"排练当前页",单击"排练全部",可以看到在上方有预演计时器,如图 5-86 所示。

图 5-85　排练计时

图 5-86   预演计时器

左侧倒三角的功能是下一项,作用是对幻灯片进行翻页,翻页时会重新对本页内容进行计时,但总时长保持不变,如果要暂停计时就单击暂停键。

左右两个计时时长是什么呢? 左侧的时长是本页幻灯片的单页演讲时间计时,右侧的时长是全部幻灯片演讲总时长计时。单击重复键,可以重新记录单页时长的时间,并且总时长会重新计算此页时长。使用快捷键"Esc"可以退出计时模式。单击保存本次演讲计时,此时可以看到每张幻灯片单张演讲时长是多少。

7. 输出、打印与分享

1) WPS 演示打印界面

单击"打印",弹出对话框,它的快捷键是"Ctrl+P",设置所连接的打印机、打印模式、内容范围、份数等相关信息,单击"确定"就可以开始打印,如图 5-87 所示。

图 5-87   "打印"对话框

打印界面有打印机、打印范围、份数、打印内容、讲义5个组成部分。

①打印机,在名称中可以选择计算机所连接的打印机。在下方状态栏处可查看此打印机的状态、类型、位置等。

在右侧有属性、打印方式、纸张来源,在此处可以勾选反片打印、打印到文件、双面打印,如图5-88所示。

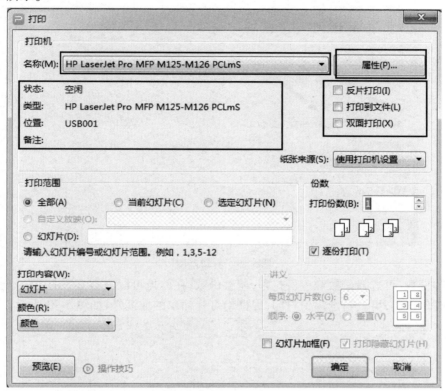

图5-88 "打印"对话框

【知识小贴士】

反片打印是WPS Office提供的一种独特的打印输出方式,以"镜像"显示幻灯片,可满足特殊排版印刷的需求,通常会应用在印刷行业,例如,学校将试卷反片打印在蜡纸上,再通过油印方式印刷出多份试卷。

打印到文件主要应用于文件不需要纸质幻灯片,以电脑文件形式保存,具有一定的防篡改作用。

双面打印可以将幻灯片打印成双面,节省资源,降低消耗。

纸张来源有使用打印机设置、自动、多功能托盘和纸盒,一般会采用打印机设置,由打印机自动分配纸盒,也可以自定义设置纸盒。

②打印范围,可选择全部、当前幻灯片和选定幻灯片。若想指定打印某几页幻灯片,勾选幻灯片,输入页码或者编号即可,如图5-89所示。

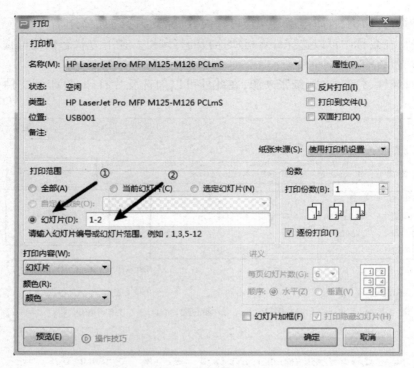

图 5-89　打印范围

③打印份数,可选择份数和逐份打印,调整份数,在此处可以进行多份打印。若打印的幻灯片需要按份输出,可以勾选逐份打印,保证幻灯片输出的连续性,如图 5-90 所示。

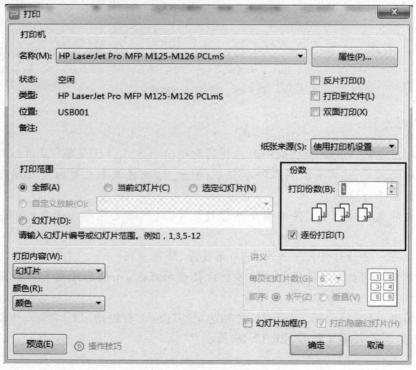

图 5-90　打印份数

④打印内容，可以设置幻灯片的打印内容，如图 5-91 所示。

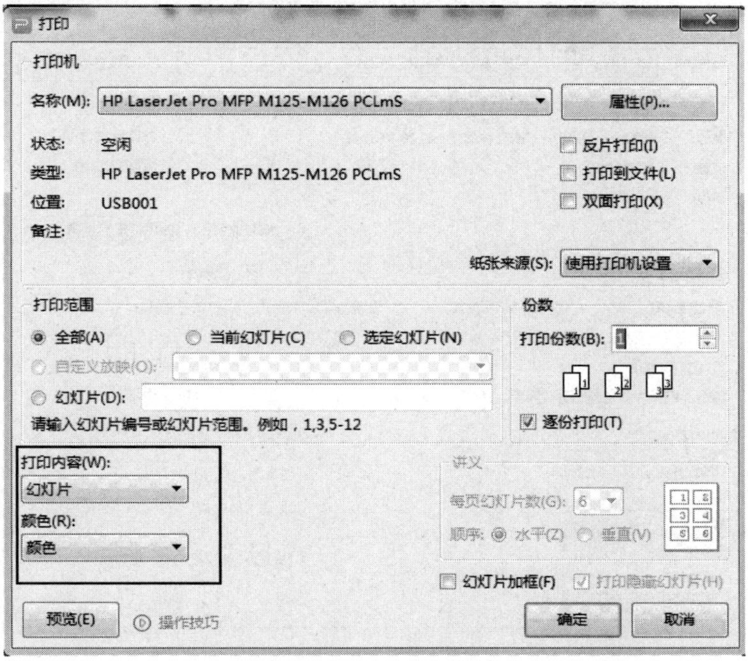

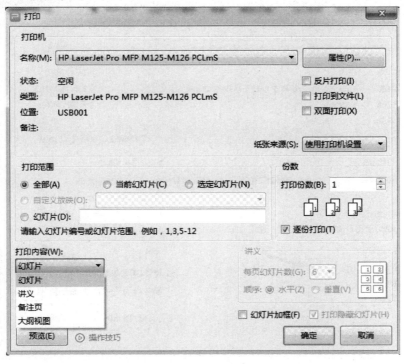

图 5-91 打印内容

例如，打印幻灯片、讲义、备注页或者大纲视图，也可设置打印颜色为彩色与纯黑白色，如图 5-92 和图 5-93 所示。

图 5-92 幻灯片打印内容

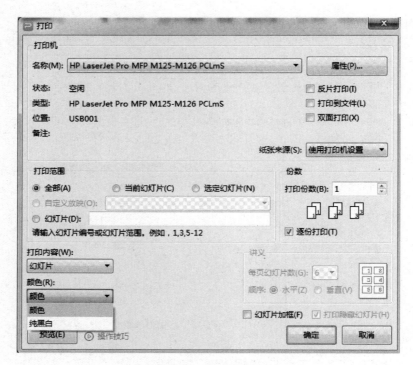

图 5-93　打印颜色

⑤讲义。若打印内容选择打印讲义内容，可以在此处设置每页幻灯片的页数与顺序排版，如图 5-94 所示。

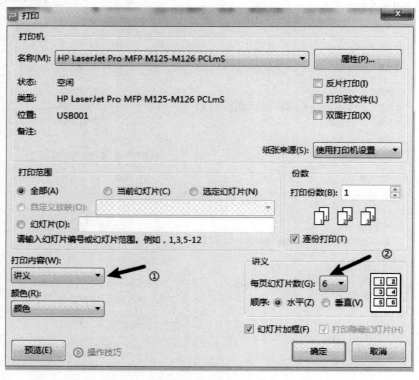

图 5-94　打印讲义

2）将多张幻灯片打印在一张纸上

单击菜单栏"视图"→"讲义母版"，如图 5-95 所示。可见 5 大板块功能，如图 5-96 所示。

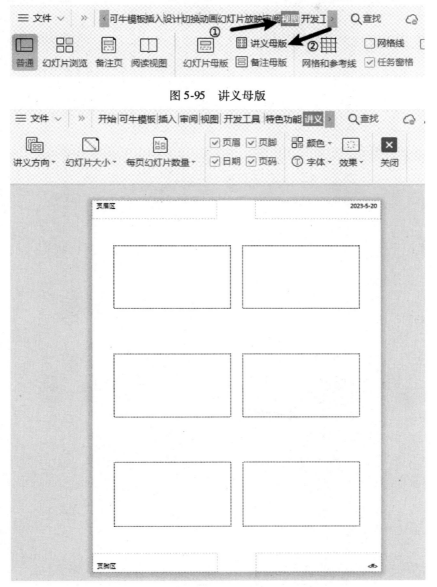

图 5-95 讲义母版

图 5-96 讲义母版功能区

单击"讲义方向"，可以更改为纵向或横向，选择"横行横向"，单击"确保合适"，就可以将讲义变成横向，如图 5-97 所示。

"幻灯片大小"可以更改尺寸大小，在此选择"标准 4∶3"模式，如图 5-98 所示。

"每页幻灯片数量"可以设置每页纸上呈现几张幻灯片，如图 5-99 所示。选择 6 张幻灯片，这样就更改成一页有 6 张幻灯片了。

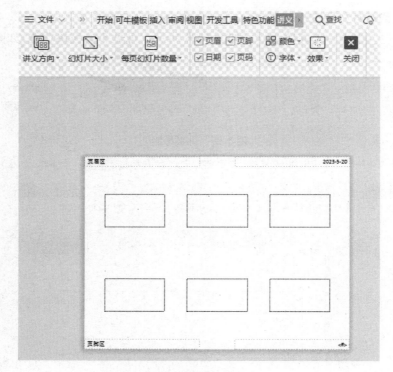

图 5-97　讲义横向

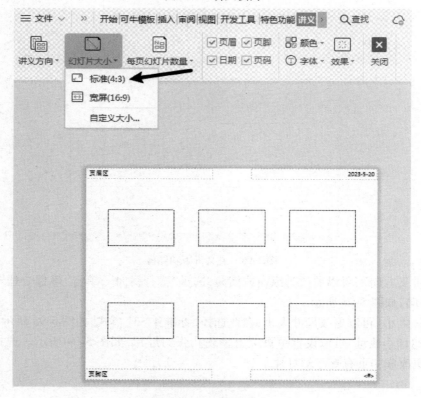

图 5-98　幻灯片大小

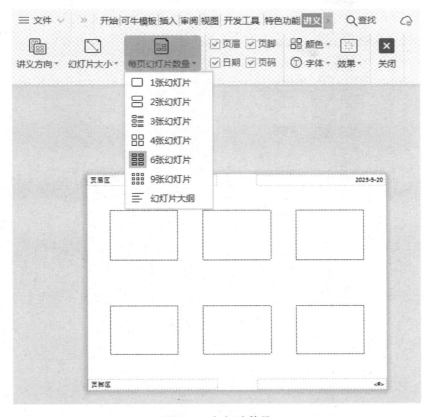

图 5-99　幻灯片数量

3）将 PPT 内容以讲义形式打印处理

单击左上角打印预览,进入幻灯片的打印预览界面,如图 5-100 所示。

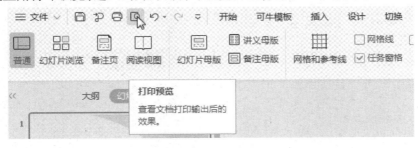

图 5-100　打印预览

在此界面中,选择打印内容——讲义,在此处可以设置每张纸上打印几张幻灯片。如图 5-101 所示。如选择每张纸上打印 3 张幻灯片,在预览界面可见设置好的效果。

4）打印黑白色的幻灯片

单击左上角打印预览,此时幻灯片的打印效果为彩色样式。单击上方颜色,设置为纯黑白色,这样就可以打印黑白样式的幻灯片。

5）将 PPT 输出为图片

方法一:单击左上角"文件"→"输出为图片",弹出"设置"对话框,如图 5-102 所示,单击输出就可以批量将幻灯片转换成图片了。

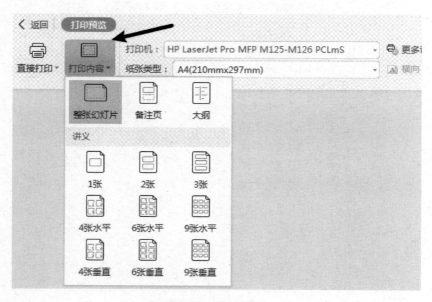

图 5-101　打印设置

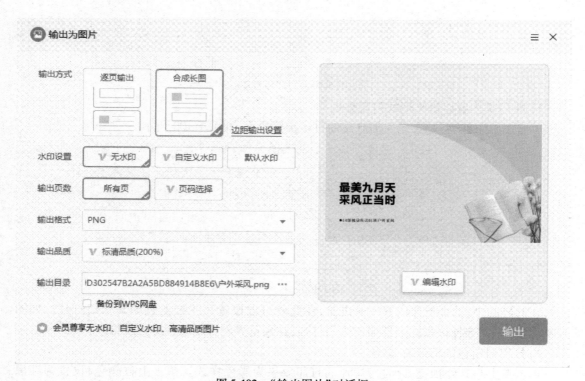

图 5-102　"输出图片"对话框

　　方法二：单击左上角"文件"→"另存为"，如图 5-103 所示。选择保存路径，文件类型选择png 或 tiff 格式，如图 5-104 所示。单击"确定"，就可批量将幻灯片转换成图片。

图 5-103　另存为

| 文件名(N)： | 户外采风.png |
| 文件类型(T)： | PNG 可移植网络图形格式(*.png) |

□ 把文档备份到云 ⓘ

图 5-104　文件类型

任务 5-2　制作户外采风模板

步骤 1　启动 WPS，新建一个演示文稿。

步骤 2　单击"视图"→"幻灯片母版"命令，弹出"幻灯片母版"选项卡，同时进入幻灯片母版编辑状态，如图 5-105 所示。

步骤 3　选中"标题幻灯片"插入图片，单击"插入"→"图片"→"本地图片"，弹出"插入图片"对话框，在计算机中选择需要插入的图片，然后单击"打开"按钮，完成图片的插入。插入图片后，选中该图片，单击鼠标右键，选择"设置对象格式"如图 5-106 所示。弹出"对象属

275

性"对话框,如图 5-107 所示。单击"大小与属性"下的"位置",修改水平位置和垂直位置,如图 5-108 所示,效果如图 5-109 所示。

图 5-105 幻灯片母版

图 5-106 设置对象格式

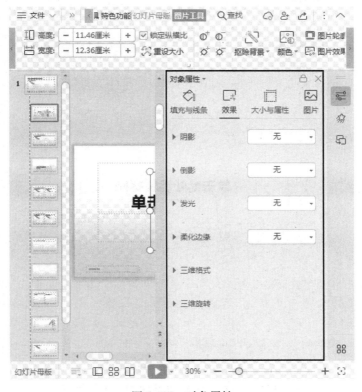

图 5-107　对象属性

图 5-108　位置

图 5-109　图片位置效果

这里插入图片跟步骤 3 一样的设置。设置结果如图 5-110 所示。

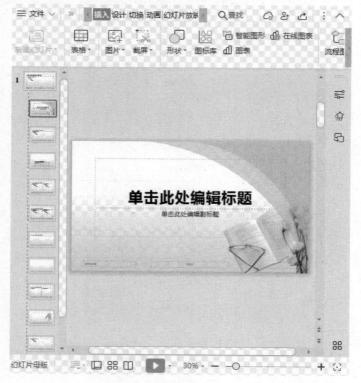

图 5-110　图片效果

步骤4　选中刚插入的图片,单击鼠标右键,选择"置于底层",如图 5-111 所示。其效果如图 5-112 所示。

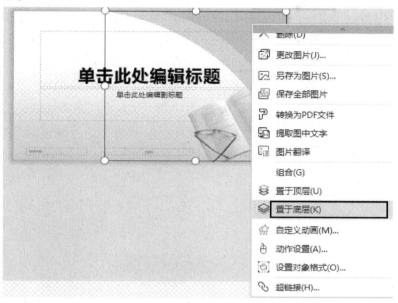

图 5-111　置于底层

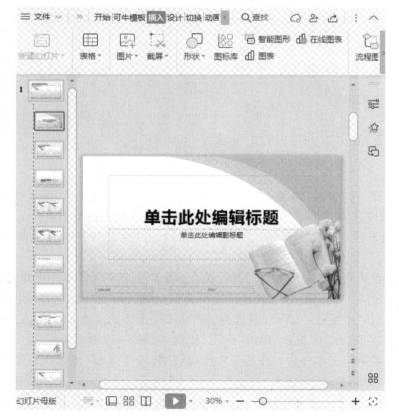

图 5-112　置于底层效果图

步骤5 设置母版视图中"标题幻灯片"字体占位符。设置文字格式,如图 5-113 所示。将标题字体设为"微软雅黑",字号为"54",字体颜色为 R:218,G:109,B:106。副标题设为"宋体",字号"20 号"。

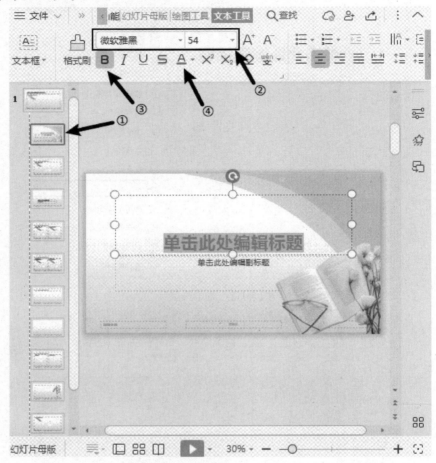

图 5-113 "标题幻灯片"字体占位符

步骤6 选择"标题和内容版式",单击"幻灯片母版"→"背景",弹出"对象属性"对话框,单击"图片或纹理填充"→"图片填充",选择"本地图片",如图 5-114 所示。弹出"插入图片"对话框,在计算机中选择需要插入的图片,然后单击"确定"按钮,完成背景图片的插入,如图 5-115 所示。

步骤7 设置页眉/页脚。在"幻灯片母版"选项卡下,选中 Office 主题母版,单击"插入"→"页眉页脚",如图 5-116 所示。弹出"页眉页脚"对话框,勾选"日期和时间",单击"自动更新"按钮,勾选"幻灯片编号""页脚"复选框,在"页脚"下方的文本框中输入"户外采风",勾选"标题幻灯片中不显示"复选框,单击"应用"按钮,如图 5-117 所示。

步骤8 设置页脚文本样式。在幻灯片母版页中,按住"Ctrl"键依次单击"日期和时间""页脚文本""页码"占位符,再单击"开始"→"字体"功能区中对话框启动按钮" ",在弹出的"字体对话框"中设置字体为"宋体、12 号,黑色",设置完成后,单击"确定"按钮,效果如图 5-118 所示。

图 5-114　填充设置

图 5-115　插入背景效果图

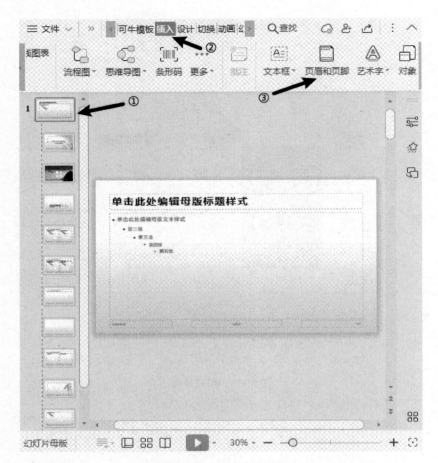

图 5-116　页眉页脚

图 5-117　"页眉页脚"对话框

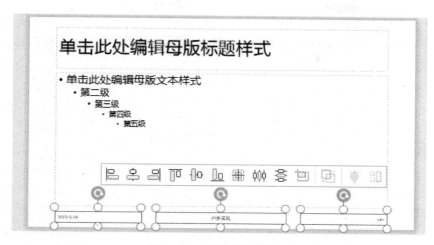

图 5-118　页眉页脚效果图

　　步骤9　选中"两栏内容版式"，单击"单击此处编辑母版标题样式"，设置标题字体，字体颜色为 G:218,R:109,B:106，如图 5-119 所示。

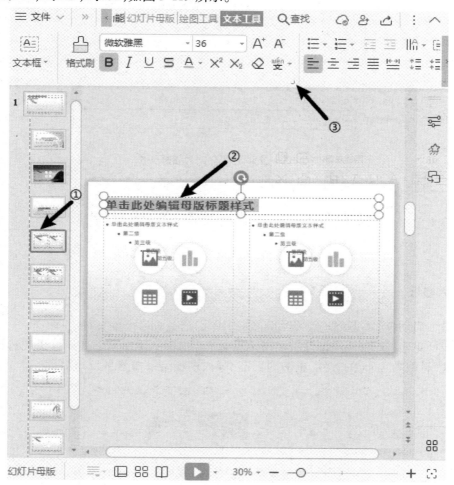

图 5-119　设置两栏内容标题字体

步骤10 单击"文件"→"另存为",弹出"另存为"对话框,选择"保存类型"为"Microsoft PowerPoint 模板文件(*. potx)",单击"保存"按钮,完成母版幻灯片模板的保存,如图 5-120 所示。

图 5-120 文件类型存储为模板文件

任务 5-3 制作户外采风介绍幻灯片

1. 导入模板

步骤 1 启动 WPS,新建一个演示文稿。

步骤 2 单击"文件"→"设计"→"导入模板",如图 5-121 所示。在计算机中选择名字为"户外采风"后缀为. potx 的文件,单击"打开",导入模板结果如图 5-122 所示。

图 5-121 导入模板

图 5-122　导入模板效果图

2. 标题幻灯片设计

步骤 1　单击"设计"→"背景",弹出"对象属性"对话框,单击"填充"下的"纯色填充",单击"颜色",选择"更多颜色",设置颜色的 GRB 值为 R:243,G:226,B:234,如图 5-123 所示,效果如图 5-124 所示。

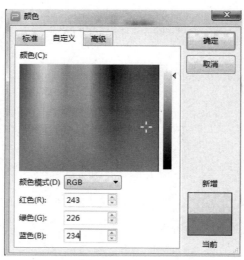

图 5-123　颜色设置

图 5-124　效果图

步骤 2　选中标题，输入"最美九月天采风正当时"，如图 5-125 所示。选中副标题输入内容如图 5-126 所示，为副标题添加项目符号如图 5-127 所示，效果如图 5-128 所示。

图 5-125　标题

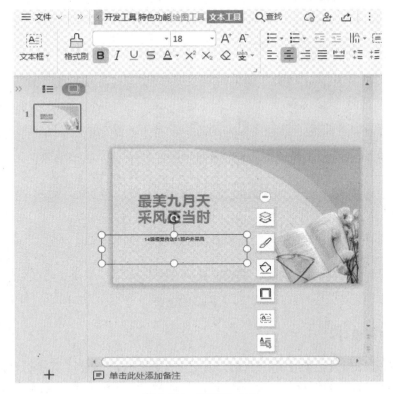

图 5-126　副标题内容

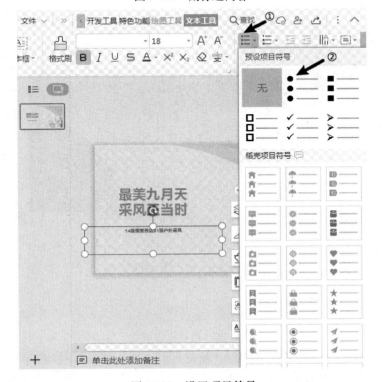

图 5-127　设置项目符号

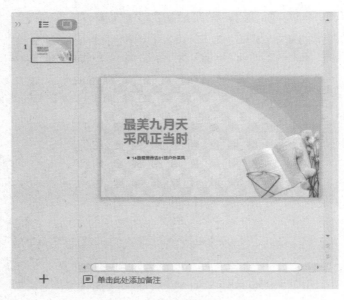

图 5-128　效果图

3. 幻灯片内页设计

步骤1　新建幻灯片。选中第一张幻灯片,单击鼠标右键,选择"新建幻灯片",此时新建一张幻灯片。选中新建的幻灯片,单击鼠标右键,选择"幻灯片版式",单击"标题和内容"版式,如图 5-129 所示。

图 5-129　两栏内容版式

步骤2　"单击此处添加文本"处输入"秋季是游走户外的最佳时节,天气爽朗,大地像是被画笔抹上了一层艳丽的色彩,五彩缤纷,姹紫嫣红。学校特意组织此次户外采风可以让大家感受自然风韵、增添审美情趣！同时让大家将课堂上所学应用到实际场景,创作出自己的风格",如图 5-130 所示。

图 5-130　输入内容

步骤 3　单击"插入"→"艺术字",单击"填充—沙棕色,着色 2,轮廓,着色 2",如图 5-131 所示。输入内容"活动介绍",如图 5-132 所示。

图 5-131　插入艺术字

图 5-132 效果图

步骤 4 在第二张幻灯片后新建一张幻灯片，版式选择"空白"，如图 5-133 所示。

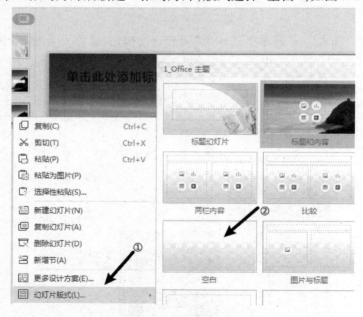

图 5-133 空白幻灯片

步骤 5 选中新建的幻灯片，单击"插入"→"形状"→选择"矩形"的第一个形状。此时鼠标光标呈现"十"状态，按住鼠标左键不动，绘制如图 5-134 所示的矩形形状。设置矩形大小宽度为 6.36 厘米，高度为 33.87 厘米，如图 5-135 所示。设置矩形位置如图 5-136 所示，设置矩形背景填充如图 5-137 所示。

图 5-134　绘制矩形

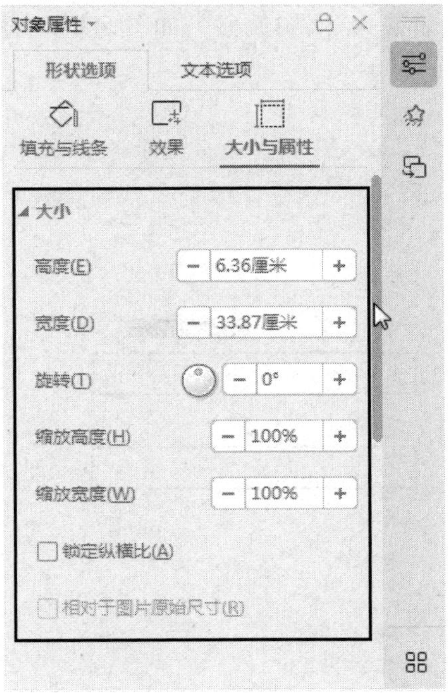

图 5-135　矩形大小

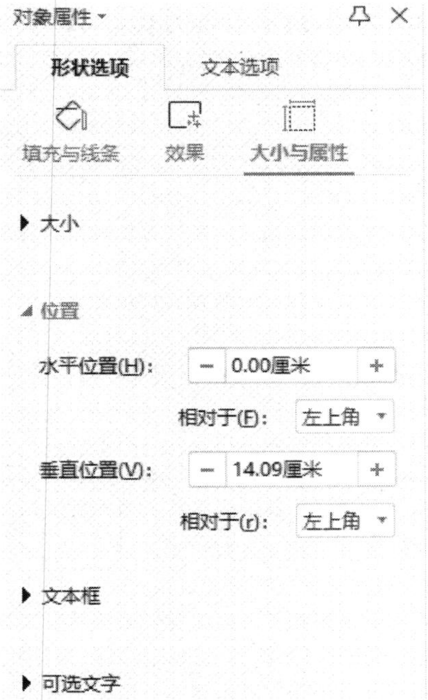

图 5-136　矩形位置

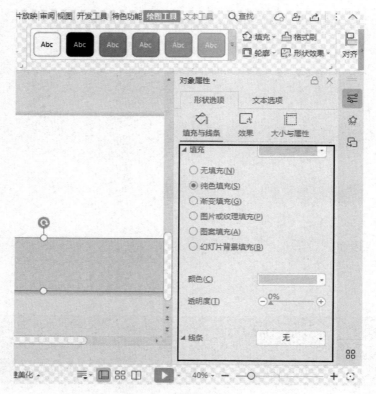

图 5-137 矩形填充

步骤6 用同样的方法绘制另一个矩形,高度为 11.49 厘米,宽度为 24.55 厘米。水平位置为 4.66 厘米,垂直位置为 6.29 厘米。设置阴影效果为"居中偏移",如图 5-138 所示,透明度和模糊值如图 5-139 所示。

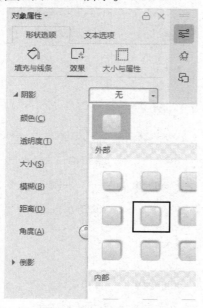

图 5-138 外部阴影

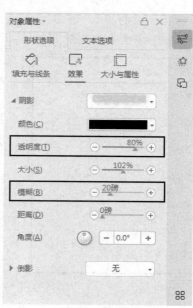

图 5-139 阴影设置

步骤7 插入文本库。选择"插入"→"横向文本库",设置文本库对齐方式为"水平居中",如图 5-140 所示。

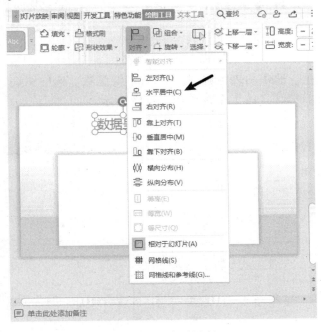

图 5-140 水平居中

步骤8 选中第三张幻灯片,单击"插入"→"图表"→选择"百分比堆积柱形图",如图 5-141 所示。选中插入的图表,上方选项卡会多出"图表工具"选项卡,单击"图表工具"→"更多颜色"选择颜色即可,如图 5-142 所示。

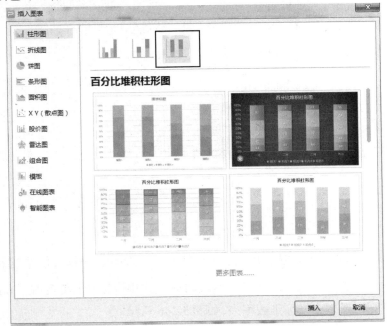

图 5-141 图表

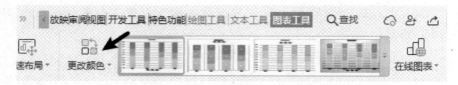

图 5-142　设置颜色

步骤9　编辑数据。选中图表标题，按"Delete"键删除。选中图表，单击"图片工具"→"编辑数据"，弹出"编辑数据"的工作表，如图 5-143 所示。

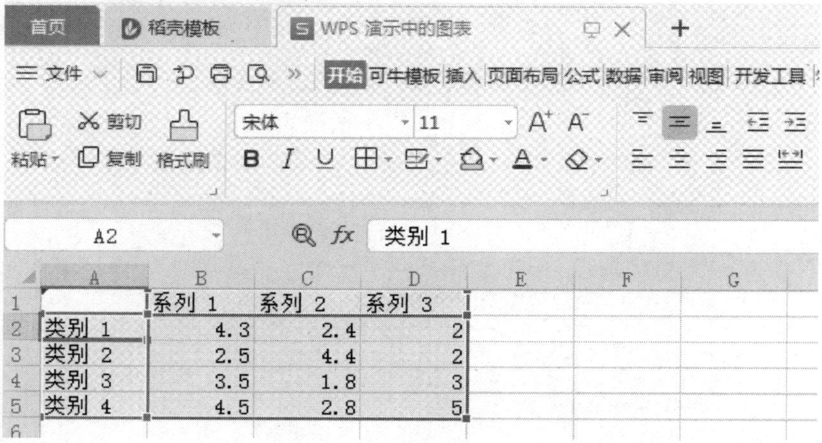

图 5-143　工作表

在弹出"编辑数据"的工作表中，修改数据，如图 5-144 所示，然后单击关闭。

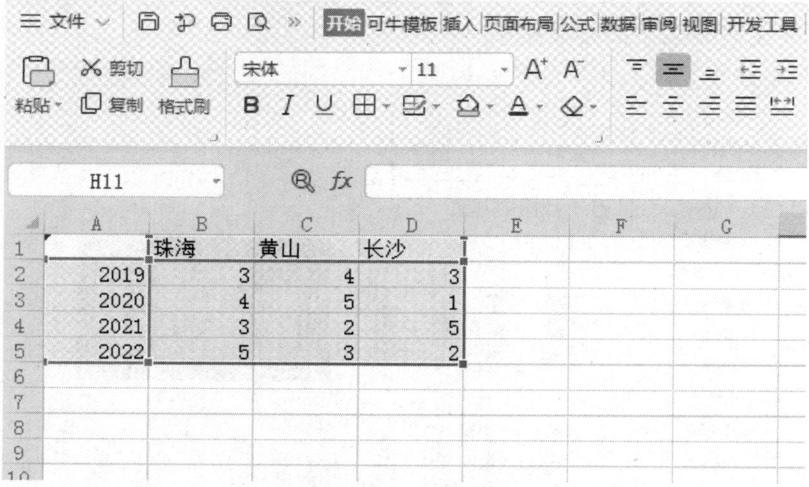

图 5-144　编辑数据

步骤10　添加图表元素。选中图表，单击图表右上方的 图标，勾选"数据标签"复选框，图表中增加了数据标签，如图 5-145 所示。同理，选中图表，单击图表右上方的 图标，勾选"数据表"复选框，图表中增加了数据表，如图 5-146 所示。

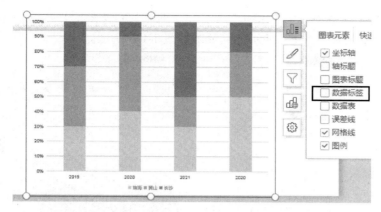

图 5-145　添加数据标签

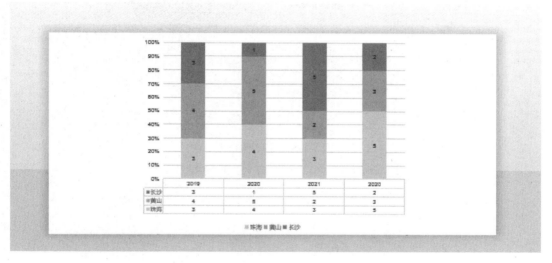

图 5-146　添加数据表

步骤 11　在第三张幻灯片后新建一张幻灯片，版式选择"空白"。选中新建的幻灯片，单击"插入"→"文本框"→"横向文本框"，输入内容，如图 5-147 所示。

图 5-147　文本库

步骤 12　选中新建的幻灯片，单击"插入"→"图片"→"本地图片"。插入图片后，选中图片，单击"扣除背景"，如图 5-148 所示。其效果如图 5-149 所示。

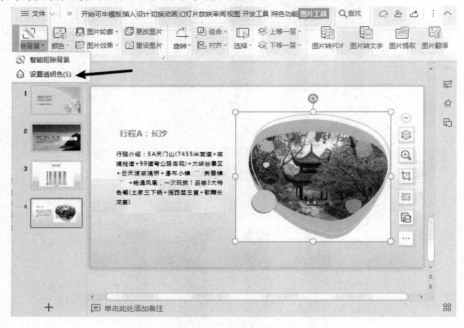

图 5-148　设置透明色

图 5-149　扣除背景效果图

步骤 13　制作珠海和黄山介绍内容跟制作第三张幻灯片效果步骤一样。

步骤 14　新建幻灯片，选择空白幻灯片。单击"插入"→"智能图形"→"关系"→"射线列表"，如图 5-150 所示。

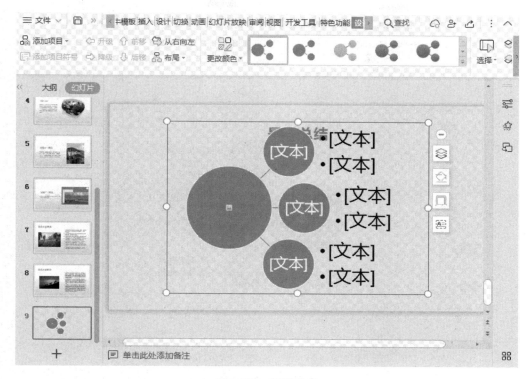

图 5-150　射线列表

选中"射线列表"中的图片，插入图片，如图 5-151 所示。

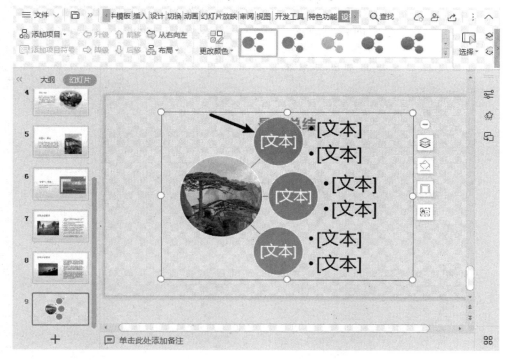

图 5-151　插入图片

选中"射线列表"中的白色文本和黑色文本,输入内容,如图 5-152 所示。

图 5-152　输入内容

选中"射线列表",单击"设计"→"更多颜色",选择"着色 1"中的第 4 个,如图 5-153 所示。

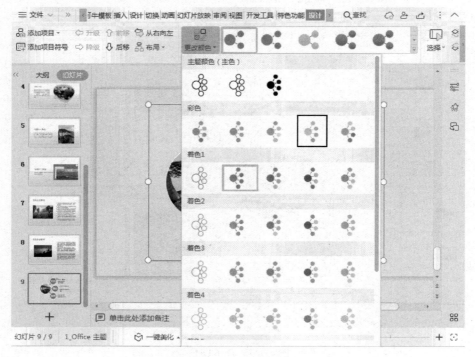

图 5-153　更改颜色

选中"射线列表",设置位置,如图 5-154 所示。

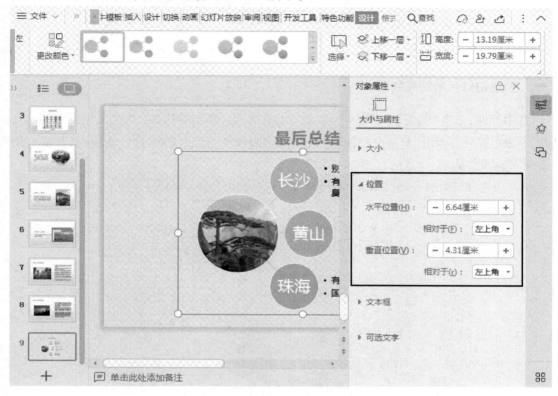

图 5-154　设置位置

步骤 15 选中新建的幻灯片,单击"插入"→"音频"→"嵌入音频",选择音频,如图 5-155 所示。选中"音频",可以设置音频跨页播放,循环播放,直至停止等内容,如图 5-156 所示。

图 5-155　插入音频

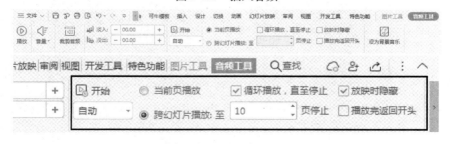

图 5-156　设置音频属性

任务 5-4　演示文稿的动态效果设置

1. 设置幻灯片的动画效果

选中标题,单击"动画"→"飞入",如图 5-157 所示。单击右边的"自定义动画"按钮 ,如图 5-158 所示。弹出"自定义动画"对话框,如图 5-159 所示。可以设置动画的"开始时间""方向""速度"等。

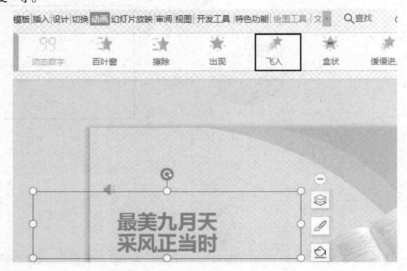

图 5-157　动画效果飞入

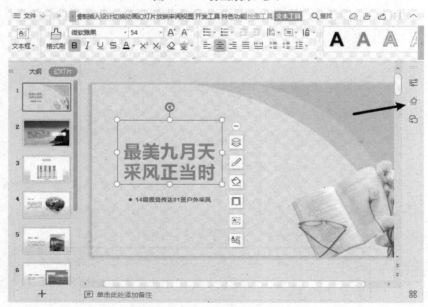

图 5-158　自定义动画格式

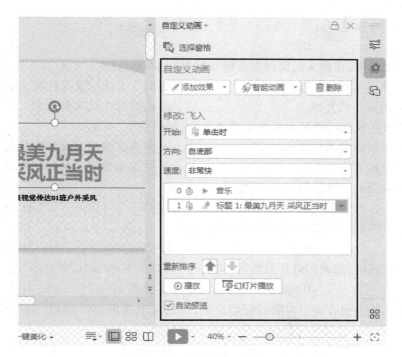

图 5-159　设置动画属性

2. 设置幻灯片切换效果

步骤 1　单击"切换"→"平滑"→设置幻灯片切换效果为"平滑",如图 5-160 所示。

图 5-160　平滑效果

步骤 2　为切换效果设置"效果选项""速度""声音""自动换片时间"等内容,如图 5-161 所示。

图 5-161　幻灯片切换设置

习　题

一、单项选择题

1. 在 WPS 中,演示文稿的默认扩展名是(　　)。

A..txt　　　　　　　　　B..pptx　　　　　　　　　C..xlsx　　　　　　　　　D..docx

2. 在 WPS 中,标题幻灯片含有(　　)个占位符。

A. 3　　　　　　　　B. 2　　　　　　　　C. 1　　　　　　　　D. 4

3. 在演示文稿中,在插入超链接中所链接的目标,不能是(　　)。

A. 另一个演示文稿　　　　　　　　B. 同一个演示文稿的某一张幻灯片

C. 其他应用程序的文档　　　　　　D. 幻灯片中的某处对象

4. 演示文稿在放映时能呈现多种动态效果,这些效果(　　)。

A. 完全由放映时的具体操作决定　　B. 需要在编辑时设定相应的放映属性

C. 与演示文稿本身无关　　　　　　D. 完全由放映者的技巧决定

5. 要选择多张不连续的幻灯片,可借助(　　)键。

A. Shift　　　　　　　B. Ctrl　　　　　　　C. Alt　　　　　　　D. Delete

6. 在演示文稿中,启动幻灯片放映的快捷键是(　　)。

A. F1　　　　　　　　B. F2　　　　　　　　C. F5　　　　　　　　D. F9

7. 在演示文稿中,修改幻灯片母版可单击(　　)选项卡中"幻灯片母版"命令。

A. 工具　　　　　　　B. 视图　　　　　　　C. 插入　　　　　　　D. 格式

8. 在演示文稿中包含多个对象的幻灯片中,选定某个对象,在"动画"选项卡下,设置"飞入"的效果后,则(　　)。

A. 该幻灯片放映效果为飞入　　　　B. 该对象放映效果为飞入

C. 下一张幻灯片放映效果为飞入　　D. 未设置效果的对象放映效果为飞入

9. 将作者名字出现在所有的幻灯片中,应将其加入(　　)中。

A. 幻灯片母版　　　B. 标题母版　　　C. 备注母版　　　D. 讲义母版

10. 在演示文稿中,(　　)对话框包含了幻灯片编号、演示日期、时间及其他相关信息。

A. 字体　　　　　　B. 配色方案　　　C. 幻灯片版式　　　D. 页眉和页脚

二、操作题

请用 WPS 演示文稿制作主题"我的大学生活"宣传稿(至少 10 张幻灯片)。将制作完成的演示文稿命名为"我的大学生活",并保存到计算机桌面上。制作要求如下:

①标题用艺术字,其他文字内容、模板、背景等格式自定;

②插入自选图形、图片(大学学习、活动照片)等对象;

③为各对象(自选图形、图片等)制作动画效果,动画形式自定;

④幻灯片切换时自动播放,样式自定;

⑤整个演示文稿设计要突出"我的大学生活",整个设计风格要协调。

项目 **6**
利用网络求职

项目分析

实习期结束了,小张同学面临择业问题,需要经常往返于各个人力资源市场之间求职应聘,不仅耗时很多而且非常疲惫。为了减少奔波,又想迅速了解并掌握用人单位的人才需求信息,及时发布个人的求职意向,小张同学决定利用网络检索就业信息,并利用 E-mail 等即时通信工具与用人单位交流,以达成就业意向。

按以上要求,小张同学必须掌握如下技能:

- 了解计算机网络基础知识;
- 能进行网络连接;
- 运用计算机访问网络空间时,能识别常见网络安全威胁;
- 利用搜索引擎收集就业信息;
- 利用电子邮件发送求职自荐书;
- 会利用 Foxmail 管理自己的邮箱。

预备知识

计算机网络是指将地理位置不同的、具有独立功能的多台计算机及其外部设备,通过通信线路连接起来,在网络操作系统、网络管理软件及网络通信协议的管理和协调下,实现资源共享和信息传递的计算机系统。

计算机网络也称计算机通信网,是计算机技术与通信技术高速发展、紧密结合的产物。计算机网络起源于 20 世纪 70 年代,经过几十年的高速发展,计算机网络已经无处不在,对人们的日常生活、工作甚至思想都产生了较大的影响。

任务 6-1 了解计算机网络

1.计算机网络的定义

迄今为止,人们对计算机网络并没有一个统一的定义,而且随着网络技术的发展,人们对网络的定义也随之发生变化。

从资源共享的角度来看,计算机网络是指能够以相互共享资源的方式互连起来的独立的计算机系统的集合。通过将物理上分散的若干计算机有机连接起来,可达到资源共享和协同工作的目的。

从用户角度来看,计算机网络是指能为用户自动管理资源的网络操作系统,由它来自动调度用户所需的资源,整个网络像一个大的计算机系统,对用户是透明的。

从广义角度来看,计算机网络是指将地理位置不同的具有独立功能的多台计算机及其外部设备,通过通信线路连接起来,在网络操作系统、网络管理软件及网络通信协议的管理和协调下,实现资源共享和信息传递的计算机系统。

2. 计算机网络的发展史

1997 年,在美国拉斯维加斯全球计算机技术博览会上,微软公司总裁比尔·盖茨先生发表了演说。在演说中他所强调的"网络才是计算机"的精辟论点充分体现了信息社会中计算机网络的重要地位。计算机网络技术的发展已成为当今世界高新技术发展的核心之一,它的发展历程是曲折的,计算机网络的发展可分为以下几个阶段。

1) 早期网络(20 世纪 60 年代)

在早期的计算机网络中,主要是大型计算机之间的互联。最早的计算机网络是美国国防部资助的 ARPAnet,它在 1969 年建成,最初的目的是在美国各个研究机构之间共享计算资源。ARPAnet 在 20 年的时间里逐渐发展成为一个庞大的网络,它不仅支持了研究和教育领域的应用,还成为当时美国国防部的通信基础设施之一。

2) 分组交换网络(20 世纪 70 年代)

20 世纪 70 年代,计算机网络技术逐渐向分组交换技术转变。在这种技术下,数据被分成若干小块,并通过网络发送。这种技术比传统的电路交换技术更为高效,因为分组交换技术可以在网络空闲时使用网络带宽,并允许多个数据包在同一时刻传输。

3) 以太网(20 世纪 80 年代)

到了 20 世纪 80 年代,以太网技术的出现进一步推动了计算机网络的发展。这种技术允许计算机通过同一电缆进行通信,使得网络连接更加灵活和容易管理。1983 年,ARPAnet 正式转变为互联网,这标志着互联网成为了一个全球性的计算机网络。

4) 互联网的出现(20 世纪 90 年代)

在 20 世纪 90 年代,随着 Web 浏览器和 Web 服务的出现,互联网进入了一个快速发展的阶段。人们可以通过 Web 浏览器轻松地访问和共享信息,这进一步推动了互联网的普及和发展。

5) 无线网络的兴起(21 世纪 00 年代)

21 世纪 00 年代,无线网络技术的兴起,使得人们可以通过移动设备在无线网络上进行通信和共享信息。这种技术的发展推动了移动互联网的普及,使得人们可以随时随地访问信息和资源。

6) 物联网(现代)

现代计算机网络的一个重要趋势是物联网的发展。物联网是指各种物品和设备通过互联网连接在一起,并共享数据和信息。这种技术在智能家居、智能城市、工业自动化等领域得到广泛应用,它有望进一步推动计算机网络的发展和变革。

3．计算机网络的分类

计算机网络可以按照网络覆盖范围、网络的拓扑结构、网络传输媒介等进行分类。

1）按照网络覆盖范围分类

（1）局域网

局域网（Local Area Network,LAN）是指在一个相对较小的范围内,如一个建筑物、一个办公室、一个学校或者一个小区内部等建立的计算机网络。局域网通常使用局域网协议（如以太网、令牌环等）进行数据传输,因为局域网的覆盖范围较小,所以数据传输速度较快,通常能够达到 Gbps 级别。

（2）城域网

城域网（Metropolitan Area Network,MAN）是指覆盖城市范围内的计算机网络,通常使用传输速度较快的光纤等传输媒介进行数据传输。城域网可以连接多个局域网和广域网,提供高速的数据传输服务,适用于城市内部的数据传输和通信需求。

（3）广域网

广域网（Wide Area Network,WAN）是指覆盖范围更广泛的计算机网络,包括国际互联网和各种专用线路网。广域网通常使用 TCP/IP 协议进行数据传输,传输速度相比局域网和城域网慢,但是能够覆盖更广泛的区域,如不同城市、国家和地区之间的数据传输和通信。

需要注意的是,随着互联网技术的发展,局域网、城域网和广域网之间的界限逐渐模糊,例如一个企业内部的局域网可以通过 Internet 接入和外部的计算机网络进行通信,同时也可以通过专用线路连接其他地区的局域网和广域网。因此,在实际应用中,需要根据具体的需求和应用场景,选择合适的网络覆盖范围和技术。

2）按照网络拓扑结构分类

（1）星型拓扑结构

星型拓扑结构是指将所有计算机连接到一个中心节点,中心节点作为数据传输的控制中心。在星型拓扑结构中,所有计算机之间的通信都需要通过中心节点进行转发,因此中心节点扮演着重要的角色。星型拓扑结构的优点是易于管理和维护,同时具有良好的扩展性和可靠性。但是,如果中心节点出现故障,整个网络将无法正常工作,如图 6-1 所示。

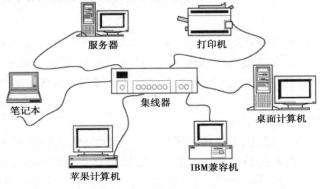

图 6-1 星形网络

（2）总线型拓扑结构

总线型拓扑结构是指将所有计算机连接到一条总线上，总线作为数据传输的通道。在总线型拓扑结构中，所有计算机都可以直接通过总线进行通信，因此不存在中心节点的单点故障问题。总线型拓扑结构的优点是具有良好的扩展性和可靠性，但是如果总线出现故障，整个网络将无法正常工作，如图6-2所示。

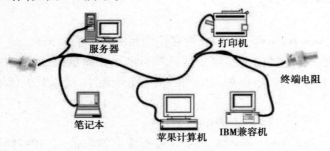

图6-2　总线型网络

（3）环形拓扑结构

环形拓扑结构是指将所有计算机连接成一个环形，每台计算机都与其相邻的计算机直接相连，数据沿着环形进行传输。在环形拓扑结构中，每台计算机都具有相同的发送和接收能力，因此不存在中心节点的单点故障问题。环形拓扑结构的优点是具有良好的扩展性和可靠性，但是由于数据传输需要绕着整个环形进行，因此存在较长的延迟时间，如图6-3所示。

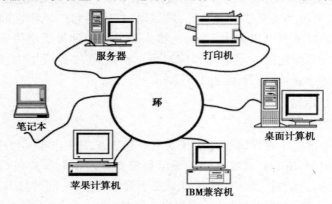

图6-3　环形网络

（4）树形拓扑结构

树形拓扑结构是指将计算机连接成一个树状结构，其中一个节点作为根节点，其余节点通过分支与根节点相连。在树形拓扑结构中，节点可以通过父节点和子节点进行数据传输，具有较好的扩展性和可靠性。但是，如果根节点出现故障，整个网络将无法正常工作，如图6-4所示。

（5）网状拓扑结构

网状拓扑结构是指将计算机相互连接形成一个复杂的网络结构，其中任意两台计算机都可以直接进行通信。在网状拓扑结构中，每台计算机都具有相同的发送和接收能力，因此不存在中心节点的单点故障问题。网状拓扑结构的优点是具有良好的扩展性和可靠性，但是由于网络结构复杂，管理和维护难度较大，如图6-5所示。

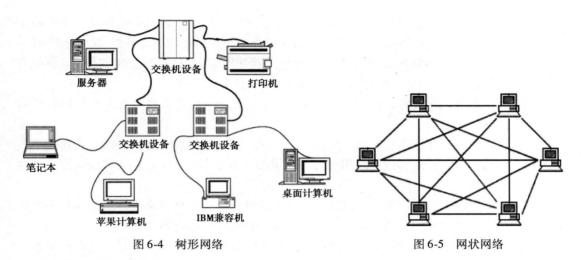

图 6-4　树形网络　　　　　　　　　图 6-5　网状网络

3）按照网络传输媒介分类

（1）有线网络

有线网络是指利用物理传输媒介（如网线、光纤等）进行数据传输的网络。有线网络具有传输速度快、可靠性高、抗干扰能力强等优点，适用于需要高速稳定传输的场景，如数据中心、企业内部网络等。常见的有线网络传输媒介有：

①网线：传输速度较快，适用于局域网和数据中心等场景。

②光纤：传输速度更快，可达到几百 GB/s 的速度，适用于长距离传输和高速数据中心等场景。

③同轴电缆：适用于有较高要求的传输场景，如数字电视信号、局域网等。

（2）无线网络

无线网络是指利用无线电波进行数据传输的网络，常用的无线网络传输媒介有：

①Wi-Fi：是一种广泛应用的无线局域网技术，具有无须线缆连接、易于部署和管理等优点，适用于家庭和企业内部网络等场景。

②蓝牙：是一种低功耗短距离无线通信技术，适用于需要简单的设备互联和传输的场景，如耳机、智能家居等。

③移动通信网络：如4G 和5G 网络等，是一种基于无线技术的广域网，可以实现远程通信和互联网接入等功能。

需要注意的是，无线网络相比有线网络传输速度和稳定性可能会受到一些限制，同时也存在一些安全问题，如信息被窃取和无线信号被干扰等。因此，在设计和使用无线网络时需要综合考虑传输速度、信号稳定性、安全性等因素。

4．计算机网络的组成

从系统组成来看，计算机网络是由网络硬件系统和网络软件系统构成的。

1）网络硬件系统

网络硬件系统是指构成计算机网络的硬件设备，包括网络中的各种计算机、终端及通信设备等。

①网络中的各种计算机是计算机网络的主体。根据计算机在网络中的功能和用途不同，

网络中的计算机可分为服务器和工作站。服务器是为网络上工作站提供服务及共享资源的计算机设备,工作站是连接到网络上的计算机,是网络中用户所使用的计算机,又称客户机。

②终端:终端本身不具备处理能力,不能直接连接到网络上,只能通过网络上的计算机与网络相连而发挥作用,常见的终端有显示终端、打印终端等。

③传输介质:在网络设备之间构成物理通路,以便实现信息的交换。常见的传输介质有同轴电缆、双绞线、光纤。

④网络互联设备:用于实现网络之间的互联,主要有中继器、集线器、路由器、交换机等。

⑤网络接入设备:用于实现计算机与计算机网络连接的设备,常见的网络接入设备有网卡、调制解调器等。

网卡又称为网络接口卡,其主要功能是将计算机要传送的数据转换成网络上其他设备能识别的格式,然后通过网络介质传输。网卡是计算机联网的必需设备。

调制解调器的功能用于数据发送端时,用来将数字信号转换成模拟信号以便采用电话线传输信号,用于数据接收端时,用来将电话线上的模拟信号转换成数字信号,以便计算机接收和处理。

2)网络软件系统

网络软件系统主要包括网络操作系统、网络通信协议和各种网络应用软件。

网络操作系统是网络中的计算机与计算机网络之间的接口,它除了具有一般操作系统的功能,还具有网络通信、网络服务的功能。目前比较常见的网络操作系统有 UNIX、Linux、Netware、Windows Server 2012、Windows 10 等。

网络通信协议是网络中计算机之间、网络设备与计算机之间、网络设备之间进行通信时,双方所要遵循的通信规则约定,常见的网络通信协议有 IPX/SPX(网际包交换/序列包交换)协议、TCP/IP(传输控制协议/Internet 协议)等。目前有些网络操作系统中已集成有网络通信协议。

网络管理软件是指用来对网络运行状况进行信息统计、报告、警告、监控的应用软件。

5. Internet 基础

Internet 是一个全球性的计算机网络系统,是由多个网络相互连接而成的网络。

在 Internet 上主机间采用 TCP/IP 协议进行通信。

1)IP 地址

在 Internet 中,每个设备都必须拥有一个唯一的 IP 地址,以便可以在网络中找到该设备并进行通信。IP 地址是 IP 协议中使用的统一的数字地址格式,用于唯一地标识连接到 Internet 的每个设备。

(1)IPv4 地址

IPv4(Internet Protocol version 4,互联网协议第 4 版)是互联网协议族中的一种协议,用于为互联网提供数据包交换服务。IPv4 是最初的 IP 协议版本,广泛应用于互联网中,目前仍在使用,但由于其地址空间有限和一些安全问题,正在逐渐被 IPv6 所取代。

IPv4 采用 32 位地址长度,地址空间最多可以支持 2^{32} 个地址。IPv4 地址的表示方法是 4 个十进制数,每个数的取值范围为 0 ~ 255,使用点号"."分隔开来,如 192.0.2.1。IPv4 地址的前缀通常表示为"地址/前缀长度"的格式,如 192.0.2.0/24。

IPv4 的特性和功能：

①分组交换：IPv4 是一种分组交换协议，将数据报分成固定长度的数据包进行传输，以便在互联网上传输。

②路由协议：IPv4 支持多种路由协议，如 RIP、OSPF、BGP 等，以便在互联网上动态地选择最佳的路径传输数据。

③IP 地址分类：IPv4 中的地址可以分为 A、B、C、D、E 5 类，每类地址分配的地址空间不同，地址的使用范围和分配方式也有所不同。

④子网掩码：IPv4 中的子网掩码用于将一个 IP 地址划分成网络地址和主机地址两个部分，以便于进行路由和地址分配等操作。

IPv4 是一个重要的网络技术，它为互联网的发展提供了基础支持。虽然 IPv4 仍在广泛使用，但由于其地址空间的限制和一些安全问题，目前 IPv6 已成为 IPv4 的补充和替代。

【知识小贴士】

A 类地址私有地址：10.0.0.0 ~ 10.255.255.255；

B 类地址私有地址：172.16.0.0 ~ 172.31.255.255；

C 类地址私有地址：192.168.0.0 ~ 192.168.255.255。

（2）IPv6 地址

IPv6（Internet Protocol version 6，互联网协议第 6 版）是互联网协议族中的一种协议，用于为互联网提供数据包交换服务。相较于 IPv4，IPv6 在地址空间、安全、QoS（服务质量）等方面进行了重大改进。

IPv6 采用 128 位地址长度，理论上可以支持的地址空间非常大，达到了 $3.4×10^{38}$ 个地址，最通俗易懂的说法是，IPv6 的地址数量号称可以为全世界的每一粒沙子编上一个地址。IPv6 地址的表示方法是 8 个 16 位的十六进制数，每两个数字之间使用冒号"："分隔开来，如 2001：0db8：85a3：0000：0000：8a2e：0370：7334。IPv6 地址的前缀通常表示为"地址/前缀长度"的格式，如 2001：0db8：85a3：：/48。

自动地址配置（Autoconfiguration）：IPv6 可以使用无状态地址自动配置（SLAAC）来分配地址，无须 DHCP 服务器的参与。设备只需要从接口标识符中派生地址，并通过邻居发现协议验证地址的唯一性即可。

①简化的报头：IPv6 报头只有 40 个字节，而 IPv4 报头有 20 个字节。IPv6 中的选项（如分片选项）被移动到可选扩展头中，这样报头长度就可以根据需要动态增加。

②安全性增强：IPv6 支持 IPsec，它可以为 IPv6 数据包提供身份验证、数据完整性、机密性和反重放保护。这样可以更好地保护数据的安全性和隐私性。

③支持多播：IPv6 可以为多播地址分配唯一的地址范围，并使用一种新的邻居发现协议来确定多播组的成员。

IPv6 是一个重要的网络技术，它已经被广泛地应用在互联网中，以解决 IPv4 地址短缺和其他一些问题。IPv6 的广泛应用将为互联网的未来发展提供更加广阔的空间。

2）域名系统

域名系统（Domain Name System，DNS）是互联网的一项核心服务。它用字符型的域名标记互联网中的主机，然后用专门的 DNS 服务器负责解析域名与 IP 地址的对应系统，从而克服用数字化 IP 地址访问主机时,IP 地址难以记忆、使用不便的问题。

域名是分层次的,一般由计算机名、组织机构名、网络名(机构的类别)和最高层域名组成。其一般格式如下:计算机名.组织机构名.网络名.最高层域名。通用顶级域名见表 6-1。

表 6-1 通用顶级域名

地理性域名		机构性域名	
cn:中国	it:意大利	gov:政府部门	mil:军事组织
ru:俄罗斯	jp:日本	com:商业机构	net:网络服务机构
fr:法国	de:德国	org:非营利组织	edu:教育机构
sg:新加坡	uk:英国	info:信心服务机构	int:国际性组织机构

例如:www. icourse163. org,其中 org 代表非营利组织,icourse163 代表中国大学 MOOC,WWW 代表全球网(或称万维网,World Wide Wed),整个域名合起来就代表非营利组织下的中国大学 MOOC 站点。

【知识小贴士】

Internet 中常用术语:

HTTP(hypertext transfer protocol,超文本传输协议)。

FTP(file transfer protocol 即文件传输协议)。

URL(uniform resource locator,统一资源定位符),唯一标识页面的名字。URL 包括 3 个部分:协议名称、页面所在机器的 DNS 名字(主机名)、标识指定页面(经常是一个位于它所在机器上的文件)的唯一的本地名字,即文件名。

HTML(hypertext markup language,超文本标记语言)。

任务 6-2 利用计算机连接互联网

1. ISP 网络服务商

互联网服务提供商(Internet Service Provider,ISP)是一种提供互联网接入服务的公司或组织。ISP 可以通过多种方式提供互联网服务,包括数字用户线路(Digital Subscriber Line,DSL)、电缆调制解调器、光纤、卫星、无线电和拨号。

ISP 为用户提供互联网接入服务,用户可以通过它们提供的服务连接到互联网,并访问各种在线资源,如网站、电子邮件、文件共享、在线视频和社交媒体等。同时,ISP 也可以向用户提供其他服务,如主机托管、域名注册和云存储等。

ISP 通过连接到互联网骨干网和其他 ISP 的网络设备为用户提供互联网服务。这些设备包括路由器、交换机和光纤电缆等。ISP 会从互联网骨干网或其他 ISP 处租用带宽和 IP 地址,以满足其用户的需求。

我国目前主流的 ISP 是中国三大基础运营商：中国电信、中国移动、中国联通。

①中国电信：拨号上网、ADSL、1X、CDMA1X，EVDO rev. A、FTTx、光纤接入 EPON、FDD/TDD LTE。

②中国移动：拨号上网、GPRS 及 EDGE 无线上网、TD-SCDMA 无线上网，一少部分 FTTx、FDD LTE。

③中国联通：GPRS、W-CDMA、无线上网、拨号上网、ADSL、FTTx、FDD/TDD LTE。

2. Internet 连接方式

1）有线接入方式

局域网接入是利用以太网技术，采用"光缆+双绞线"进行综合布线。具体实施方案是从中心机房铺设光缆至各建筑物楼层，楼层内布线采用五类或六类双绞线至各个房间，双绞线总长度一般不超过 100 m。

当计算机用网线连接至房内墙上的网络接口时，一般采用静态 IP 或是动态 IP 上网。

（1）静态 IP 接入方式

步骤1　用户完成相应的硬件连接后打开"控制面板"，然后单击控制面板中"网络和 Internet"选项，跳转到"网络和 Internet"窗口，如图 6-6 所示。

图 6-6　"网络和 Internet"窗口

步骤2　在"网络和 Internet"窗口中，单击"网络和共享中心"工作组中的"查看网络状态和任务"选项，当前窗口跳转到"网络和共享中心"窗口，如图 6-7 所示。

图 6-7　"网络和共享中心"窗口

步骤3　在"网络和共享中心"窗口中单击"本地连接"选项,弹出"本地连接状态"对话框,如图6-8所示。

图6-8　"本地连接状态"对话框

步骤4　在"本地连接状态"对话框中单击"属性"按钮,弹出"本地连接属性"对话框,如图6-9所示。

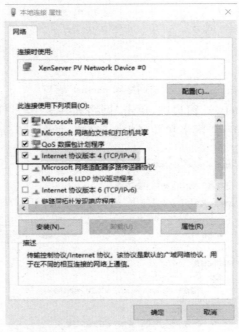

图6-9　"本地连接属性"对话框

步骤5　在"本地连接属性"对话框中双击"Internet 协议版本 4(TCP/IPv4)"列表项,弹出"Internet 协议版本 4(TCP/IPv4)属性"对话框,如图 6-10 所示。

图 6-10　"Internet 协议版本 4(TCP/IPv4)属性"对话框

步骤6　在"Internet 协议版本 4(TCP/IPv4)属性"对话框中输入 ISP 提供 IP 地址、子网掩码、默认网关以及 DNS,然后单击"确定"按钮即可完成网络连接设置,如图 6-11 所示。

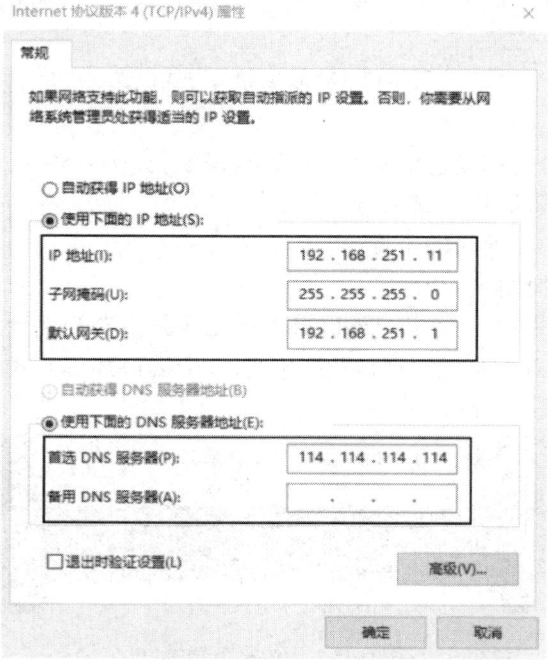

图 6-11　固定 IP 设置

（2）动态 IP 接入方式

步骤 1　同静态 IP 接入方式。

步骤 2　在图 6-10 对话框中选中"自动获得 IP 地址"单选按钮和"自动获得 DNS 服务器地址"单选按钮，单击"确定"按钮即可完成局域上网连接设置，如图 6-12 所示。

图 6-12　动态 IP 接入方式设置

2）无线接入方式

目前，主流无线网分为移动通信网实现的无线网络，如 4G、5G 或 GPRS，以及无线局域网（Wi-Fi）两种方式。无线网 W-Fi 接入方式如下：

（1）设置无线网 Wi-Fi 使用的工具

计算机一台、无线路由器一个。

无线路由器有很多端口，下面以 TP-LINK4 口无线路由器为例介绍各端口功能，如 WAN 端口，连接入户网线；LAN 端口，连接计算机（任选一个端口即可）；Reset 按钮，将路由器恢复到出厂默认设置，如图 6-13 所示。

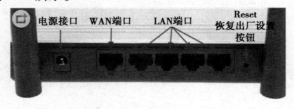

图 6-13　无线路由器端口

（2）无线网络 Wi-Fi

步骤 1　根据前面所学知识,通过计算机网络属性设置 Internet 协议为自动获得 IP 地址和自动获得 DNS 服务器地址。

步骤 2　连接无线路由器,如图 6-14 所示。

图 6-14　连接无线路由器

步骤 3　打开 IE 浏览器,在地址栏中输入 192.168.1.1,转至无线路由器登录界面,然后根据提示输入用户名和密码(用户名和密码默认均为 admin),如图 6-15 所示。

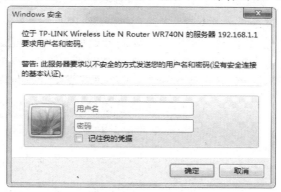

图 6-15　登录界面

步骤 4　单击"确定"按钮,登录成功后弹出设置向导的界面,如图 6-16 所示。

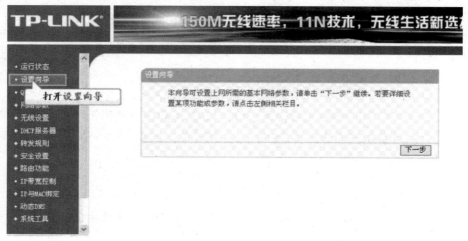

图 6-16　设置向导界面

步骤5 单击"设置向导"选项,然后再单击"下一步"按钮。

步骤6 在弹出的界面,输入"上网账号""上网口令""确认口令",输入完成后单击"下一步"按钮,如图6-17所示。

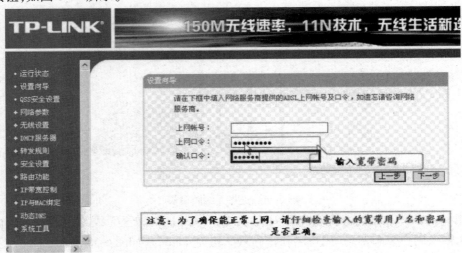

图6-17 设置上网账号及口令

步骤7 设置SSID的名称,这一项默认为路由器的型号,即在搜索时显示的设备名称,此名称可以更改以便于搜索。其他设置选项可以使用系统默认设置,无须更改,如图6-18所示。

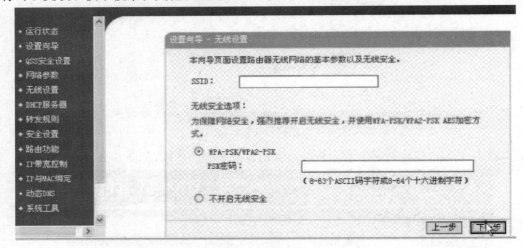

图6-18 设置SSID的名称

步骤8 单击"下一步"按钮完成设置,重新启动路由器即可使用无线上网。

步骤9 开启计算机的无线设备,搜索无线网络,单击所设置的SSID名称,输入密码,就可以无线上网。

【知识小贴士】

192.168.1.1属于IP地址的C类地址,属于保留IP,专门用于路由器设置。

任务6-3　识别常见网络安全威胁

网络改变了人们的生活方式,如网购、手机支付等。当用户使用电子支付时,会担心自己银行卡里的钱被盗,故如何保障网络安全成为一个亟待解决的问题。

所谓保障网络安全是指保护网络系统的硬件、软件及其系统中的数据,使之免受偶然的或者恶意的破坏、盗用和篡改等,保证网络系统的正常运行和网络服务不被中断,常见网络安全威胁如下:

1.病毒和恶意软件

常见的病毒和恶意软件包括以下几种:

①病毒(Viruses):病毒是一种恶意软件,它通过在合法程序中插入自身的代码来感染其他文件。一旦感染,病毒可以通过自我复制传播到其他计算机,并可能对系统文件、数据或整个操作系统造成损害。

②蠕虫(Worms):蠕虫是一种自我复制的恶意软件,可以通过计算机网络进行传播,而不需要用户交互。蠕虫利用计算机网络中的漏洞和弱点,传播到其他主机并执行恶意操作,可能导致网络拥塞、系统崩溃和数据损坏。

③特洛伊木马(Trojan Horses):特洛伊木马是一种伪装成合法软件的恶意程序。当用户运行或安装特洛伊木马时,它会在后台执行恶意操作,如窃取敏感信息、远程控制系统或打开系统的后门,以便攻击者获取访问权限。

④间谍软件(Spyware):间谍软件是一种隐藏在用户设备上的恶意程序,用于监视用户的活动、收集敏感信息并将其发送给攻击者。间谍软件通常会悄悄安装在计算机上,并在用户浏览互联网、发送电子邮件或进行在线交易时记录敏感信息。

⑤广告软件(Adware):广告软件是一种恶意软件,通过在用户设备上显示弹出广告、植入广告或在浏览器中修改搜索结果来盈利。广告软件通常会以免费软件的形式捆绑分发,当用户安装这些软件时,广告软件就会悄悄安装并开始显示广告。

⑥加密勒索软件(Ransomware):加密勒索软件是一种恶意软件,它会加密用户的文件,并要求用户支付赎金以解密文件。加密勒索软件通常采用强大的加密算法,使文件无法访问,这对个人用户和组织的数据安全造成严重威胁。

⑦根包(Rootkits):根包是一种恶意软件,用于隐藏其存在和活动,以躲避检测和删除。根包通常会修改操作系统的核心组件,从而为攻击者提供持久的访问权限,使其能够执行恶意操作,如窃取信息或远程控制系统。

为了保护自己免受这些威胁的影响,可以采取以下措施:

①安装可靠的安全软件:使用受信任的防病毒和防恶意软件,定期更新并进行系统扫描以检测和清除潜在的威胁。

②及时更新操作系统和应用程序:保持操作系统、浏览器、插件和其他应用程序的更新,以修复已知的漏洞和弱点,减少遭受攻击的风险。

③谨慎单击链接和附件:避免单击来自不信任来源的链接或打开未经验证的附件,特别

是来自不明的电子邮件、社交媒体或即时消息。

④使用强密码和多因素身份验证：使用复杂的密码，并使用不同的密码来保护不同的账户。启用多因素身份验证可以提供额外的安全层级。

⑤定期备份数据：定期备份重要数据，并将备份存储在安全的离线或云存储中，以防止数据丢失或被勒索软件加密。

⑥网络教育和培训：提高网络安全意识，培养员工和用户识别潜在的威胁和诈骗的能力，以减少社交工程和钓鱼攻击的风险。

⑦使用防火墙和网络安全设备：配置和使用防火墙、入侵检测系统（Intrusion Detection System，IDS）和入侵防御系统（Intrusion Prevention System，IPS）等网络安全设备，以监控和阻止恶意流量和攻击。

⑧及时更新安全补丁和补丁管理：定期更新和管理软件和系统的安全补丁，修复已知的漏洞和弱点，以提高系统的安全性。

2. 社会工程学

社会工程学是指在信息安全方面操纵人的心理，使其采取行动或泄露机密信息。在20世纪60年代左右作为正式的学科出现，经过多年的应用发展，社会工程学逐渐产生出了分支学科，如公安社会工程学（简称"公安社工学"）和网络社会工程学。所有社会工程学攻击都基于使人决断产生认知偏差的基础。这些偏差有时称"人类硬件漏洞"，足以产生众多攻击方式。以下是社会工程学的一些常见手段。

①钓鱼式攻击（Phishing Attacks）：钓鱼式攻击是通过伪装成合法实体（如银行、电子邮件提供商、社交媒体平台）发送虚假的电子邮件、短信或制作伪造的网站来欺骗用户。这些攻击常常要求用户提供个人信息、登录凭据或敏感数据，以获取非法访问或盗取信息。

②垃圾电邮（Junk Mail）：垃圾电邮是滥发电子消息中最常见的一种，指的是"不请自来，未经用户许可就塞入信箱的电子邮件"，主要特性包括未经消费者的同意、与消费者需求不相关、以诈欺的方式骗取邮件地址、攻击性的广告，如夸张不实，包括情色、钓鱼网站、散布的数量庞大。

③电信诈骗（Telecom Fraud）：电信诈骗是通过电话、短信或其他通信方式进行的欺诈活动，攻击者通常冒充合法机构、银行、政府机构或服务提供商，骗取用户的个人信息、银行账户信息或其他敏感数据。如冒充公检法、商家公司厂家、国家机关工作人员、银行工作人员等各类机构工作人员，伪造和冒充招工、刷单、贷款、手机定位和招嫖等形式进行诈骗。

防范社交工程攻击的关键是保持警惕并采取以下措施：

①总是验证和确认收到的电子邮件、短信、电话或社交媒体信息的真实性。

②不要轻易相信来自未知来源或不明身份的人或实体的请求。

③尽量避免点击不明链接，特别是来自不信任或可疑的来源。

④定期进行网络安全培训，教育员工和用户如何识别和应对社会工程学攻击。

⑤使用强密码并启用多因素身份验证，以增加账户的安全性。

⑥定期备份数据，以防止数据丢失或被勒索软件加密。

⑦保持操作系统、应用程序和安全软件的更新，以修补已知漏洞。

⑧通过提高网络安全意识、建立强大的安全文化和采取适当的安全措施，可以降低攻击

的风险。

3. 网络黑客

网络黑客(Cyber Hackers)是指利用计算机技术和网络知识,以非法或未经授权的方式侵入计算机系统、网络或设备,从中获取敏感信息、破坏系统或进行其他恶意活动的个人或团体。网络黑客的动机可以是经济利益、政治目的、个人挑战或破坏等。

网络黑客可以分为以下几种类型:

①黑客分子(Crackers):黑客分子是指具有恶意意图的黑客,他们入侵系统、网络或应用程序,以窃取敏感信息、破坏数据、盗取金钱或制造混乱。他们可能通过漏洞利用、密码破解、恶意软件或社交工程等方式进行攻击。

②伦理黑客(Ethical Hackers):伦理黑客也称为白帽黑客或安全测试员,是经过授权和合法的方式测试和评估系统安全性的专业人员。他们模拟黑客攻击,寻找系统的弱点和漏洞,并向组织提供建议和解决方案以改善安全性。

③政府黑客(State-Sponsored Hackers):政府黑客是由各国政府或情报机构雇佣或支持的黑客,他们的目标可能是政治、军事、经济或情报方面的利益。政府黑客可以进行间谍活动、网络攻击、信息战等,以获取敏感信息或对其他国家或组织施加影响。

④非国家黑客组织(Non-State Hacking Groups):非国家黑客组织是由一群独立的黑客组成,他们通常没有政治或国家背景。这些组织可能有不同的动机,如破坏、社会活动、个人挑战或经济利益。他们可能通过网络攻击、勒索软件攻击、数据泄露或网络破坏等手段来达到目标。

为了保护自己和组织免受黑客攻击,可采取以下措施:

①使用强密码和多因素身份验证来保护个人和组织的账户。

②定期更新操作系统、应用程序和安全软件以修补已知漏洞。

③防止社交工程攻击,如网络钓鱼和欺诈电话,提高网络安全意识。

④安装和更新防病毒软件、防火墙和恶意软件防护工具,以检测和阻止恶意活动。

⑤定期备份数据,并存储在离线和加密的介质中,以防止数据丢失或勒索软件攻击。

⑥尽量不使用公共场所的Wi-Fi。对于黑客来说,公共场合的Wi-Fi极容易侵入,这也意味着个人信息将暴露在黑客的视线下。

⑦尽量访问具备安全协议的网址。建议尽量登录网址前缀中带有"https:"字样的网站,具备这种安全协议的网址的安全性较高。

⑧不同软件尽量不要使用同一组账号和密码。黑客常常会购买带有大量个人信息的数据库进行"撞库",因此设置多组账号和密码可以防止黑客侵入下一个账户,及时止损。

任务6-4 利用大数据技术收集就业信息

大数据技术就是指大数据的采集、传输、处理和应用的相关技术,目的是通过对大数据的提取、交互、整合和分析,从各种类型的巨量数据中发现隐藏在数据背后的信息,挖掘数据信息的价值为用户提供个性化的内容,更精确地定位用户。

　　互联网的迅速发展,带来了网上信息的爆炸性增长。要在浩如烟海的信息海洋里寻找信息,就像"大海捞针"一样困难。而在大数据环境下,多学科跨领域合作已经成为信息发展的主要方向,面向大数据的信息资源搜索引擎就要基于这一环境进行信息精准定位。目前,应用较为广泛的搜索引擎有百度、Google、搜狗、360。

　　下面以百度搜索引擎为例收集就业信息。

1. 打开搜索引擎

　　步骤 1　启动 Microsoft Edge 浏览器。双击桌面上 Microsoft Edge 浏览器图标"",或者单击任务栏中的 Microsoft Edge 浏览器图标打开 Microsoft Edge 浏览器窗口。

　　步骤 2　在 Microsoft Edge 浏览器地址栏中输入 https://www.baidu.com/,然后按"Enter"键转入百度主页,如图 6-19 所示。

图 6-19　百度主页

【知识小贴士】

　　如果用户经常使用"百度"搜索引擎搜索资料,可以将"百度"的主页设置成浏览器启动时的打开页面。在这种情况下,双击桌面上的 Microsoft Edge 浏览器图标可以直接打开"百度"主页。设置方法如下:

　　步骤 1　在浏览器窗口中单击菜单栏上的"设置及其他"菜单命令或者使用快捷键"Alt+F",展开如图 6-20 所示的"设置及其他"选项。

　　步骤 2　在"设置及其他"选项中单击"设置"选项,打开如图 6-21 所示的"设置页面",再单击设置左侧"开始、主页和新建标签页"选项,打开"开始、主页和新建标签页"页面,选择"打开以下页面"→"添加新页面",在"添加新页面"对话框中输入 www.baidu.com,如图 6-22 所示主页设置页面,单击"确定",即可完成主页设置。

2. 利用搜索引擎搜索企业招聘信息

　　在百度搜索文本框中输入关键字"intitle:招聘求职",单击"百度一下"按钮或按"Enter"键,搜索结果如图 6-23 所示。

图 6-20　"设置及其他"选项

图 6-21　设置页面

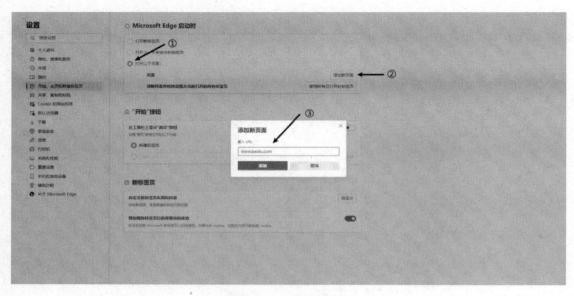

图 6-22　主页设置页面

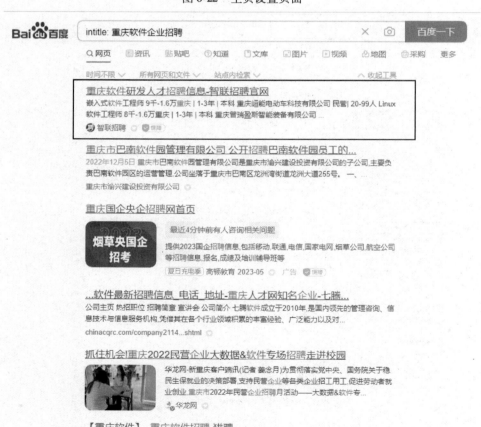

图 6-23　百度搜索"重庆软件企业招聘"信息结果

3. 利用搜索引擎的大数据功能缩小选择范围

步骤 1 在图 6-23 所示的页面中单击"重庆软件研发人才招聘信息"招聘链接,弹出招聘页面,如图 6-24 所示。

图 6-24 招聘页面

步骤 2 在招聘页面文本框中输入要应聘的职位名、公司名等后单击" 🔍 "图标。本示例以搜索"软件工程师"为例,查看搜索结果,如图 6-25 所示。

图 6-25 招聘网站搜索"软件工程师"结果

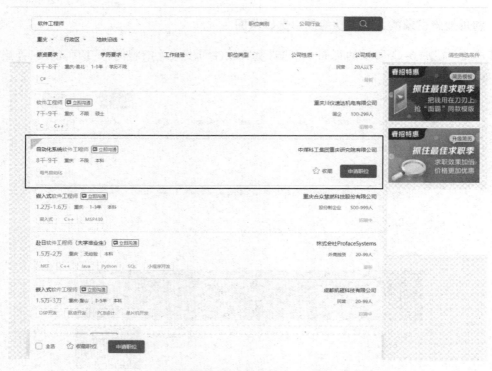

图 6-26　浏览招聘网站搜索"软件工程师"结果

步骤 3　在图 6-26 所示的搜索结果中单击某岗位"申请职位"按钮查看招聘岗位的详细信息，如图 6-27 所示。

图 6-27　招聘岗位详细信息

4.保存招聘信息

步骤 1　在 Microsoft Edge 浏览器窗口中单击菜单栏上的"设置及其他"菜单命令或者使用快捷键"Alt+F",展开"设置及其他"选项,在弹出的下拉菜单中选择"更多工具"→"将页面另存为",如图 6-28 所示。

图 6-28　保存招聘信息

步骤 2　在弹出的"另存为"对话框中选择保存位置,在"文件名"文本框中输入被保存文档的名称,在"保存类型"中选择"网页,单个文件",然后单击"保存"按钮,如图 6-29 所示。

图 6-29　"另存为"对话框

【知识小贴士】

在使用搜索引擎搜索关键词时,搜索首页经常会推荐一些相关或不相关的广告,例如要了解"招聘求职",百度一下,发现首页基本上全是广告,如图6-30所示。

图6-30 "招聘求职"搜索结果

同学们可以尝试以下方法,该方法可以精简搜索结果,尽可能地去除广告推荐,提高搜索效率。

(1)intitle:关键词

例如在"搜索引擎"对话框中填入"intitle:招聘求职",搜索结果如图6-31所示。

intitle:招聘求职　　　　　　　　　　×　📷　　百度一下

🔍网页　▶视频　🗂资讯　贴贴吧　🔖知道　📄文库　🖼图片　🗺地图　🛒采购　更多

时间不限 ∨　　所有网页和文件 ∨　　站点内检索 ∨　　　　　∧ 收起工具

智联招聘网-求职_找工作_上智联招聘

 智联招聘全国招聘网是全国权威的求职找工作平台,为您提供真实准确的全国求职招聘信息,每天几百万的高薪职位招聘信息供您选择,找工作上智联招聘

　🕊智联招聘 ⊘ ⓥ保障

招聘网_人才网_找工作_求职_上前程无忧

 前程无忧人才网面向全国,提供2023准确的招聘网站信息,为企业和求职者提供人才招聘、求职、找工作、培训等在内的全方位的人力资源服务,更多求职找工作信息尽在前程无忧!

　前程无忧 ⊘ ⓥ保障

正规的招聘求职-海归留学生名企求职平台-500强企业直推

 正规的招聘求职海归留学生求职服务,500强名企直推,资深HR一对一教...
特色: 2021校招校园招聘　　　　培训方式: 全线上1对1授课
培训类型: 一站式求职培训　　　详情: 名企全职/实习速推

校园招聘　　　实习-PTA　　　海归求职　　　职业导航
应届生-留学生　助力背景提升　留学生就业辅导　名企大厂行业独角兽

查看更多相关信息>>
北京爱思益咨询有限公司 2023-05 ⊘ 广告 ⓥ保障

招聘网、找工作、597直聘求职、人才网

 招聘网面向全国找工作,提供2023准确的招聘网站信息,为企业和求职者提供人才招聘、求职、找工作等在内的人力资源服务,更多求职找工作信息尽在597直聘人才网
www.m.597.com/ ⊘

招贤纳士网-中高端人才求职、招聘平台

招贤纳士网为燃气、化工、医疗、食品、旅游、建筑、服装、电力、石油、环保、外语、传媒、物流、教育、金融、机械等行业提供职位搜索、简历投递、猎头服务、人才评测、培训信息、校园招聘、人事外包、网络招聘、报纸招聘

图 6-31　"intitle:招聘求职"搜索结果

（2）限定文件类型

如果想下载指定文件格式的文档怎么办?

关键词 filetype:文件类型。

例如,大学计算机基础 filetype:pdf,注意在关键词和 filetype 中间加个空格,搜索结果如图 6-32 所示。

大学计算机基础 filetype:pdf　　　　　　　✕　◎　　百度一下

Q 网页　📄 文库　📰 资讯　💬 贴吧　❓ 知道　🖼 图片　🗺 地图　🛒 采购　▶ 视频　更多

时间不限 ∨　PDF ∨　站点内检索 ∨　　　　　　　　✕ 清除

📄 《大学计算机基础》章节知识点汇总 - 百度文库
14页 发布时间: 2022年05月08日
《大学计算机基础》章节知识点汇总 第一章 计算机基础知识 1、简述计算机的发展情况。 答:194
6年2月,美国的宾夕法尼亚大学研制成功了世界上第一台计算机~ ENIAC至今,按计算机...
百度文库 ◎

【PDF】大学计算机基础
文件格式: PDF/Adobe Acrobat - HTML版
高等院校计算机应用系列教材 大学计算机基础 (Windows 7/10+Office 2016) 姜春峰 主编 北京 内
容简介 本书以培养学生的计算思维能力和计算机操作能力为核心任务,共分 10 章...
清华大学出版社 ◎

2023年大学计算机基础第三版,海量收录,完整版

 最近7分钟前有人申请相关服务

大学计算机基础第三版随下随用,海量资源,全学段覆盖!一键下载,直接套
用,简单方便,即刻下载,享专属优惠!

重点知识　　　真题试卷　　　PPT课件　　　精品习题
会员免费　　　会员免费　　　会员免费　　　会员免费

查看更多相关信息>>
⌒ 百度文库 2023-05　广告

📄 大学计算机基础知识点 - 百度文库
2页 发布时间: 2022年06月22日
大学计算机基础知识点 大学计算机基础知识点 大学计算机基础知识点　计算机应用分为数值计
算和非数值应用两大领域。下面是小编整理的关于大学计算机基础知识点,欢迎大家...
百度文库 ◎

📄 《大学计算机基础》教案汇总.pdf - 百度文库
92页 发布时间: 2022年05月17日
课程名称:大学计算机基础 内容:模块 1 单元 1 教案 讲次:第 1 讲 授课教师: 一、教学内容与时间 1.
教学内容:第 1 章 信息与计算机概述 信息与信息的特征 什么是信息技术...

图 6-32　"大学计算机基础 filetype:pdf"搜索结果

(3)限定搜索网站

关键词 inurl:网站类型

例如,华为 inurl:com,搜索结果会显示所有的华为官方商业网站,搜索结果如图 6-33
所示。

华为 inurl:com　　　　　　　　　　　　　　　　　✕　◎　　百度一下

🔍网页　📰资讯　贴贴吧　❓知道　📄文库　🖼图片　▶视频　🗺地图　🛒采购　　更多

时间不限 ∨　　所有网页和文件 ∨　　站点内检索 ∨　　　　　　∧ 收起工具

华为- 构建万物互联的智能世界

产品 HUAWEI WATCH 4 系列 智慧旗舰 健康领航 了解更多 《华为技术》孟晚舟刊首寄语,15位专家联袂诠释5.5G、AI、云等关键技术 了解更多 成功故事 泰国首都电力局,构建高可靠电力通信网络,为城市...

华为 ◎ ✅课程 ®

华为技术有限公司 - 百度百科

华为技术有限公司,成立于1987年,总部位于广东省深圳市龙岗区。2021年,华为公司的总收入为6368亿元,净利润达到1137亿元。华为是全球领先的信息与通信技术（ICT）解决方案供应商,专注于ICT领域,坚持稳健经营、持续创新、开放合作,在电信运营商、企业、终...

经营范围　发展历程　产品服务　企业规模　公司治理　更多 >

❇ 百度百科 ◎

华为商城VMALL

华为畅享系列 预订至高省200|到手999起 ¥ 1199 起 华为折叠机系列 限时直降1000元 限时赠 12期0分期利息 ¥8999 ¥9999 电脑专区 更多 MateBook 14 2023 新品至高省200元 13代酷睿 ¥ 5799 ¥5...

华为商城 ◎ ✅课程

HUAWEI

选择城市 × 山西省阳泉市请选择 阳泉市区 城区 矿区 郊区 平定县 盂县 Hi,欢迎来华为!登录免费注册 搜索 热门搜索: HUAWEI Mate Xs2HUAWEI Mate 50Pro 华为欢迎您～ 欢迎回家!您可前往会员俱乐部...

huawei.doubibi.com/ ◎

华为 inurl:com的最新相关信息

华为申请注册多个AITO商标,商标保护还是打造生态?
蓝鲸汽车记者从天眼查获悉,月内,华为技术有限公司(下称"华为")申请注册医药制品、日化用品、医疗器械等类别的AITO商标,商品/服务项目涵盖按摩器械、可穿戴式医用生物特征数...
凤凰网 2小时前

华为开发者大会7月东莞举行,华为云CEO:盛会不容错过
"AI for Industries"将成为人工智能新的爆发点。"华为常务董事、华为云CEO张平安在《致全球开发者》的邀请函中表示,开发...
东方财富网 4小时前

图6-33　"华为 inurl:com"搜索结果

（4）混合使用

不同的限定词可以同时混合使用。

例如,intitle:招聘 inurl:edu,搜索结果如图6-34所示。

intitle:招聘 inurl:edu ✕ 📷 百度一下

🔍网页 📌贴吧 ⑦知道 📄文库 🖼图片 📰资讯 📍地图 🛒采购 ▶视频 更多

时间不限 ∨ 所有网页和文件 ∨ 站点内检索 ∧ 收起工具

招聘,求职,找工作,英才网联分行业专业人才招聘网站
主页 关于 反馈 我是HR APP 触屏版 电脑版 公众号 英才网联 www.800hr.com 求职 招聘 人才 客服
(投诉)电话:4006-500-588 工作日:8:30-17:50 未成年人投诉举报渠道同上 人力...
教培英才网 ◎

人才招聘网
我校成果登上Science 自组装单分... 近日,我校材料科学与工程学院... 材料学院陶新永教授团队在N
ATURE... 近日,我校材料科学与工程学院陶... 我校郑裕国院士荣获2019年度"何...
www.rczp.zjut.edu.cn/ ◎

重庆 有招招聘, [猎聘] 专业高效的招聘求职平台

 最近8分钟前有人申请相关服务

猎聘-专业高效的招聘求职平台,汇聚高薪名企,大数据智能匹配合适岗位,
简历一键投递,随时随地看进度!上猎聘,8s注册,轻松涨薪!

热招岗位 职位搜索 名企急聘 简历优化
8s注册 24h反馈 推荐名企职位 轻松涨薪 与HR在线沟通

查看更多相关信息>>
◎ 猎聘 2023-05 ◎ 广告 ✓保障

人才招聘网
主页登录注册 1 2 3 招聘公告更多 》 1 2 3 4 5 岗位分类更多 》 青年教师 专业技术 管理人员 其他
岗位 联系我们
rcjl.usst.edu.cn/ ◎

招聘首页
2023年专职辅导员及管理人员招聘考核公告02-06 2023年专任教师、实验技术人员、专职辅导员
及管理人员招聘复试公告02-14 2023年招聘结果公告03-01 2019年秋季管理人员招聘考核...
hr.tec.suda.edu.cn/ ◎

人才招聘网
宁波大学公开招聘工作人员公告(2022.10.14)2022-10-17 宁波大学公开招聘教师公告(2022.05.24)

图 6-34 "intitle:招聘 inurl:edu"搜索结果

任务 6-5 利用电子邮件发送求职简历

电子邮件简称 E-mail,它是一种用电子手段提供信息交换的通信方式。它的工作是通过电子邮件简单传输协议(Simple Mail Transfer Protocol,SMTP)来完成的,是 Internet 下的一种电子邮件通信协议。

电子邮件地址的格式为"用户名@服务器域名",如 liulaoshi@163.com。其中"用户名"表示邮件信箱、注册名或信件接收者的用户标识,"@"符号后是用户使用的邮件服务器的域名。"@"可以读成"at",也就是"在"的意思。整个电子邮件地址可理解为网络中某台服务器上的某个用户的地址,并且这个地址是唯一的。

下面以 163 的电子邮箱为例说明如何发送求职简历。

1. 申请电子邮箱

(1)打开 Microsoft Edge 浏览器,在浏览器地址栏中输入 https://mail.163.com/,按"Enter"键转到 163 网易免费邮网页,如图 6-35 所示。

图 6-35　网易免费邮页面

【知识小贴士】

对于一些需要经常访问的网页,可以在搜索到该网页后将网页链接的快捷方式(网页的标题和网址)添加至 Microsoft Edge 浏览器的收藏夹中,以后只需要在 Microsoft Edge 浏览器窗口的"收藏夹"菜单中单击相关网页名就可以快速地访问该网页。例如,将图 6-35 所示的网页的链接快捷方式添加到收藏夹中的操作方法如下。

①在图 6-35 所示窗口中,单击右上方的"收藏"图标,弹出"添加到收藏夹"对话框,如图 6-36 所示。

②在"添加到收藏夹"对话框的"名称"文本框中输入网页的标题名称,然后单击"完成"按钮。在默认情况下,"名称"文本框中会自动显示所收藏网页的标题名,如果不需要更改标题名,则直接单击"完成"按钮。

③进入收藏夹中的网站,可以直接单击收藏夹,单击相应网站即可,如图 6-37 所示。

(2)在图 6-35 所示的网页界面中单击"注册新账号",打开如图 6-38 所示界面。

图 6-36 "添加到收藏夹"对话框

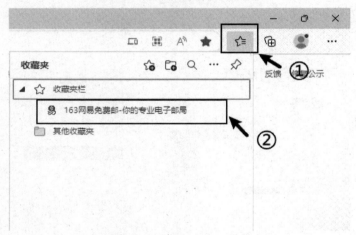

图 6-37 从收藏夹中打开网站

图 6-38 注册信息填写

（3）在图 6-38 所示的网页界面中，这里选择"推荐"方式——手机号码注册，填入手机号，会要求进行验证，出现图 6-39 所示的界面，按照要求用注册手机号发送验证短信，设置密码，然后单击"立即注册"按钮。

图 6-39　手机验证

2. 发送求职简历

（1）在 163 网易免费邮主页中，账号登录处输入用户名和密码，单击"登录"按钮，如果出现手机验证，如图 6-40 所示，输入手机收到的验证码即可，进入电子邮箱，如图 6-41 所示。

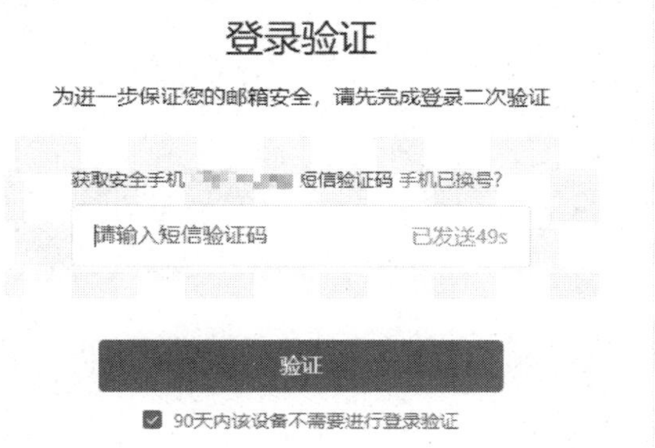

登录验证

为进一步保证您的邮箱安全，请先完成登录二次验证

获取安全手机　██████　短信验证码 手机已换号？

请输入短信验证码　　　　　　已发送49s

验证

☑ 90天内该设备不需要进行登录验证

图 6-40　登录验证

（2）在图 6-41 所示的网页界面中单击"写信"，转换到新界面，在收件人地址栏中输入用人单位人力资源部的邮件地址，并填写邮件主题及编辑邮件正文内容，如图 6-42 所示。

【知识小贴士】

如需要将邮件同时发给多个收件人，邮件地址之间用分号"；"隔开。

（3）在图 6-42 所示的网页界面中，单击"添加附件"，根据提示，把"我的求职简历"添加到附件中，如图 6-43 所示。

（4）单击"发送"按钮，转入"邮件发送成功"的提示页面，即已将电子邮件发送到用人单位人力资源部电子邮箱中，如图 6-44 所示。

图 6-41　登录邮箱

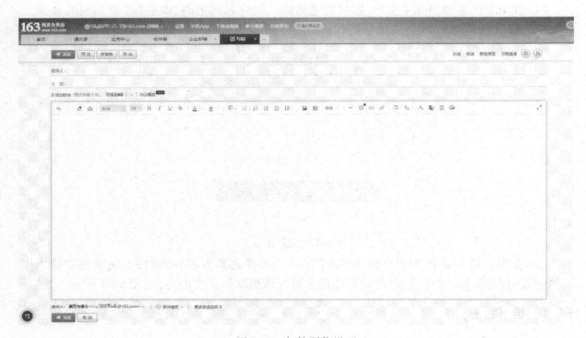

图 6-42　邮箱写信界面

334

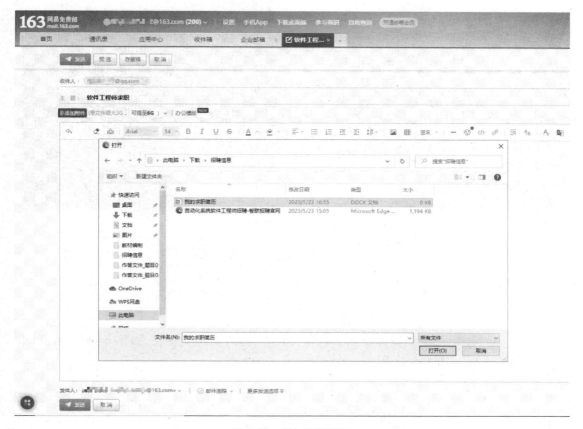

图 6-43 添加附件界面

图 6-44 邮件发送成功界面

任务 6-6 利用 Foxmail 管理电子邮件

Foxmail 邮件客户端软件是腾讯公司旗下的免费电子邮件客户端,具有电子邮件管理和邮件服务器功能;具备强大的反垃圾邮件功能;它使用多种技术对邮件进行判别,能够准确识别垃圾邮件与非垃圾邮件。

1. Foxmail 安装

(1)打开 Microsoft Edge 浏览器,在浏览器地址栏中输入:https://www.foxmail.com/,按"Enter"键转到 Foxmail 官网,这里选择 Windows 系统,单击"立即下载",如图 6-45 所示。

图 6-45　Foxmail 下载

（2）从 Microsoft Edge 浏览器默认下载保存位置，打开对应文件夹，如图 6-46 所示，单击"打开下载文件夹"，如图 6-47 所示。

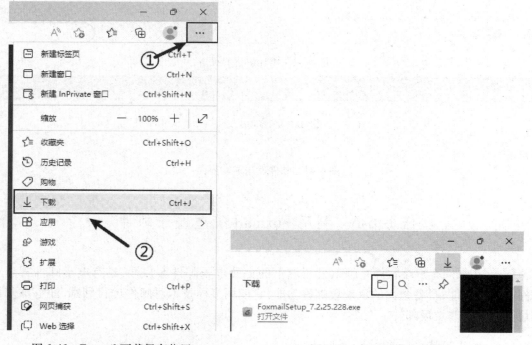

图 6-46　Foxmail 下载保存位置　　　　　　　　图 6-47　打开下载文件夹

（3）双击下载文件夹中的"FoxmailSetup_7.2.25.228"文件，双击运行安装程序，如图 6-48 所示。

图 6-48　运行 Foxmail 安装程序

（4）勾选"用户许可协议"，单击"快速安装"，如果想更换安装文件保存位置，请单击右下角"自定义安装"，选择保存位置，这里演示"快速安装"，如图 6-49 所示。

图 6-49　接受用户许可协议

（5）安装过程如图 6-50 所示，自动安装完成后，如图 6-51 所示，这里"开机自动启动""加入体验改进计划，帮助改进 Foxmail"，可根据个人喜好自行设定，这里默认不选择，单击"完成"按钮。

图 6-50　安装过程

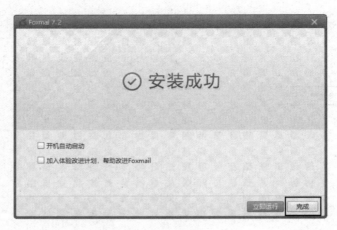

图 6-51　安装成功

2. 添加邮箱账号

（1）双击桌面 图标，启动 Foxmail 软件，出现"新建账号"页面，如图 6-52 所示。

图 6-52　新建账号

（2）这里演示新建 163 邮箱账号，如图 6-53 所示，对于 163 邮箱账号需要提前进行 POP3/SMTP/IMAP 设置，登录自己的 163 邮箱，单击"设置"→"POP3/SMTP/IMAP"，如图 6-54 所示。

图 6-53　新建账号

图 6-54　邮箱设置

（3）进入"POP3/SMTP/IMAP"设置，默认 IMAP/SMTP 服务和 POP3/SMTP 服务都是关闭的，借助邮箱管理软件，需要打开相应服务，推荐使用 IMAP 协议收发邮件，它可以和网页版完全同步，选择"IMAP/SMTP 服务"开启，弹出"账号安全提示窗口"，单击"继续开启"，如图 6-55 所示，弹出"账号安全验证"窗口，用手机扫描二维码进行短信发送或手动发送验证短信，发送完毕，单击"我已发送"，如图 6-56 所示。

（4）在弹出的"开启 IMAP/SMTP"窗口中，提示了"在第三方客户端登录时，登录密码输入以下授权密码"，如图 6-57 所示，复制好授权码，在如图 6-62 所示的"新建账号"窗口中进行账号及授权码的输入，输入完成单击"创建"，如图 6-58 所示。

（5）设置成功如图 6-59 所示，单击"完成"，进入 Foxmail 主页面，如图 6-60 所示，可以看到刚刚添加的 163 邮箱。

图 6-55　开启 IMAP/SMTP 服务

图 6-56　账号安全验证

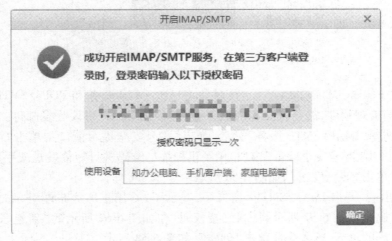

图 6-57　开启 IMAP/SMTP

图 6-58 输入账号及授权码

图 6-59 设置成功

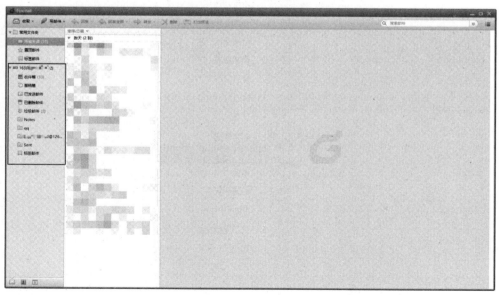

图 6-60 Foxmail 主页面

3．Foxmail 接收邮件

（1）主动收取，单击 Foxmail 主页面的"收取"按钮，会立即收取邮件，如图 6-61 所示。

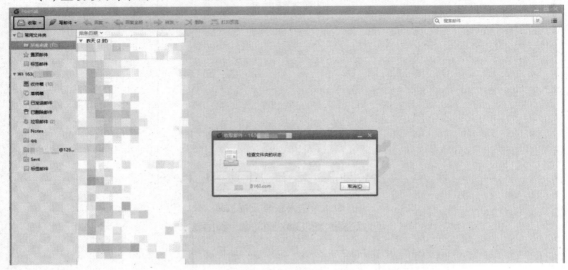

图 6-61　手动收取邮件

（2）定时收取邮件，默认 Foxmail 会定时收取邮件，可进行自定义设置，单击 Foxmail 主页面右上角按钮，单击"设置"，如图 6-62 所示；打开"系统设置"窗口，单击"账号"，在"设置"选项中，可对"定时收取邮件"进行更改设置，如图 6-63 所示。

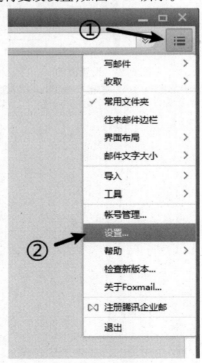

图 6-62　进入设置页面

图 6-63 定时收取邮件设置

4. Foxmail 发送邮件

（1）在 Foxmail 主页面中，单击"写邮件"按钮，打开"写邮件"界面，如图 6-60 所示。

（2）填入"收件人""抄送""主题""邮件内容"等信息，上传"附件"，如图 6-64 所示。

（3）单击左上角"发送"按钮，发送成功，如图 6-65 所示。

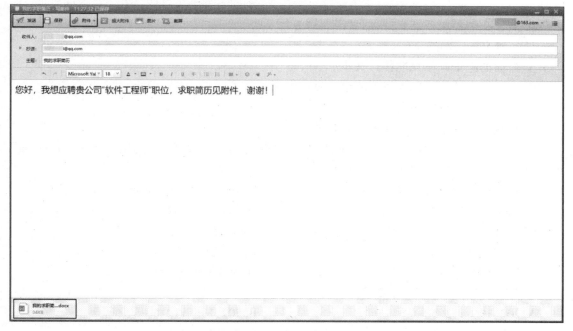

图 6-64 邮件发送

图 6-65　发送成功提示

习　题

单项选择题

1. TCP/IP 与 OSI 的 7 层体系结构不同的是,TCP/IP 采用 4 层体系结构,从上到下依次是( )、传输层、网际层和网络接口层。

A. 表示层　　　　　　B. 网络层　　　　　　C. 应用层　　　　　　D. 数据链路层

2. 即时消息与电子邮件的最大的不同是( )。

A. 前者可以发送大文件,后者不能

B. 前者可以即时发送和接收消息,后者往往收取邮件有滞后

C. 前者不能在没有网络的情况下发送消息,后者往往可以在没有网络连接的情况下发送邮件

D. 前者不需要服务器支持,后者需要服务器支持

3. 下列说法正确的是( )。

A. 目前的电子邮件只能传送文本

B. 一旦关闭计算机别人就不能给你发生电子邮件了

C. 一封电子邮件能够同时发送给多人

D. 没有主题的电子邮件是不能发送的

4. 某用户在域名为 mai1.163.com 的邮件服务器上申请了一个账号,用户名为"xiaoming",那么,该用户的电子邮件地址是( )。

A. xiaoming&163. Com　　　　　　　　B. xiaoming@ 163. com

C. xiaoming#163. Com　　　　　　　　D. xiaoming@ 163. net

5. 办公电脑可以上 QQ 但无法浏览网页,可能的原因是( )。

A. 网卡损坏　　　　　　　　　　　　B. IP 地址冲突

C. DNS 解析错误　　　　　　　　　　D. 网络连接被断开

6. 合法的 IP 地址书写格式是( )。

A. 202:196:112:50　　　　　　　　　B. 202、196、112、50

C. 202,196,112,50　　　　　　　　　D. 202.196.112.50

7.下列能够用来防止黑客攻击的设备是(　　)。

A.存储器　　　　　　B.防火墙　　　　　　C.网络交换机　　　　D.中继器

8.以下移动通讯,传输速度最快的是(　　)。

A.2G　　　　　　　　B.3G　　　　　　　　C.4G　　　　　　　　D.5G

9.通常称 Internet 为(　　)。

A.网站　　　　　　　B.因特网　　　　　　C.互联网　　　　　　D.网页

10.在网站链接、广告推送、商品交易、电子凭证中常用的图形是(　　)。

A.一维码　　　　　　B.二维码　　　　　　C.三维码　　　　　　D.四维码

11.学校计算机网络教室应该属于(　　)。

A.局域网　　　　　　B.城域网　　　　　　C.广域网　　　　　　D.宽带网

12.在以下四个手机图标中,表示连接无线 Wi-Fi 图标是(　　)。

A.　　B.　　C.　　D.

13.利用百度引擎来搜索的信息可以是(　　)。

A.关键词　　　　　　B.文档格式(类型)　　C.指定的网站　　　　D.以上均可以

14.ISP 指的是(　　)。

A.网络服务供应商　　　　　　　　　　　B.信息内容供应商

C.软件产品供应商　　　　　　　　　　　D.硬件产品供应商

15.下列软件中不属于网络浏览器的是(　　)。

A.Microsoft Edge　　　　　　　　　　　B.Firefox

C.Windows Media Player　　　　　　　　D.360 安全浏览器

16.小张同学想把一张自己的照片通过 E-mail 发送给在外地工作的爸爸,可将图片文件放在电子邮件的(　　)。

A.主题中　　　　　　B.地址中　　　　　　C.附件中　　　　　　D.收件人中

17.若要将计算机与局域网连接,则至少需要具有的硬件是(　　)。

A.集线器　　　　　　B.网关　　　　　　　C.网卡　　　　　　　D.路由器

18.网络传输介质中,传输速率最高的是(　　)。

A.双绞线　　　　　　B.同轴电缆　　　　　C.光纤　　　　　　　D.电话线

19.在下面 IP 地址中,属于 C 类地址的是(　　)。

A.126.192.33.45　　　　　　　　　　　B.179.168.8.10

C.192.168.1.255　　　　　　　　　　　D.255.130.26.47

附　录
ASCII 码表

ASCII 码（American Standard Code for Information Interchange，美国信息互换标准代码）是基于拉丁字母的一套编码系统，由美国国家标准学会（American National Standard Institute，ANSI）制定，主要用于显示现代英语和其他西欧语言，是现今最通用的单字节编码系统。

它最初是美国国家标准，供不同计算机在相互通信时用作共同遵守的西文字符编码标准，它已被国际标准化组织（International Organization for Standardization，ISO）定为国际标准，称为 ISO 646 标准。

ASCII 码使用指定的 7 位或 8 位二进制数组合来表示 128 或 256 种可能的字符。标准 ASCII 码也称为基础 ASCII 码，使用 7 位二进制数来表示所有的大写和小写字母、数字 0～9、标点符号，以及在美式英语中使用的特殊控制字符。

0～31 及 127（共 33 个）是控制字符或通信专用字符（其余为可显示字符）。控制符有 LF（换行）、CR（回车）、FF（换页）、DEL（删除）、BS（退格）、BEL（振铃）等。通信专用字符有 SOH（文头）、EOT（文尾）、ACK（确认）等。ASCII 值为 8、9、10 和 13 分别转换为退格、制表、换行和回车字符。它们并没有特定的图形显示，但会根据不同的应用程序，对文本显示产生不同的影响。

32～126（共 95 个）是字符（32 是空格），其中 48～57 为 0～9 这 10 个阿拉伯数字，65～90 为 26 个大写英文字母，97～122 为 26 个小写英文字母，其余为一些标点符号、运算符号等。

十进制 DEC	二进制 BIN	符号 Symbol	HTML 实体编码	中文解释 Description
0	00000000	NUL	&#000;	空字符
1	00000001	SOH	&#001;	标题开始
2	00000010	STX	&#002;	正文开始
3	00000011	ETX	&#003;	正文结束
4	00000100	EOT	&#004;	传输结束
5	00000101	ENQ	&#005;	询问
6	00000110	ACK	&#006;	收到通知

十进制 DEC	二进制 BIN	符号 Symbol	HTML 实体编码	中文解释 Description
7	00000111	BEL	&#007;	铃
8	00001000	BS	&#008;	退格
9	00001001	HT	&#009;	水平制表符
10	00001010	LF	&#010;	换行键
11	00001011	VT	&#011;	垂直制表符
12	00001100	FF	&#012;	换页键
13	00001101	CR	&#013;	回车键
14	00001110	SO	&#014;	移出
15	00001111	SI	&#015;	移入
16	00010000	DLE	&#016;	数据链路转义
17	00010001	DC1	&#017;	设备控制 1
18	00010010	DC2	&#018;	设备控制 2
19	00010011	DC3	&#019;	设备控制 3
20	00010100	DC4	&#020;	设备控制 4
21	00010101	NAK	&#021;	拒绝接收
22	00010110	SYN	&#022;	同步空闲
23	00010111	ETB	&#023;	传输块结束
24	00011000	CAN	&#024;	取消
25	00011001	EM	&#025;	介质中断
26	00011010	SUB	&#026;	替换
27	00011011	ESC	&#027;	换码符
28	00011100	FS	&#028;	文件分隔符
29	00011101	GS	&#029;	组分隔符
30	00011110	RS	&#030;	记录分离符
31	00011111	US	&#031;	单元分隔符
32	00100000		&#032;	空格
33	00100001	!	&#033;	感叹号
34	00100010	"	&#034;	双引号
35	00100011	#	&#035;	井号
36	00100100	$	&#036;	美元符
37	00100101	%	&#037;	百分号

续表

十进制 DEC	二进制 BIN	符号 Symbol	HTML 实体编码	中文解释 Description
38	00100110	&	&#038;	与
39	00100111	´	&#039;	单引号
40	00101000	(	&#040;	左括号
41	00101001	)	&#041;	右括号
42	00101010	*	&#042;	星号
43	00101011	+	&#043;	加号
44	00101100	,	&#044;	逗号
45	00101101	–	&#045;	连字号或减号
46	00101110	.	&#046;	句点或小数点
47	00101111	/	&#047;	斜杠
48	00110000	0	&#048;	0
49	00110001	1	&#049;	1
50	00110010	2	&#050;	2
51	00110011	3	&#051;	3
52	00110100	4	&#052;	4
53	00110101	5	&#053;	5
54	00110110	6	&#054;	6
55	00110111	7	&#055;	7
56	00111000	8	&#056;	8
57	00111001	9	&#057;	9
58	00111010	:	&#058;	冒号
59	00111011	;	&#059;	分号
60	00111100	<	&#060;	小于
61	00111101	=	&#061;	等号
62	00111110	>	&#062;	大于
63	00111111	?	&#063;	问号
64	01000000	@	&#064;	电子邮件符号
65	01000001	A	&#065;	大写字母 A
66	01000010	B	&#066;	大写字母 B
67	01000011	C	&#067;	大写字母 C
68	01000100	D	&#068;	大写字母 D

十进制 DEC	二进制 BIN	符号 Symbol	HTML 实体编码	中文解释 Description
69	01000101	E	&#069;	大写字母 E
70	01000110	F	&#070;	大写字母 F
71	01000111	G	&#071;	大写字母 G
72	01001000	H	&#072;	大写字母 H
73	01001001	I	&#073;	大写字母 I
74	01001010	J	&#074;	大写字母 J
75	01001011	K	&#075;	大写字母 K
76	01001100	L	&#076;	大写字母 L
77	01001101	M	&#077;	大写字母 M
78	01001110	N	&#078;	大写字母 N
79	01001111	O	&#079;	大写字母 O
80	01010000	P	&#080;	大写字母 P
81	01010001	Q	&#081;	大写字母 Q
82	01010010	R	&#082;	大写字母 R
83	01010011	S	&#083;	大写字母 S
84	01010100	T	&#084;	大写字母 T
85	01010101	U	&#085;	大写字母 U
86	01010110	V	&#086;	大写字母 V
87	01010111	W	&#087	大写字母 W
88	01011000	X	&#088;	大写字母 X
89	01011001	Y	&#089;	大写字母 Y
90	01011010	Z	&#090;	大写字母 Z
91	01011011	[	&#091;	左中括号
92	01011100	\	&#092;	反斜杠
93	01011101	]	&#093;	右中括号
94	01011110	^	&#094;	音调符号
95	01011111	_	&#095;	下画线
96	01100000	`	&#096;	重音符
97	01100001	a	&#097;	小写字母 a
98	01100010	b	&#098;	小写字母 b
99	01100011	c	&#099;	小写字母 c

续表

十进制 DEC	二进制 BIN	符号 Symbol	HTML 实体编码	中文解释 Description
100	01100100	d	&#100;	小写字母 d
101	01100101	e	&#101;	小写字母 e
102	01100110	f	&#102;	小写字母 f
103	01100111	g	&#103;	小写字母 g
104	01101000	h	&#104;	小写字母 h
105	01101001	i	&#105;	小写字母 i
106	01101010	j	&#106;	小写字母 j
107	01101011	k	&#107;	小写字母 k
108	01101100	l	&#108;	小写字母 l
109	01101101	m	&#109;	小写字母 m
110	01101110	n	&#110;	小写字母 n
111	01101111	o	&#111;	小写字母 o
112	01110000	p	&#112;	小写字母 p
113	01110001	q	&#113;	小写字母 q
114	01110010	r	&#114;	小写字母 r
115	01110011	s	&#115;	小写字母 s
116	01110100	t	&#116;	小写字母 t
117	01110101	u	&#117;	小写字母 u
118	01110110	v	&#118;	小写字母 v
119	01110111	w	&#119;	小写字母 w
120	01111000	x	&#120;	小写字母 x
121	01111001	y	&#121;	小写字母 y
122	01111010	z	&#122;	小写字母 z
123	01111011	{	&#123;	左大括号
124	01111100			|	垂直线
125	01111101	}	&#125;	右大括号
126	01111110	~	&#126;	波浪号
127	01111111		&#127;	删除

参考文献

[1] 李乔凤,陈双双.计算机应用基础[M].北京:北京理工大学出版社,2019.

[2] 刘音,王志海.计算机应用基础[M].北京:北京邮电大学出版社,2020.

[3] 郑志刚,刘丽.信息技术基础教程·上[M].北京:北京理工大学出版社,2020.

[4] 杨桂,柏世兵.大学计算机基础[M].4版.大连:大连理工大学出版社,2022.